U0189515

生机

如何喂饱全世界，并保住我们的星球

[英] 乔治·蒙比奥 著

李梦玮 译

George Monbiot

REGENESIS

FEEDING THE WORLD WITHOUT DEVOURING THE PLANET

中国科学技术出版社

·北 京·

Copyright © George Monbiot 2022
First published as REGENESIS: FEEDING THE WORLD WITHOUT DEVOURING
THE PLANET in 2022 by Allen Lane, an imprint of Penguin Press. Penguin Press is part
of the Penguin Random House group of companies.
北京市版权局著作权合同登记　图字：01-2022-6727。

图书在版编目（CIP）数据

生机：如何喂饱全世界，并保住我们的星球 /（英）
乔治·蒙比奥（George Monbiot）著；李梦玮译 . — 北
京：中国科学技术出版社，2023.6
书名原文：Regenesis: Feeding the World Without
Devouring the Planet
ISBN 978-7-5236-0128-0

Ⅰ . ①生… Ⅱ . ①乔… ②李… Ⅲ . ①生态环境保护
—研究—世界 Ⅳ . ① X321.1

中国国家版本馆 CIP 数据核字（2023）第 059245 号

策划编辑	何英娇	
责任编辑	高雪静	何英娇
版式设计	蚂蚁设计	
封面设计	马筱琨	
责任校对	吕传新	
责任印制	李晓霖	

出　　版	中国科学技术出版社	
发　　行	中国科学技术出版社有限公司发行部	
地　　址	北京市海淀区中关村南大街 16 号	
邮　　编	100081	
发行电话	010-62173865	
传　　真	010-62173081	
网　　址	http://www.cspbooks.com.cn	

开　　本	710mm×1000mm　1/16
字　　数	328 千字
印　　张	21.25
版　　次	2023 年 6 月第 1 版
印　　次	2023 年 6 月第 1 次印刷
印　　刷	河北鹏润印刷有限公司
书　　号	ISBN 978-7-5236-0128-0/X·153
定　　价	89.00

蒙比奥用他新闻方面的才华向我们揭露了人类在食物从哪里来以及如何生产的问题上存在"认知与现实之间的鸿沟"……充满了独特的想法和想象力。

——劳拉·贝特尔（Laura Battle）

《金融时报》（*Financial Times*）

大开眼界，极具说服力，作者一定经过了细致的研究。

——艾米·利普特罗特（Amy Liptrot）

《卫报》（*Guardian*）

作者提出的是一个激进的、充满挑衅的论点……让人逐渐着迷……在深入挖掘背后的真相后令人大开眼界，行文充满诗意。

——丹·萨拉迪诺（Dan Saladino）

《文学评论》（*Literary Review*）

这本书好似一个宝库，充满了希望和答案，让我们可以展望一个可持续、健康、公平的未来……这是一本全方位的、令人震撼的、振奋人心的、重要的书。

——罗恩·胡珀（Rowan Hooper）

《新科学家》（*New Scientist*）

这是革命性的著作……它严谨、大胆、具有远见……为了能用更少的耕地生产更多粮食，我们需要对脚下的这片土地进行重新思考。

——大卫·法里尔（David Farrier）

《展望》（*Prospect*）

生动且耐人回味……本书是一本引人入胜的、进行过深入研究的书，讲述了一个已经危在旦夕的食物系统，以及我们将如何修复它的故事。

——《爱尔兰时报》（*Irish Times*）

这是土壤生态学的奇迹，作者优美地叙述了科学的信息，是一本完美的假日读物。

——亚德温德·马尔西（Yadvinder Malhi）

牛津大学生态系统科学教授

各行各业的人都应该读读这本了不起的书。在我看来，这本书在重要性上可以排到 21 世纪的前三名。

——大卫·金爵士（Prof. Sir David King）

教授、英国政府前首席科学顾问

一本真正精彩、鼓舞人心的书……读到一半的时候，我觉得自己像个急于与任何愿意倾听的人分享秘密的孩子。当我读完整本书后，感觉自己的大脑像被最纯净的山泉冲刷过一样，蒙比奥跟我们分享了他对于生命最根本的、也是最重要的见解。

——蒂姆·斯密特爵士（Sir Tim Smit）

伊甸园项目（Eden Project）创始人

乔治·蒙比奥是一位写作技巧娴熟的作家，本书充分展示了他的能力。他在这一领域看得几乎比任何人都要更透彻。本书讲述了，从对于手中一捧土的认识，到人类目前以及未来的生活方式会造成的广泛影响……他同时是一个富有想象力和同理心的伟大的故事讲述者，也是一个对现实具有全面认识的道德愿景家。这是一本精彩且对于我们这个时代很有必要的书。

——菲利普·普尔曼（Philip Pullman）

这是一个现象级的作品。书中的分析清晰、传神、无畏、具有颠覆性，将会引发一场关于未来食物的革命。

——亚当·卢瑟福（Adam Rutherford）

这本书简直太重要了……必读！

——马克思·波特（Max Porter）

整本书充满了诗意……它出色地讲述了关于全球食物生产的政治经济学，并在结尾提出了在未来达到人类与自然之间技术与伦理平衡的愿景。我认为它是一本必读书。

——雅尼斯·瓦鲁法基斯（Yanis Varoufakis）

乔治·蒙比奥不懈的努力在我们开始重新思考人类与自然的关系时，变得越来越有价值。蒙比奥几十年来一直站在关于这些问题讨论的前沿，他这本了不起的书以足够的深度和广度、真诚和幽默涵盖了这个复杂的、不断变化着的主题。留给我们的展望是：这些解决方案有可能会取得胜利，我们也许可以渡过难关。

——布莱恩·伊诺（Brian Eno）

在人类经历着气候危机和自然危机的今天，一本有理有据并且提供了希望的书是非常难得的——然而这正是乔治·蒙比奥带给我们的。这本书鼓舞人心、引人入胜，展现了一个具有变革性的、全新的未来食品的发展愿景，同时具有恢复自然又能提供全世界食物的潜力。

——卡罗琳·卢卡斯（Caroline Lucas）

读乔治·蒙比奥的书，就像在这个世界上找到了真正寻求真理和希望的旅伴时所体会到的那种快乐、勇气和激情。

——安诺尼（Anohni）

这本书深入研究并揭开了我们目前使用的食品生产方法及其所有肮脏的秘

密。不仅如此，它还为未来发展提供了蓝图。蒙比奥探索的关键问题是：我们如何才能生产出便宜到每个人都能吃得起的健康食品？他在书中给我们展示了养活地球人口的关键。

——罗西·鲍伊考特（Rosie Boycott）

你可能认为你已经找到了关于环境和气候变化问题的答案，但是时候再重新思考一下这些问题了。这本充满激情、了不起的书开启了一个对于这个问题值得关注、至关重要的新维度：食物的生产方式和全世界的农业方式。

——威尔·哈顿（Will Hutton）

忘掉埃隆·马斯克（Elon Musk）枯燥乏味的复古科学幻想吧！乔治·蒙比奥为我们描绘了一个鼓舞人心的未来愿景，这个以最新的科学发现为基础的愿景充满活力。乔治·蒙比奥化身为调查员、采访者和诙谐的说书人的结合体，创造了这一部令人振奋的史诗！

——罗伯特·纽曼（Robert Newman）

一本引人入胜的、最终结果是充满希望的书……一个和谐的愿景：改变我们与土地使用、农业和我们所吃的食物之间的关系，就可以改变我们的生活。

——汤姆·约克（Thom Yorke）

太棒了……他打破了农业的陈规，为农业措施的彻底变革指明了道路，为食物产业寻找到了新机会。

——大卫·铃木（David Suzuki）

一本精彩、迷人、充满活力的书。在每平方米的土壤里都生活着成千上万的物种，在书中，乔治·蒙比奥对于土壤及其潜力的描绘令人大开眼界——他用一种全新的角度来促使我们重新思考关于农业、饮食、气候和未来问题。当然，也带给了我们希望。

——大卫·华莱士–威尔斯（David Wallace-Wells）

我很感激乔治·蒙比奥将他敏锐的智慧、丰富的好奇心和对土地的热爱运用到探究我们"吃什么"这个复杂又基本的问题上。

——莉莉·科尔（Lily Cole）

这是一本重要的书，读起来十分扣人心弦。但它也将激怒许多人，因为蒙比奥有一种最令人恼火的天赋——能够一针见血地指出人们极其不希望是真的事实。

——亨利·丁布尔比（Henry Dimbleby）

我们如何确保每个人都能吃饱的同时不破坏生态？本书进行了生动而深入地探索，直面我们的困境。没有一蹴而就的答案，但蒙比奥为我们提供了一个关于如何提出正确问题的精彩指南。

——默林·谢尔德雷克（Merlin Sheldrake）

我曾经仰望星空，思考着无限、永恒和天意是如何协作的。这本书告诉我，我同样可以在脚下的土壤里找到灵感。我踏在土地上的每一步都不会像以前一样了。他的写作能力、细致的观察力和献身精神都具有很强的感染力。这种探究是深刻又无边的。

——马克·里朗斯（Mark Rylance）

乔治·蒙比奥以严谨、独到的勇气和对生物世界的富有感染力的爱，呈现了我们这个时代的《寂静的春天》。蒙比奥带我们踏上了一段旅程，从根际到蚓触圈，通过土壤生态学、文化和神话，讲到了食物的未来，所有这些都以他细致的观察并用优美的形式联系在一起。对于地球的存亡来说，没有什么话题比土地和食物更重要了，也没有哪个作家愿意像乔治·蒙比奥那样，省去所有废话，直截了当地告诉我们真相，展现出了强大的力量和公认的智慧。这是一本有远见、无所畏惧、必不可少的书。

——露丝·琼斯（Lucy Jones）

本书是一本具有启发性的、可能会改变世界的书。作者提出的观点既富有远见，又严谨且切实可行，就如同结合了蒙比奥的激情、热情和正义的非凡乐章。他坚定不移地致力于为地球上的所有居民——包括人类和非人类的居民，来改善地球现状。这是一部激动人心的作品，甚至比它的前作《野生：重新连接陆地、海洋和人类生命》（*Feral: Rewilding the Land, Sea and Human Life*）更有野心。在我阅读时它牢牢地抓住了我的心。

——罗伯特·麦克法伦（Robert Macfarlane）

这本书呼吁人们需要的是一场关于未来食物的革命，这场革命将彻底改变地球的面貌，使所有人都能负担得起食物，同时又能恢复生物世界的活力。这样的愿景听起来几乎是不可能的，但蒙比奥为我们展示了食品领域的先驱们的非凡创新，使我们认识到这一目标是有机会实现的。这是蒙比奥的杰作：一场紧急而令人振奋的旅程，重塑了我们对于吃什么以及如何吃的看法。

——凯特·拉沃斯（Kate Raworth）

这是一份集合了伟大的想法、优美的文字以及对于人们可实行的替代方案的精彩描绘！让你在对自然世界的美丽着迷的同时也产生不安。

——阿伦·巴塔尼（Aaron Bastani）

蒙比奥挽起袖子，穿上靴子，脚踏实地地开始了一场绝不妥协的农业屠龙展示，打破了美食家的神话。本书毫不畏惧地提出了一个对人类和地球都更友好的农业和粮食生产新秩序，它严谨且令人不安，但同时也充满智慧、原创性和人道。希望全世界的人们、政治家和政策制定者都能阅读和消化这本书中的观点，从而采取行动。

——惠汀斯托尔（Hugh Fearnley-Whittingstall）

目录

第 1 章　地表之下　　　　001

第 2 章　探知前路　　　　031

第 3 章　农业扩张　　　　061

第 4 章　硕果累累　　　　101

第 5 章　还能饱餐几顿　　139

第 6 章　根系深埋　　　　161

第 7 章　"零"农场　　　　201

第 8 章　新农业革命　　　227

第 9 章　冰圣　　　　　　247

注释　　　　　　　　　　251

第 1 章
地表之下①

这里是英格兰中部，现在，因缺少海洋对于气候的调节，再加上本应该在平坦土地上四处弥漫的冷空气被一排排房屋拦住去路，它们如潮水般聚集并将一切淹没在寒冷中，树木也因晚霜而枯萎。这是个美丽的地方，却不适合种植水果。

每年，我的希望都含苞待放，随着果树一同进入花期。但三年中有两年都会遇到霜冻像毒气一样侵袭而来，花朵的雄蕊因此枯萎变黑，于是我美好的希望也就随花朵一起凋零了。

到了秋天，果园成了天气的晴雨表，不同品种的苹果树会按部就班地在不同日期开花。霜冻特别严重的时候，那些已经开花了的果树也会受影响。因此我可以根据这些结了果子和没有果子的树，辨别出霜降何时来过。

苹果的学名是"*Malus domestica*"，字面意思是"被驯服的恶魔"。这样可爱的果树却有这么不搭调的名字，很可能是由于词源上的混乱：水果在古希腊语中叫"*μᾶλον*"或"*malon*"，从希腊语翻译成拉丁语时被误翻成"*malum*"，意为"邪恶"。

---

① 本书观点仅代表作者个人。——编者注

苹果是个极为优秀的物种，它现在已经被培育出数千种不同品种：适合做甜点的、适合拿来烹饪的、适合做苹果酒的、适合晾晒成苹果干的。而且这些品种的大小、形状、颜色、气味和味道各异且分布范围很广。我们在果园种了许多不同品种的苹果树。米勒（Miller's Seedling①）这个品种的苹果在8月成熟，它有着半透明的果皮，极易在运输过程中碰伤表皮、形成瘀伤，所以必须在摘下来后尽快吃掉。这种苹果又甜又软，汁水充足。相比之下，怀肯苹果（Wyken Pippin②）在采摘时像木头一样坚硬，存放到次年1月才勉强可以食用，然后直到5月它都能保持清脆的口感。我们的果园里还种圣埃德蒙兹苹果（St Edmund's Pippin③），这个品种在9月的时候果皮还像砂纸一样干燥、散发着坚果的芳香，而等待两周时间它就会变软。如果你在2月的时候也想品尝到与圣埃德蒙兹苹果相似的味道和质地，那金褐色苹果（Golden Russet④）是不二之选。要说隆冬的主角还得是阿什米德苹果（Ashmead's Kernel⑤），它脆脆的，佐以一点点葛缕子，就是我的最爱。维尔克斯（Reverend W. Wilks⑥）品种的苹果经过烘烤会变得像羊毛一样蓬蓬的，入口则是顺滑的白葡萄酒味道。我们在圣诞节时要烤猫头

---

① 英国本地苹果品种，最初由詹姆斯·米勒（James Miller）在1948年培育，并以他的名字命名。——译者注

② 据说是1715年克雷文勋爵（Lord Craven）在从法国到荷兰的旅行中吃了一个苹果，然后吃剩的苹果核被种在了考文垂附近的怀肯郡，由此得名。——译者注

③ 这个品种的幼苗于1870年在英国的贝里圣埃德蒙兹偶然被发现，遂以此命名。——译者注

④ 源自英国的古老苹果品种（English Russet），后来在美洲大陆被发扬光大。很适合用来做苹果饮料。——译者注

⑤ 18世纪在英国格洛斯特郡培育出的珍贵品种，很适合烘焙用。最初这种苹果只在当地流行，沉寂了约三个世纪之后才逐渐被世界各地的爱好者认识。——译者注

⑥ 它以1889年至1919年担任萨里（Surrey）教区秘书的牧师名字命名。是适合烹饪用的品种。——译者注

果（Catshead[①]），那口感味道甚至会让人误以为是在吃枨果泥。力布斯顿苹果（Ribston Pippin）、曼宁顿红果（Mannington's Pearmain）、金士顿深红果（Kingston Black）、科特纳姆（Cottenham Seedling）、达美高香果（D'Arcy Spice）、欧洲很流行的佳丽果（Belle de Boskoop）、埃利斯微苦苹果（Ellis Bitter），这些苹果品种都是时间与空间、文化和自然交织而成的艺术品。

每棵树苗壮成长所需的条件都有微妙的不同，也正因如此，在相同环境中有些品种会比其他的品种表现得更好。有些品种在自己的原产地表现得实在过于优异，以至于只是将它们换到同一座山的另一侧种植，其结果也大抵会令人失望。就拿我们的果园来讲，为了分散风险，我们挑选种植了在不同时间开花的品种，但如果天不遂人愿，遇到了糟糕的年份，果园会因为受到霜冻的反复袭击而颗粒无收。

尽管美梦屡次落空，但并不影响我觉得果园是个美妙的地方。像我今天早上到这儿的时候，就被它的美丽震撼到了。第一批苹果树已经开花了：粉红色的花蕾展露出藏在里面的浅粉色花蕊。梨树和樱桃树的枝丫被白色花朵点缀，在微风中轻轻扬起头。

我走在成排的果树间，嗅着不同的果树各自散发出的淡淡香气：有些闻起来像风信子，有些像丁香，有些像瑞香花或荚莲的味道。我可以通过这些花香来分辨出花朵是否完成了授粉：当花朵授粉完成，花朵不再需要吸引蜜蜂和食蚜蝇，就会停止散发香气。梨花是纯白色的，中间有约 20 个长得像小牛蹄子一样的黑色雄蕊，不同于其他花的香气，它通常散发着令人作呕的凤尾鱼一般的臭味。樱花的花瓣从树上落下，像飘荡在风中的羽毛。嫩绿的草地上布满了斑驳的阴影。斑鸠在林间呼啸而过。在距离我家只有几百米的地方，就能拥有这么奢侈的享受，而且每年只需花费 75 英镑

---

① 早在 1629 年就被发现的来自英国的古老苹果品种，适合用于烹饪，也适合烘干做苹果干。果实形状不规则，看起来有点像猫咪，因此得名。——译者注

（1 英镑≈8.22 元）。

我们的果园占据了 3 个相邻的地块。自 1878 年起，英格兰地方政府开始将土地分配给人们，用于种植蔬菜和水果。所以原则上来讲，自从 1908 年以来，我们对这些土地都有合法的种植权。[①]

这项法规的颁布无意间实现了真正意义上的无政府状态。换句话说，它创建了数千个自治社区，也被称为公地。尽管地方政府在名义上拥有土地所有权，但实际上它们是由真正以这片土地为生的人来管理和经营的。我们所在的牛津（Oxford）的公地被分成了 220 块，分配给了不同的人来耕种。这些人来自不同国家，拥有不同背景，这使得我们有机会接触各种各样独特的种植经验及知识。

但 17 年前，这种分配制耕地遭遇了危机，只有约 1/10 的地块被用于耕作。仅存的公地社区迫切地希望有人能接手这些闲置耕地，否则政府会将其回收并作为住房用地。当我接手这两块半相邻的土地时，其中一块长满了蜿蜒到空中高达 3 米的荆棘。我花了 1 个月的时间用灌木刀割断它的茎干，用锄头砍掉根球，终于唤醒了被荆棘遮挡的美丽景色。那些已经沉睡了几十年的草甸草、牛蒡、牛眼菊、石蚕叶婆婆纳、野豌豆、矢车菊、木艾文、轮峰菊、蓍草、车前草、猫耳草和鹰嘴豆种子也随之苏醒。我还说服了几个朋友加入，我们一起种了些传统的果树：主要是苹果树，还有一些李子树、樱桃树和梨树，还有 1 棵枸杞树和 1 棵木瓜树。

就在这些果树刚开始有产出的时候，我离开了牛津，搬到了威尔士（Wales）。放弃这个果园是我为数不多的遗憾之一。后来我的朋友把它转手给了其他人，他们又接着转手给了别人。令我没想到的是，5 年后，因为家庭原因，尽管并不是很情愿，但我又回到了牛津。回来后不久，同城的

---

① 现在在英国的一些城市，等待分配耕地的候补时间会长达 20 年甚至更久。
　　——作者注

一个好朋友告诉我，最近有位已经搬走的朋友送了他一个美丽的果园，我惊讶地发现那正是几年前我所种植的那片地！他自己忙不过来，而且在他印象里我对果树有所了解。

我终于又回来了。

现在这个占地不到 1/10 公顷（1 公顷 =10000 平方米）的果园占据了我约 1/2 的生活。后来又有另外 3 个家庭加入了我们，这算是在公地中又创建了一个小型公地。每隔几个月，我们就会相约一个日子一起劳作，在树下一起享用午餐。在冬末和春季，我们会一起修剪苹果树和梨树。每年的5 月和 9 月，我们一起除杂草；到了 6 月，我们共同给果树疏果；终于到了 10 月——收获的季节，我们一起采摘并储存起完好的果实。如果有必要的话，我们也会花一整天的时间将苹果切碎、刮擦、压榨、巴氏杀菌然后装瓶，将一部分做成果汁，一部分酿成苹果酒。①

我们在隆冬通过举办酒会来庆祝丰收。这可能并不是一种有科学依据的庆祝方式，人们用它表达希望树木在下一个季节有良好产出的愿望。具体操作方法包括唱歌和喝苹果酒。事实证明，果树的收成与人们付出的努力成正比，"你越努力地庆祝，来年苹果树就会越努力地结果

---

① 和我们的一贯认知不同，苹果汁是一种现代产品。传统制作方法是将全部压榨汁都用于制作苹果酒（在英国是指含有酒精的饮料）。而且说苹果酒是"制作"出来的，也不准确。苹果汁通过自然发酵，纯正的苹果酒不含任何其他成分。苹果会提供所需的糖分、风味和果皮上附着的酵母。到了圣诞节，尽管苹果酒尝起来还是甜甜的，有气泡的状态，但已经可以饮用了。到了 2 月，它已经逐渐变成了一种口感顺滑、微妙、酒精含量稳定的酒。在我看来，这是有史以来最棒的饮料。到了 5 月底，它的口感开始发干。到了 7 月，你甚至可以用它去除墙上的颜料。为防止果汁变成苹果酒，需要把液体加热到 70℃，对其进行巴氏杀菌。但由于近些年能源问题严峻，现在我们一般能喝到的都是通过压榨制作的果汁。——作者注

子"[1]，当然这也不好说。

反正不管怎样，庆祝完今年的收成，我们明年又要重来一遍。

到了临近中午时分，我带着弓锯和长柄修枝锯在离地面约 6 英尺（1 英尺 ≈ 0.3 米）的地方修剪树枝。这都要感谢我们的邻居斯图尔特（Stewart），他因为岁数越来越大，已经没力气打理果树，于是便将自己那半块毗邻我们果园的耕地送给了我们，再加上本来属于我们的两块半，组成了完整的3 个地块。但他的老树状况堪忧，枝丫拥挤凌乱，要么拖到地上，要么长得太高，以至于都采收不到上面的果子。所以现在，我站在樱桃树上，向缀满花朵、密集到几乎看不见树皮的树枝伸出了"魔爪"。

苹果树和梨树可以在冬天修剪，而核果类的水果则必须在春季或初夏树液上升时修剪，否则会增加树木受到溃疡病、卷叶病或银叶病感染的概率。但这也意味着我们要在树上还开着花或枝头挂着果子时进行修剪，雪白的树枝伴着落下的花瓣掉到地上的场景通常会让我感伤。

但我还是很喜欢修剪树枝，因为可以随着自己的喜好来。当完成了大致结构性的修剪后，再去处理那些微小的、细枝末节的地方，引导这棵树长成你希望的样子。随着树木的生长，它会逐渐呈现出你想要的模样。我喜欢西班牙风格型或高脚杯型，就将树修剪成一个大开口的杯子状。得当的修剪也会让每片叶子都充分享受洒下的阳光和流动的空气，以物理手段而非化学药剂来消灭羊毛蚜虫和霉菌。

当我在树上劳作时，会幻想这片土地的历史。在给这片地翻土时，我们发现了一些工人抽的白陶烟斗的碎片，上面刻着波点、环状和藤蔓的图案，还能看到制造者留下的模具线和指甲印。我们还发现了破损废弃的排水沟、一只驴蹄和一个现代品种的牡蛎壳。有时很难将这种牡蛎壳与我们翻出来的卷嘴蛎（Gryphaea）化石碎片区分开来：卷嘴蛎是一种粗糙的钩状侏罗纪牡蛎，也被称为魔鬼的趾甲。在曾经海洋资源丰富的时候，即使是居住在远离海洋的英格兰中部的穷人也能吃上牡蛎。有一天我甚至看到了挂在绳子上面的半颗珍珠。

在这片土地被城市包围，分配给市民之前，我们根据田间排水沟和休眠的野花种子的组合来判断这片土地很可能是被轮流耕种的。周围的地名中常常包含后缀 -ley 或 -leys，这表示这些地方当时应该是临时牧场，人们会在作物之间种植干草和牧草。牡蛎壳都集中在一个地方，这表明那里可能曾经有过一棵树，劳工们坐在树下吃午饭，就像我们现在那样。我想象着他们头戴宽檐帽子，把镰刀撑在大橡树的根之间的样子。

我们也只用镰刀割草，一方面是为了减少使用燃料，另一方面是避免伤到青蛙和田鼠。但问题是我们不懂任何割草的技巧。最初我使出吃奶的劲儿劈砍，但越使劲，草地看起来就越凌乱糟糕。直到有一天，一位名叫安吉拉（Angela）的邻居带着一种难以名状的神情旁观我割草。

安吉拉是一位 80 岁的来自塞尔维亚的难民，她经历过许多苦难，但总能从生活中找到乐趣，发现人们身上的闪光点。而且她曾经是农民。我们做邻居之后，她经常把自己种的蔬菜分享给我们，并跟我们说现在很少有人见识过真正的蔬菜，也很少有人知道该如何正确地烹饪蔬菜，但这对她来说可不成问题，她对自己种的蔬菜十分上心，懂得怎样正确地耕种。我们时不时地也回馈她一些我们自己的种植成果：用来烤着吃的苹果、枸杞（在巴尔干地区比在这里更受欢迎）和用来酿酒的李子。

（看着我用镰刀劈草一段时间后）终于，她实在受不了了。

"不对！停！不是这么做的！"

她从我手中接过镰刀，简单掂量了一下，举起来又稍稍放下，就好像是在与工具进行交流。

"我从小就开始干这些了，你看我给你打个样儿。"

她将刀刃插进草丛中，然后似乎只是轻轻用力，宽阔的臀部随着微微摆动了一下，草就齐刷刷地倒下来。接着她轻松地把整排割下来的草推了起来，留下了一片修剪完美的草坪，她将割下来的草放在一边，并把每根枝丫都整理到位。［割草不仅指割草这个举动，也指割下来的草。再萌草（Aftermath）是割草后长出的新草。］

现在我从樱桃树上往下看着地上零落的树枝。树上只留下了四个大的枝丫，大概在指南针的四个方位。整棵树现在看起来光秃秃的，但我相信它会长好的。我爬下来开始整理修剪下来的枝条，这些都是能利用起来的东西。我们把粗壮的树枝堆在门口，拿来当柴火，果木切得很整齐，烧起来有股香甜气。我通常会在喷烟器中加入锯末，这样无论烧什么菜肴，都会散发出木头特有的那种柔和深沉的味道。那些更细的树枝会被用来为豌豆搭架，把剩下的再堆放起来。五年后，这些修剪下来的树枝就会被分解成富含营养的干燥堆肥。我们会把堆肥撒在树冠的滴水线周围。[①]某一年春天，有个刺猬家族住进了我的树枝堆里。初生的刺猬宝宝们胆子很大，对外面的世界充满好奇心。甚至有个小家伙摇摇晃晃地走到我身边，闻了闻我伸出的手，还试图咬上一口。

我在威尔士居住的时候也尝试过大量种植水果或蔬菜，但也总是被生物和气候的限制困扰。我注意到这么多年，袭击果园的霜冻都是毫无征兆地来到，极端的天气（干旱和降雨）对于我们的果树以及全英国乃至全世界很大一部分地区的影响已经变得无法忽视了。即使只是耕种这一小块土地，我也明显察觉到人类所面临的困境：我们能够种植粮食的条件已经开始发生了变化。

我把那些修剪下来的树枝堆好，把锯子、修枝剪和头盔收起来。然后

---

① 滴水线是指树冠最外层对应的地面上的一圈范围。树就像一把雨伞，落在它上面的大部分水都会滴到这条线外周围的地上。所以树的营养根集中生长在这里。有些人会把堆肥堆在树干周围，而不是营养根附近，这种做法很可能只会让堆肥腐烂，并不会起到任何作用。——作者注

从棚子里拿出来另一套工具，去做一件我居然从没做过的事。我游历过林地和热带雨林、稀树草原和草原、河流、池塘和沼泽、苔原和山顶、海岸线和浅海滩，但我从来没有彻底地、有目的性地探索过我脚下的这片土地。

这也是我搞不懂的事情之一，为什么当我花费了半个多世纪专注于探索大自然，试图把握住——像我相信的那样——每一个发现野生动物和了解我周围生态系统的机会时，我居然从没探索过我脚下的这片生态？为什么当我花了 30 年的时间来种植粮食作物，却忽视了直接或间接提供了我们约 99% 热量的物质？[2]

像大部分人一样，我以为找到了正确的路。我们或多或少都会受到社会共识的影响，而且这种影响实际上会比我们能意识到的还要大。我们按照别人制定的路线进行思考，遵循前人已经走过的道路，看到别人看到过的，忽视他们忽视过的。我们只会为聚光灯下的少数问题进行激烈争论，同时默契地忽视了其他问题，而且那些通常是关键性的问题。比如土壤，对于人类来说——那么重要，也那么未知。

在离樱桃树几米远的地方，我把铁锹插进草地里。我的工具都保养得很好，很锋利，所以尽管土壤很厚实，而且里面布满根系，但草皮还是被干净利落地切开。我剪下一小块草皮，挖出底下大约一千克的土壤。然后我在草地上坐下来，开始进行研究。

直到我为写这本书开始进行研究之前，我一直认为英格兰并不是一个适合自然主义者生活的地方。曾经生活在这儿的野生动物虽然比现今丰富得多，但这里也从来没有过像世界其他地区，尤其是热带地区，拥有那么多样化的野生动物资源，更何况现在它只有一些残存的物种。这个国家已经失去了所有大型陆地掠食者和大部分的大型食草动物。我们的食物链已经残缺不全，千疮百孔。在这个国家的大部分地区，即使是稀缺的未开垦的土地也经常会因管理不善而被污染，根本没什么可研究的。至少当时我是这么想的。

而现在我知道其实我着眼错了地方。虽然土地上面的生命被压抑殆尽，但它的地表之下拥有地球上最丰富的生态系统之一。生存在这个纬度上的土壤里的生物，比几乎其他任何地方的都更加丰富多样。有文献表明，地上植物生物的多样性和地下生物的丰富性之间可能存在反比关系。[3]①就拿我脚下的这片土地来说，一平方米土壤中就可能有数十万只动物、数千个物种。很难相信这仅一平方米的土地之下会有数千个物种，我花了一些时间才接受了这个事实。

英国的土壤中的生物多样性可能与亚马孙热带雨林的生物一样丰富，②但并没有太多关于它们的研究。科学家估计，到目前为止，只有约10%生活在土壤中的小型动物被发现。[4]如此说来，在这个果园的土壤里，可能有数千种未被发现的物种，甚至有许多物种可能是这个地区独有的：例如很难找出世界上两个不同地区的土壤里有完全相同的微小节肢动物（小型爬行动物）。[5]至于它们之间的关系我们更是知之甚少。例如，生态学家一直对他们称之为"甲螨之谜"的东西感到困惑。[6]这听起来可能不像"狮身人面像之谜"那么充满神秘感，但我觉得这也是个很吸引人的话题。甲螨是螨亚群的一个亚群，螨类隶属于蛛形纲，蜘蛛就隶属于这个纲目。它们体型很小，长得有些像螃蟹，乍一看很不起眼。但在一捧土壤中可能有上百种甲螨亚目动物，它们都占据着同一个生态位。生态学家通常认为单一生态位中只有单一物种，因为在一般情况下只会有一个物种通过竞争而成为其他物种的主导。在这里，却有着数量惊人、互有关联的动物。但它们的形状、大小和颜色各不相同。它们共存于此，而且做着同样的事情。这是怎么做到的呢？

---

① 如果这是真的，有一种可能的解释是，在热带地区，高温和高降雨会导致土壤中富含更高水平的无机氮和更高的酸度，这两者都可能抑制许多土壤动物赖以生存的微生物的数量和范围。但这并不意味着减少地上的生物多样性会增强地下的生物多样性。——作者注

② 不算上亚马孙热带雨林土壤中的生物。——作者注

达·芬奇曾经说过，我们对天体运动的了解比对地球上的土壤的了解更多。时至今日，仍是如此。

首先映入我眼帘的是一块骨头、一个颜色已经被冲淡的蜗牛壳、一个干巴巴的李子核和一块蓝色陶瓷碎片。经过我更仔细地观察，进而发现了一只虱子和一只透明的小千足虫，它的腿随着身体而蜷曲和展开，身体两侧的红点就像维京长船上的盾牌。还有一只栗色的蜈蚣，它的身体像一节一节火车车厢一样依次顺着轨道冲进黑暗。此外还有焦糖色的甲虫幼虫和半透明球团，能隐隐看到白色新月形的蜗牛胚胎。植物的幼苗穿过迷宫般的土壤基质，向阳而生。

我把这一小撮泥土过细筛子弄碎，用漏斗倒进一个装着琴酒的试管。然后用棍子把试管架撑起来，防止它倒下，再利用太阳光来给它加热。

然后我掰开一块泥土，拿出四十倍放大镜聚焦，很快我就发现这块土壤富含的强大生命力。首先映入我眼帘的是一只在尽力躲避阳光的跳虫：一种柔软的橄榄色生物，圆圆的，毛茸茸的，像个迷你针织玩具。接着小生物们成群结队地出现：有些是不到一毫米长的灰色小条；有些是小小的白色的；甚至还有一个身长三毫米的"庞然大物"，闪着灰色、粉色和蓝色的光；还有某种驼背的琥珀色物种，看起来就像一小滴蜂蜜。

跳虫尽管看起来有点像昆虫，但它并不属于昆虫所属的内口纲。当然，它们的数量同样惊人：在一平方米的土壤里生活着至少十万只跳虫。它们是雄性、雌性、雌雄同体（两性体）或孤雌生殖，这意味着它们可以通过任何方式来受孕繁殖。它们无处不在，甚至在南极洲也能找到它们的身影，并在过去的四亿年里经历了每一次灭绝事件后都得以幸存。在许多地方，都得益于它们将整个土壤中生物的食物网编织在一起。换句话说，是它们连接起了陆地上的大部分生命。但大多数人甚至不知道这种生物的存在。

当我的视线追随着跳虫时，一只大怪物突然出现在镜头里。我花了一点时间才反应过来这是一只蚂蚁。我抬头看看四周，这时才发现这是在蚂蚁区（myrmecosphere）^①的边缘。靠近我肩膀的位置有一个大约四十厘米高的小丘，看来，黄色的草场蚁在我当初清除荆棘后就立刻开始着手建造它了。

这些蚁丘坚硬得就像是用混凝土做的一样。当我用鹤嘴锄清除荆棘和李子树的根蘖时，碰到了一个蚁丘的边缘，我发觉到它是因为工具突然被卡住了，后坐力甚至把我的手都震麻了。蚂蚁从底层土里面挖出黏土，和自己的唾液进行混合，制成足够坚固的"水泥"来支撑蚁穴的拱形穹顶和多层穹顶。如果按照人类居民的比例，它们相当于建造了一座约一百米高的塔楼。完成了这个大工程后，它们带着蚜虫，进入地下一米左右的地窖中^[7]，以植物的尾根为食，并生产蚂蚁居民赖以生存的蜜露。

蚂蚁们可个个都是生态系统的工程师，它们的一举一动都影响着这个区域内的所有生命。在果园里，我注意到一条石蚕状婆婆纳，一种蓝色的小花，有时会选择在蚁丘的屋顶上定居。通常在蚁穴周围生长的草会比其他地方的草更厚、颜色更深，这是因为蚂蚁会将营养物质集中在它们的摩天大楼内部和四周，不经意间也为已经习惯了生活在它们周围的生物提供了养分。每个蚁丘的东南面都是平坦的，像太阳能电池板一样呈一定的角度倾斜，这样的设计可以在早晨充分吸收太阳带来的热量。

蚂蚁还没离开我的视线多久，一只大概一毫米长的白色甲壳类动物吸引了我的注意。我查了查，发现它是一只蚂蚁潮虫。不像它的亲戚们，这种潮虫可以生活在蚂蚁这种"凶猛"的动物之间，而不会被撕裂吃掉。更令人叫绝的是，蚂蚁潮虫会用它的触角来抚摸蚂蚁并乞求食物，直到蚂蚁反刍出仅供内部享用的食物颗粒。^[8]黄色蚂蚁几乎是全盲的，潮虫就是利用了这一点。它通过气味和触角的爱抚使蚂蚁相信它是内部联谊会里的一个饥饿成员。当然如果它伪装暴露，蚂蚁就会群起而攻之。这时，潮虫会

---

① 这个词的意思是土壤中受蚂蚁影响的区域。——作者注

抬起底部的两个角，分泌胶水喷到蚂蚁的脸上，让它们的下颚动弹不得。

接下来放大镜里出现了一条长长的蜈蚣，像中世纪故事里描绘的可怕巨虫。它咬断了自己的毒牙①，毒液从中流过，接着以一种扭曲的姿势滑行。相比之下，一只温顺、扁平的千足虫妈妈，披着宽大的粉棕色重叠甲，正忙着保护她的虫卵，就像下了蛋的农家母鸡一样朴实惬意。另外还有小小的白蚯蚓在灯光下蠕动。

又圆又粗的螨虫无处不在。在这样的土壤中，它们的数量甚至比跳虫还要多：在某些地方，每平方米的螨虫数量甚至可以达到惊人的五十万只。[9] 有些螨虫像寄居蟹一样，它们的脚又短又小，几乎无法完全从甲壳中露出来，但另一些则有长长的前腿。它们颜色各异，有棕色、粉红色、淡紫色、黄色、橙色或白色的。说起来有趣，土壤里的每种生物似乎都有一个白色版本。白色动物通常都生活在更深的地方，那里的生物大都是盲的（它们只有区分光暗的粗略能力），所以没有必要伪装。生物的一切进化都会消耗资源和能量，包括进化出颜色和眼睛。如果不是必要的进化行为，那么自然选择会确保它们不做无用功。

我拿起试管在后面衬一张黑纸作背景，这样再通过放大镜就能够捕捉到一些微小的白色细丝：那就是线虫，它们被太阳的光和热赶出土壤，争先恐后地顺着漏斗进入琴酒。线虫也是数量庞大且对土壤食物链至关重要的生物。在条件适合的情况下，它们的数量可以在一天内增加十二倍。[10]

当我置身于土壤这个神秘的世界中时，明显感觉到了自己身躯的巨大、动作的迟缓。所有土壤中的动物都讨厌光，只要有光落在身上，就能看到它们敏捷地进行躲避。如果不是因为这股机敏劲儿，在这弱肉强食的环境中，它们很快就会被吃掉。我就看到过土壤里的捕食者留下的屠杀痕迹：

---

① 从生物学角度来讲，这些所谓的毒牙是从前腿进化而来的，被称为前肢。
　　——作者注

千足虫的空心盾、甲虫的翼盾、空的蜗牛壳，仿佛战后散落一地的盔甲。

接着我注意到一个看起来像日本动画中出现的生物：它有着长长扁扁的白色身体，头部前端和身体尾端各有两根细触角，这造型像一条健壮的龙或者一匹飞马。我甚至有点希望能找到一个吉卜力动画里的小人骑在它的背上：有了前面的铺垫，就算是真的看到这幅场景我也不会感到惊讶了。再仔细数数我发现它有六条腿，那就不是跳虫，我从未见过这样的昆虫。在查找资料后，我知道了它是一种衣鱼虫（bristletail），或者叫双尾虫（dipluran）。它是属于与昆虫或哺乳动物同等级的群体[1][2]——在这之前我对此一无所知。我一时不敢相信居然还有这样一种生物的存在。当然这还没能尽数体现我的无知。

不久之后，我发现了另一种生物，起初我以为它是只小小的白色蜈蚣。现在我又找到了很多它的同伴。当我透过放大镜仔细观察其中一只时，注意到它只有十二对腿，不像蜈蚣那样是有至少十五对腿，也没有蜈蚣的那种长着尖锐弯曲下颚的盔甲型头部，而是有着草食动物或者食腐屑生物的圆润脸庞。后来我翻阅了一本土壤生态学的教科书，里面的一张照片给了我答案。它是一种被称为幺蚰（symphylid）的生物，不属于我以前遇到过的任何一科，它自己本身就是节肢动物门。[3][4]

在生物分类中，门这个阶元是很重要的。人类属于类人猿科，即类人猿。反过来，类人猿科隶属于灵长目，包括：猿、猴子、懒猴、眼镜猴、

---

① 土壤动物的分类一直在变化，所以到本书出版时，可能对于双尾目的分类已经发生改变了。但在过去几年里，双尾目一度被视作单独的纲、亚纲和目。——作者注

② 在某些分类法里，双尾目被升格为纲。——译者注

③ 同样，这个分类也在不断变化。幺蚰有时被认为是单独的纲，有时则被认为是一个门。——作者注

④ 现在的资料显示幺蚰科隶属于综合纲节肢动物门。——译者注

丛猴和狐猴。灵长目又是哺乳纲底下的一个子集，我们一般叫哺乳动物，包括从鼩鼱到鲸的一切动物。哺乳纲又隶属于脊索动物门，门这个阶元把我们人类与鸟类、爬行动物、两栖动物、鱼类等联系在一起。现在我找到的这种生物（据说）是自己就是一个门，一个与脊索动物平行的分组，而且可能内容更丰富，而直到今天之前我甚至都从未听说过它。

我突然意识到，在这一小块土壤中，我能找到的生物分类比我在塞伦盖蒂（Serengeti）或任何其他生态系统中看到的还要多。这里有昆虫和甲壳类动物、螨虫和蜘蛛、唇脚纲动物（蜈蚣）和倍足纲动物（千足虫）、跳虫、蚯蚓、线虫、软体动物和许许多多我叫不出名字的生物。

土壤可以拥有如此丰富的资源得感谢它巨大的表面积。假设我们可以没有重叠地把一克最细的、单颗颗粒最小的黏土（干燥时大概半茶匙量）完全铺开，最多将覆盖约 800 平方米的面积，这面积甚至比我们的果园还大。同时，土壤也远非我想象中那种未分化的个体，它更像是一个由不同区域和结构组成的国际大都会，不同的文化存在于相邻的教区中。这些区域之一是蚂蚁区，它自己本身就拥有从属区域。在生态上更重要的是植物根部周围的狭窄空间，被称为根际（即围绕植物根系的区域），人类生存也依赖根际。当我扒拉开土块时，发现根部组织非常密集，感觉就像在撕扯一块细密的织物一样。

我把注意力转向细小的根毛。通过肉眼观察，每根根毛都是细如棉线的单股结构。但在镜头下，我看到它的上面长满了更细的绒毛，在阳光下闪着晶莹的光。根毛长在每根根系上，连根尖都有覆盖，但每年的这个时候也只有一两天能看到。它们有些看起来像胡须，有些编织得非常紧密，让我想起了旧熨斗磨损了的尼龙电线。这就是真菌纤维——菌丝，它们的生命与植物的生命交织在一起。

除了蘑菇和毒菌，大多数情况下，我们很难看到真菌的子实体。它们绝大多数——那是数以百万计的物种——只生活在土壤中，其中许多是菌根，寄生在植物的根系中生长。大多数植物依靠这些真菌从土壤中吸收矿物质和水分。[11]同时植物通过光合作用产生的碳水化合物和脂质①来回馈真菌；真菌从土壤中收集和运输的氮、磷和其他元素供给植物生长，其运输效率远远超过植物本身的处理能力。菌根的细丝可以伸进狭小的孔隙，对于植物来说即使是最细的根毛也无法探进这些孔隙，同时真菌释放的酶和酸会破坏植物无法分解的矿物键。

与第一批陆地植物一样，这种互利共生关系的产生最早可以追溯到大约4.6亿年前。[12]最初在海洋中，藻类没有根：它们直接从水中吸收养分。后来为了能在陆地上生存，它们需要与长期定居在这片土地上的真菌建立联系，实际上，就是把真菌作为自己的根。正如我们现在知道人体不是单一个体，而是一个由数十亿微生物和容纳它们的多细胞系统组成的集合体，所以我们现在也不能把植物简单地看作是单一个体，它是内含不相关生物的集合体，是这些生物通过共同的力量合作创造出了如此复杂的生命形式。我们才刚刚开始意识到我们人类对于这一切有多陌生。

在像我们的果园这样植物生长良好的地方，每克土壤中都有大约长度一千米的真菌丝。[13]想象一下，一千米的菌丝在仅仅不到一茶匙的土壤里。每种真菌的细丝又形成一个致密的网，被称为菌丝体。在一些森林中，单一真菌的菌丝体甚至可以延伸到几平方千米的土壤中，当然，大多数菌丝体都达不到这个规模。它们会不断地蔓延生长又撤退，形成新的网络，改变现存的关系。它们相互啮合，将养分从一个地方转移到另一个地方，在为它们的宿主植物服务的同时也能确保自己的生存。其中一些菌丝体甚至有能力将数百种植物的根部连接在一起。

糖分有时会从强壮、健康的树木的根部转移到脆弱或生病的树木根部，这一发现引起了人们的极大兴趣，他们将其视为植物利他主义的证据。

---

① 构成脂肪和许多其他重要化合物的化学物质。——作者注

但是，正如梅林·谢德雷克（Merlin Sheldrake）在他讲述真菌的精彩著作《纠缠的生命》（*Entangled Life*）中所提到的那样，更合理的解释应该是真菌实际上是在养护它们的宿主，它们将养分在植物间转移，以确保自己所供养的所有植物都保持活力。[14]

谢德雷克还研究了关于真菌菌丝体是一种智慧生命体的可能性。它具有方向性记忆，可以走迷宫，可以从网络的一端向另一端发送消息，从而在远离刺激的地方改变其响应。在发现真菌菌丝可以像动物感觉神经细胞一样传导电脉冲后①，一些研究人员开始将菌丝体中的数百万个连接点视为决策闸，并将其网络视为类似计算机处理器的物质。

真菌对它们寄生的植物的健康起到至关重要的作用。甚至它们在很大程度上比这些绿油油的合作伙伴更擅长[15]保护土壤免受侵蚀，吸收落在地面的雨水，锁住土壤中所含的碳。

你可能会想：这真是太了不起呀！但你马上会发现，还有些无法用肉眼看到的事情更加奇妙。

这是一个改变了我们以往关于维持生命系统一切认知的事实。植物通过光合作用产生的所有糖分中，有11%到40%会被释放到土壤里。[16]这些糖分并不是被意外泄漏到土壤中的，而是植物故意这么做的。更令人不解的是，在释放糖分之前，它们会将其中的一些糖转化为极其复杂的化合物，例如，丁布［DIMBOA: 2,4-dihydroxy-7-methoxy-2H-1,4-benzoxazin-3(4H)-one］。

制造这样的复合化学物质需要消耗能量和资源。乍一看，植物将辛苦生产出来的物质就这样释放进土壤很让人摸不着头脑，就像把一捆一捆的钞票倒进下水道一样。它们为什么要这样做？这个问题的答案将为我们打

———————————

① 大约每秒四个动作电位。——作者注

开通往秘密花园的大门。

就像我前面所说的，这些复杂的化学物质并不是被随意排放进土壤的，而是被有目的地分散释放到植物根部周围的区域，[17] 即根际。植物释放糖分是为了与微生物——这种所有生命都赖以为生的生物建立和经营一系列奇妙而复杂的关系。

土壤里到处都是细菌。我们所谓的"泥土的芬芳"就是细菌产生的化学物质所散发的气味。下雨时的尘土味（Petrichor）是干燥地面首次接触到雨水时释放的气味，在很大程度上是由一种被称为放线菌（Actinomycetes）的细菌引起的。我们很难找到两种拥有相同气味的土壤就是因为它们不会有完全相同的细菌群落。可以说，每一片土地都有自己的独特风土。生物学家称土壤中的微生物为"针眼"，植物分解物质中的养分必须通过这个"针眼"，然后才能被食物链中的其他生物回收利用。[18]

微生物在土壤中无处不在，但在大部分地方，大多数情况下，它们都处于不确定状态或假死状态，等待着唤醒它们的信号。当植物根部插入土壤并开始释放化学物质和糖分作为信号时，会引发微生物的剧烈活动。响应召唤的细菌会消耗植物供给的养分，并以惊人的速度繁殖，形成地球上最密集的微生物群落。仅一克的根际土壤中就可能有数十亿个细菌。[19]

这些细菌聚集到一起并释放植物赖以生存的许多营养物质。根际中的细菌、与根部相啮合的真菌 ①，以及其他微生物，共同捕获了土壤中的铁、磷和其他元素，通过转化让这些元素可供植物使用。同时它们还能分解复杂的有机化合物，使其可以被植物根系吸收。[20] 更特别的是，细菌可以将空气中的惰性氮转化为制造蛋白质所必需的矿物质（例如硝酸盐和铵）。可以这样说：没有细菌，食物链中的任何一环都无法生存。

---

① 细菌似乎也能刺激植物和真菌之间的关系，在某些情况下，它还能破坏抑制真菌生长的毒素。——作者注

土壤中的细菌还会产生生长激素和其他特定的有助于植物生长的化学物质。植物释放到土壤中的某些化合物的复杂性是为了不唤醒一般细菌，而是有效地、有针对性地唤醒特定菌群[21]。这就像植物在使用化学物质作为它们与特定微生物之间交流的暗号。

这种暗号也会因地而异，根据植物的需求相应地改变[22]。当植物缺乏某些养分，或土壤太干或含盐量过高时，[23]它们会唤醒细菌来解除这些约束。一些生物学家将这种行为描述为植物在"求救"。在收到求救信号之后，某个特定的细菌群落会在它们的根部周围进行增殖来响应。

当我们从宏观角度来重新审视这些操作，就会对地球上生命的理解有所改变。根际虽然处于植物外部，但它对于植物健康和生存的重要性丝毫不亚于植物自身的组织。它就像是植物的体外肠道。[24]

事实上，植物的根际和人类的肠道之间其实有许多令人意想不到的相似之处。首先它们都有数量惊人的细菌生活在其中。在这两个系统中，微生物将有机物质分解成植物或人类可以吸收的更简单的化合物。尽管自然界中有超过 1000 种细菌门类（主要菌群），但主宰着哺乳动物的肠道和植物的根际的则是相同的 4 种细菌①。[25]这或许是因为这 4 个细菌群的特征使它们比其他细菌群更具有合作精神。对于人类而言，婴儿的免疫系统不如成年人活跃，这使得多种细菌能够在我们的肠道中安家。同样，与成熟的植物相比，新生植物向土壤中释放的防御性化合物更少，从而可以提供更多种类的微生物在其根际定殖的机会。[26]人类母乳中含有被称为寡糖的糖类。起初，科学家们不理解为什么母亲会分泌这种婴儿无法消化的化合物。现在看来，分泌寡糖的唯一目的就是为婴儿体内的细菌提供养分。这种特定的细菌②被有选择性地培养，有效地帮助婴儿的肠道和校准免疫系统

———————————

① 厚壁菌门、拟杆菌门、变形菌门和放线菌门。——作者注
② 长双歧杆菌的婴儿亚种。——作者注

发育。[27] 同样的，新生植物通过向土壤中释放大量的蔗糖为新入住的微生物群组提供养料。

与人体肠道一样，根际不仅能消化食物，还能保护植物免受疾病侵害。正如生活在我们人类肠道中的细菌会攻击入侵的病原体一样，根际中的微生物在根部周围形成了一个防御环。植物用自身的养分来供给有益的细菌生长，从而排挤走病原微生物和真菌。[28]①

有时植物还会部署化学战，释放出消灭或抑制有害微生物的化合物，同时促进有益微生物的繁殖[29]。这些化学攻击是非常有针对性的，甚至可以做到只消灭某一种细菌的特定致病品种，而不影响这种细菌的有益品种的遗传变异[30]。有时植物和细菌会同仇敌忾，两者会产生相同的防御性化学物质[31]。有时植物发出的求救信号会召唤来帮忙的微生物用抗生素去攻击对手[32]。有时植物会卸下它惯用的防御系统，当有害真菌入侵根部时，故意放进去部分细菌，用来对抗和抑制根组织内的有害真菌[33]。

病原体的反击则是用致命的"效应蛋白"去攻击帮助植物战斗的微生物[34]。一些病原体通过进化，可以依靠特定的化合物生长，而这类化合物原本是用于抑制病原体生长的。一些真菌和害虫更是能够利用植物的求救信号来对其进行定位和攻击。[35]

植物也会向稍大一些的生物寻求帮助。当昆虫攻击它们的根部时，它们会将具有挥发性的化学物质释放到土壤中，从而吸引某些种类的线虫（nematodes）[36]：就像我在试管中发现的微小的白色蠕虫。这些线虫可以用它们锋利的喙刺穿生活在地下的毛毛虫的皮肤，然后蠕动进毛毛虫的体腔，反刍生活在内脏中的发光的共生细菌。细菌产生可以杀死幼虫和抗生素的杀虫剂，去消灭已经生活在昆虫体内的微生物。然后线虫会从内部消化毛毛虫，吃掉增殖的细菌。

---

① 这种现象被称为定植抗力。——作者注

线虫的数量增长十分迅猛，有时在一只毛虫腐烂的躯壳中会有约 40 万只幼虫诞生[37]。等毛虫没有利用价值后，它们就冲破毛虫已经松垂的皮肤进入土壤，寻找新的猎物。这些猎物会很显眼，因为发光的细菌会使毛虫发出蓝光。这种光芒似乎也会吸引其他毛虫引发攻击。

1862 年发生在田纳西州的美国独立战争夏伊洛战役（Civil War at Shiloh）后，数以千计的受伤士兵躺在泥泞的土地上，最久的人躺了两天两夜。许多人死于伤口感染。由于双方的伤亡人数过多，搜寻和医治伤员的工作让军队不堪重负。到了晚上，有人注意到一些伤者的伤口开始散发出奇怪的蓝色光芒，从远处看就像是幽灵的影子。同时随军的外科医生观察到，伤口发光的士兵身体恢复得更快，存活率更高。[38]这种蓝色魅影在当时被称为"天使之光"。

139 年后，人们终于找到了对于"天使之光"的科学解释。当时 17 岁的高中生威廉·马丁（William Martin）说服他的朋友乔纳森·科蒂斯（Jonathan Curtis）帮助他进行调查研究。[39]他们后来发表的论文获得了美国国家科学奖。在论文中他们提出，发光的士兵伤口或许是受到土壤中的线虫的攻击。线虫吐出它们体内的细菌，这些微生物产生的抗生素很可能已经破坏了感染伤口处的其他病原体。由于发光的细菌已经进化为感染温度低于人类正常体温的细菌，于是他们推测只有体温过低的士兵会被这类细菌"攻击"。而当伤员被带去接受治疗，体温上升后，这又杀死了拯救他们的细菌，防止了并发症（这种可以适应哺乳动物温度的物种会导致严重感染）的发生。[40]

时至今日，许多医学上使用的抗生素都是通过土壤细菌[41]培养的，它们大部分都曾是在植物根际中进行过残酷战斗的地下战士。随着一些关键药物开始失去功效——因为它们所针对的细菌的耐药性增强了——我们迫切需要开发新的药物。而植物根际就像一个取之不尽、用之不竭的宝藏。研究人员已经开始使用基因组进行挖掘——为制造复杂化学物质的基因簇探查生物的遗传密码——希望能在与植物共生的细菌中发现新的抗生素。[42]迄今为止，只有半数的土壤细菌群被科学家进行了研究，[43]所以我们对根际所蕴藏的潜力仍然了解有限。

生长在植物外部的"肠道"——根际——中的微生物保护植物免受攻击的另一种方式是刺激植物的免疫系统。如果叶子受到真菌或昆虫的攻击，植物的第一个反应可能是向土壤中释放激素，向生活在那里的细菌进行呼救。这看起来是一种奇怪的反应方式：土壤中的细菌距离树枝上的叶子那么远，而且细菌也无法从土壤中移动出来去攻击叶子上的病原体。事实是，土壤中的细菌会用自己的化学信息将植物的求救信号反弹回来，从而激发植物的免疫反应。[44]① 这使植物能够在其叶子中产生防御性化学物质，并关闭真菌可能入侵的入口（气孔）。[45]

就算是这样，这个方法似乎也过于烦琐了。但由于植物的免疫系统是与细菌共同进化的，并且在其整个生命周期中都受到细菌的启发和锻炼，因此它无法以任何其他方式来发挥作用。这个过程也类似人类肠道内的活动。结肠中的细菌有一些是有益的，有一些是致病的，还有一些会在两种角色之间转换，锻炼我们的免疫细胞，在病原体试图突破保护结肠的黏液层并攻击结肠壁[46]时发出化学物质，作为信号来提醒免疫细胞。

我们现在意识到了，过度清洁、过度使用抗生素，以及从含有大量纤维的多样化饮食转向低纤维的单一饮食，这些做法都会导致我们的肠道生物群落的减少。这对我们的健康和免疫系统可不是件好事。同样，在过去的几年里，农业科学家发现，当植物在微生物多样性受损的土壤中生长时，似乎无法抵抗某些病原体的攻击。[47]过量施肥、过度使用杀虫剂或杀菌剂、过度耕作或被重型机械过度碾压，都会导致菌群失调，致使植物的求

---

① 这个过程被称为诱导系统。——作者注

救声更容易被寄生虫和害虫利用。[48]菌群失调是一个医学术语，意思是肠道菌群紊乱崩溃。但它同样可以适用于任何生态系统。[49]

一项有趣的研究表明，具有丰富且均衡的微生物群落的土壤可以抑制导致人类疾病的病原菌，[50]从而降低通过食物传播人类疾病的可能性。[51]我们人类的健康以显而易见的方式依赖于土壤的健康。

研究人员发现，就像健康和不健康的肠道生物群落一样，土壤既可以"抑制"疾病，也可以"引发"疾病。植物死亡后会留下它们在土壤中培养的细菌，以保护那些代替它们生长的菌群。一些研究人员现在正在试验粪便植入物的农业等效物。正如医生从健康人身上采集粪便样本并将其移植到病患的肠道中一样，一些农业科学家推测，将抑菌土植入可能"引发疾病"的不健康的土壤中，可以抑制病原菌和真菌的繁殖。[52]

我挖的这个洞里有东西引起了我的注意。那是一条巨大的海蚯蚓，它悬挂在洞口，正好奇自己的洞穴哪儿去了。我突然对它感到十分抱歉，因为我知道，蚯蚓的洞穴可以供它们居住很多年甚至几十年，并且像我们人类一样，它们一代接着一代地使用同一个洞穴。[53]随之构成了另一个重要的土壤结构：蚯蚓区或蚓触圈（drilpsphere）。

像这样状态稳定的草地，每公顷大约能挖出 8000 千米的蚯蚓洞穴。[54]洞穴使土壤充满气孔，并帮助水分在土壤中流动。一项实验表明，将蚯蚓引进本没有它们的土壤后，在 10 年内，土壤的水分渗透率几乎翻了一番。[55]这意味着水土流失情况大大减少，可以有更多水分渗透到植物的根部。据估计，蚯蚓洞穴可使土壤被侵蚀的速度减半。但它们的具体影响也因地而异，因季节而异。在某些情况下，蚯蚓将松散的土壤带到地表也会减少土壤的多孔性，提高侵蚀率。

蚯蚓可以把掉在地上的所有叶子、茎和树枝都拉进洞里。[56]而且像鸟类一样，它们会吞下小石块和沙砾，用来将这些植物碎片磨碎储存到自己的砂囊中。肠道中的细菌也会帮助消化，然后将它们无法吸收的物质排泄到土壤表面形成小土堆。

这一系列操作的成果非凡。像这片果园，在每公顷的面积里，蚯蚓每年可以将约 40 吨土壤带到地表。[57] 在热带稀树草原，这个转换量甚至可以达到 1000 吨。[58] 像许多破旧的建筑物慢慢消失在地下的原因不是它们本身下沉了一样，正是由于土壤被蚯蚓不断地带到表面来，导致建筑周围的地面上升。① 由于蚯蚓吃的是有机物质，所以它们努力拱到地面上的小土堆比土壤中的其他部分的矿物质含量都要更高。蚯蚓通过分解这些死掉的残枝落叶，将其中的营养物质提供给细菌和真菌，从而间接地把养分供给活着的植物。所以在有蚯蚓生活的土地上，动植物的平均质量比没有蚯蚓的地方高约 20%。[59]

蚯蚓还能够释放植物生长激素，[60] 尽管我们目前尚不明确它们是直接释放还是通过刺激细菌来制造这种激素。有时候，蚯蚓的确会通过释放养分或通过化学物质作为信号来触发植物的免疫系统，增强其对寄生线虫 [61] 和吮吸式害虫的抵抗力。[62]② 反过来，植物也会使用化学物质来控制蚯蚓的行为。[63] 如果我们仔细研究生态系统，就会发现它的复杂性超乎想象。

在这块泥土里，我又发现了一个长约 7 毫米的柠檬形状的赭色皮革外壳。它让我想起以前被用作足球的干燥、膨胀的猪膀胱。用我的放大镜可以看到里面一条时弱时强且不断涌动的红色纹理，就像流淌的鲜血。这是一只正在卵茧内发育的蚯蚓幼虫。蚯蚓的繁殖过程和土壤中的其他一切一样神奇。蚯蚓交配后（它们是雌雄同体，意味着同个种类的蚯蚓可以任意与其他蚯蚓进行交配），它们身体中部的环带会变厚变硬。然后一个装有卵

---

① 查尔斯·达尔文（Charles Darwin）在他 1881 年出版的著作《腐殖土产生与蚯蚓的作用》（*The Formation of Vegetable Mould Through the Action of Worms*）中就发现并研究了这种现象。——作者注
② 但在其他时候，它们似乎会使植物更容易受到害虫的侵害。——作者注

子和精子的壳从中滑落，两端合起，形成茧。

　　研究这块土壤，让我想起了第一次浮潜的经历。就像现在一样，当我透过表面看到内部，发现那是一个全新的世界，一个单从表面来看无论如何也看不到的世界。这个想法在我脑海中出现后，我看眼前的土壤就像在看珊瑚海。海洋中有礁石聚集的区域和开阔的水域，土壤中也有生物集中的区域和生物相对分散的开阔区域：生物活动性集中、强烈的地方（如根际、蚓触圈和蚂蚁区）和大型捕食者移动、奔跑、追逐猎物的地方。当然，在土壤中的是蜈蚣和甲虫，而非鲨鱼和海豚。

　　像珊瑚礁一样，这些生物活动密集的区域也有着丰富的共生关系。正如珊瑚是由动物、植物和微生物通过既合作又竞争的关系形成的矿物质结构一样，土壤也是由生物利用死去的材料构建而成的生态系统。[64] 从生物学角度来讲，土壤的健康和富饶与世界上大部分陆地生物都有着相辅相成的关系。它的外表可能不像珊瑚那样美丽，但一旦你开始了解深入它，就会发现它的美妙之处。

　　事实上，我们根本没意识到这个生态系统有多么不被重视，我们在研究土壤生态方面投入的金钱和精力是如此之少，以致生活在这片土地之上的我们才刚刚开始挖掘它的复杂性。更具讽刺意味的是，那些本就不多的资金投入还主要是用于寻找毁掉土壤的新方法：消灭农业害虫。正如一位大学讲师曾告诉我的那样："我研究昆虫是因为我爱它们，但我能得到的资金都是用于研究如何杀死它们的。"全世界有那么多研究其他生态系统的科研机构，却唯独没有土壤生态学研究所。

　　我们曾经将土壤视为均质体，实际上它是由不同的层级结构组成的。蚯蚓、植物根系和真菌会形成土壤团块，将它们与其制造的纤维和黏性化学物质黏合在一起，我们称之为聚合物。[65] 在这些聚合物中，螨虫和跳虫等微小动物会形成更小的团块。在它们体内，细菌及更小的捕食者——还有那些用放大镜也看不到的生物，如缓步动物、纤毛虫和变形虫——会形成更小的聚集体。

在这些组簇之间是不同形状和大小的孔隙。它们的周围是水膜和动植物释放的复杂化学物质。每一个组簇、空隙和薄膜都有自己的特性，它们共同创造了数百万个不同物种可以利用的微小生态位。

2020 年，科学家们迈出了对于土壤理论学说研究的第一步。[66]这意味着他们开始了解什么是土壤。这听起来很奇怪。但确实直到现在，我们才开始正确地理解了我们生命所依赖的且作为基础的这种生物结构。

微生物通过将微小的颗粒与它们排泄的碳基聚合物或"水泥"粘在一起来形成聚合体。在这样做的过程中，它们稳定了土壤结构并为自己打造了一个栖息地。随着时间的推移，它们开始建立更复杂的结构：甚至有水、氧气和营养物质可以通过的孔隙和通道。换句话说，土壤就像黄蜂巢或海狸水坝：它是个由生物构建的以确保其可以生存的系统。但与那些简单的结构不同，它是一个由细菌、植物和土壤动物在不知不觉中共同建造形成的极其复杂、无穷无尽的地下巢穴。换句话说，土壤就像菲利普·普尔曼（Phillip Pullman）小说中的尘埃（Dust）：它自发地将自己组织成连贯的世界。同时这一切都遵循分形原理。这意味无论我们对它放大多少倍进行观察，其结构都是一致的。

微生物、植物和动物为适应自身而构建的自组织、自适应的世界，可以解释为何土壤结构在干旱和洪水这些在危机中不会被毁成无定形的粉末。这些发现也可以解释为什么过度耕作会毁掉土壤：当农民或园丁在特定条件下施用氮肥时，微生物会通过燃烧土壤中储存在聚合物内部的碳来做出反应。[67]没有了黏合剂，土壤的结构和系统就会开始瓦解，孔隙和通道都开始塌陷，氧气和水不能再渗透进土壤。同样因为分形原理，当微观结构开始瓦解，元结构也会随之瓦解：这会导致土壤无法透气。同时过度施肥也会让植物根系在土壤中很难获得所需的养分。

土壤的复杂性掺杂了空间和时间因素。土壤会随着时间的推移而发生巨大变化，它会变得干燥或吸饱水分，细菌会消耗它所含的有机物质；根毛会侵入其中并释放糖分和复杂的化学物质；蚯蚓会将它吞下再排泄出来；蚁群用唾液把它沾湿再粘合，或者被像鼹鼠、兔子、獾等更大型的动物那样将它挖来翻去。

这些空间和时间的波动创造了一些生态学家所说的"热门点"（hot spots）和"热点时刻"（hot moments）[68]：即强烈的生物活动点。这些无穷无尽的变化促成了一个奇妙的生物学概念：霍金森超体积（hutchinsonian hypervolume）。[69, 70] 它描述了一个允许不同生物生存的多维空间。[71] 从广义上讲，跨时空的系统越复杂，就可以涵盖越广泛的多样性。

健康土壤的巨大霍金森超体积可能可以解释"甲螨之谜"：数百种螨虫是如何同时生活在同一个地方，还做着同样的事情，却没有一个或几个主导其他的行动从而导致它们灭绝？可能正是因为我们对于土壤了解得不够透彻——螨虫们看似是同时生活在同一个地方，但事实上并非如此。它们可能在利用我们未能检测到的热门点和热点时刻（多维空间）而生存。[72]

我时刻都在提醒自己，土壤并不是为了我们人类的利益而存在的。起初它的存在并不是为了让我们能够种植作物。像所有复杂的、自组织的系统一样，它寻求着自己内部的平衡。当我的邻居们在谈论如何打造一个"适宜耕种的土壤"或"最有利的斜度"时，他们不知不觉中是在拆解土壤复杂的结构，摧毁这丰富多样的生命赖以生存的地方。当我们说要为了耕种而"整地"时，从字面意义上来讲，这个形容竟意外地恰当。

经过两小时的探索，我连一千克泥土都还没有取出来，而我已经被这个全新的世界深深地吸引住了。我的探索刚进行了一半，但是已经累得直不起腰了，只得先告一段落。薄云遮住太阳，也是时候吃午饭了。我将翻出来的土都推回洞中并重新盖上草皮。当我站起来时，才发现樱花花瓣落了我满身。

对土壤的探索给了我很大的启发。我们所谓的真理是从零散而片面的信息中得来的，还有许多我们无法想象的真相隐藏在这些信息之下。被大众所接受的真相通常都是口口相传或来自神话典故，而科学发现——通常只被小部分的科学家研究和了解。无论这发现是多么的有趣，多么的富有戏剧性，一般都鲜为人知。

在我为写这本书而做调研的过程中，我发现这种感知与现实之间的鸿沟几乎适用于我们食物体系中的方方面面。我们关于食物和农业的信念被寓言和隐喻主导，但我们需要意识到这些寓言和隐喻描述的并不是这个世界的本来面目，而是一个理想化的、简化的概念，而对此深信不疑则会促使我们犯下灾难性的错误。所以在这本书中，我将试图讲述一个全新的故事，一个关于生机勃勃的世界的故事，一个关于我们吃什么以及我们如何种植它的故事。这个故事有着迷人的复杂性，也弥合了科学发现和流行信仰之间的鸿沟。

每个关于土壤的问题都会衍生出更多的问题。每一个答案都揭示了一系列层层递进的关系，并开辟了一个新的研究领域。我们对地球上的生命了解得越多，它们之间的联系就越会变得复杂和紧密，在创造物理环境中的作用就越大。正如保护主义者约翰·缪尔（John Muir）的名言所说的那样："我们很难单独谈论某样东西，因为到头来我们都会发现它与宇宙中的其他一切事物息息相关。"土壤可能是所有生命系统中最复杂的。然而，我们却通常只觉得它脏。

我们大多数人认为土壤是一种死气沉沉的、被动的基质：只有当各种作物在其中生长时，才能体现它的价值和潜力。我们认为它在生产食物中的作用仅限于固定植物的根部和吸收我们所施加的合成化学物质。我们会对与它相关的生命表现出厌恶和恐惧。虫子——这种对我们生存而言最重要的、最不可或缺的生物，我们却用把人形容成虫子来当作一种羞辱。意识到土壤及其相关生命的重要性对于解决我们面临的一些严峻问题至关重要：在一个自然系统和人类系统正在以惊人的速度变化的世界中，如何在不破坏我们赖以生存的基础的情况下喂饱自己？我们如何在确保自己生存的同时，保护地球上的其他生命？答案就藏在这地表之下。

第 2 章
探知前路

复合系统远远比人们想象中的要复杂和迷人得多①。土壤生态学就是个例子，它无法被单一地从某个部分进行研究和预测，像是一个内在关联紧密又脉络分明的网络。全球食品系统也是这样一个复杂的系统，它包括了我们对于食物的种植、交易、加工、包装、配送、购买直至享用。当我真正开始深入研究这个体系时，其中的奥秘令我惊叹不已。我来举个例子。

来自德国马克斯·普朗克研究所（Max Planck Institute）的科学家们发现，东非地区约 40% 的降雨都与 4000 千米至 6000 千米以外的印度、巴基斯坦和孟加拉国的农民灌溉活动有着紧密的联系[1]。

这些水分本身或由于河流面积过小，或因为被牢牢锁在土壤的含水层里，很少有机会通过蒸发转化为流动性更好的水蒸气。而当农民使用从河流或者土壤中抽出的水来作为灌溉水源时，水体的表面积大大增加，再加上阳光和风的作用，部分水分就以蒸发的形式被散发到大气中。同时作物

---

① 复合系统不同于单纯的复杂系统。例如引擎，它被设计成以线性和可预测的方式来响应刺激（如踩下油门）。复合系统的属性不能仅通过查看其部分内容来确定，它是一个具有自序性的网络体系，对压力的反应方式也是自发的和非线性的。——作者注

也通过蒸腾作用从土壤中汲取水分，并从植物表面释放水蒸气到空气中。

每年的 2 月到 4 月，因印度、巴基斯坦和孟加拉国的农民灌溉农田而产生的水蒸气随着盛行风，从西南吹过阿拉伯海（Arabian Sea）。它们经过了数千千米的旅行后，在东非海岸升腾并冷却凝结，部分化作了甘霖从天而降。

得益于南亚农民无意中制造的水蒸气，东非地区每日的降雨量最多可增加一毫米。这听起来也许不算太多，但这对于干旱地区的农民和牧民以及当地人的生存是至关重要的。当地人口的不断增长也很大程度地依赖这额外的降雨。与此同时，水蒸气和以此形成的云层可使气温降低约半度[①]，这在人和牲畜都面临严重热应激的地区同样十分重要。因此，如果南亚的农田没有得到有效灌溉，影响的就不仅是当地作物的生长甚至还会波及大洋彼岸的作物生长。

之后的 4 月至 5 月，来自南亚的馈赠由于风向的改变，使得额外一毫米左右的降水将会转而落在中国的土地上。由此可见，印度、巴基斯坦和孟加拉国的灌溉情况同时影响着它们自己的季风以及东亚的降雨。"当我们试图单独讨论某样事物时……"

所有复合型系统都在某些方面有着惊人的相似。无论是生态系统、大气系统、洋流甚至金融系统和人类社会，都被同样的原则支配着它们的行为。

首先这些系统都具有涌现性。这意味着即使再简单的组件组合在一起的时候，甚至无须中央集控，它们也会自发地以复杂但有序的方式运行。即便这个系统最初是通过人类引导所产生的，但当它达到一定程度的复杂性时，系统将自动接管这个通过数十亿个决策创建的网络，而不再需要来自上级的控制。

人类在这个问题上显得格外无力：我们在尝试解决问题的过程中意外地创建了某个系统，但其复杂性的上升速度远超我们对它的理解。而复合系统

---

① 本书中的所有的温度单位均为摄氏度。——作者注

这种怪异的、反常规的行为方式，有时甚至会产生与预期相反的结果[2]。

1939 年，约翰·斯坦贝克（John Steinbeck）在《愤怒的葡萄》（*The Grapes of Wrath*）一书中首次描述了这种复合系统，并试图探究它们是如何开始主宰我们的生活的[3]：

> 每个去银行的人都讨厌银行的所作所为，但银行系统依旧存在。这说明什么？银行可比人厉害多了。它是个人类创造的怪物，也是个人类没法控制的怪物。

复合系统是有阈值的。它可以在不改变行为方式的情况下吸收一定变量，然后突然间它就无法继续进行自我组织了，系统也就崩溃了。这个阈值代表着一个临界点，而且这个值通常是在崩溃发生后才能被确认的。一个系统在某些条件下可能是安全的：它的自组织特性使其保持稳定。但是，当条件发生变化并趋近阈值时，这种自组织特性会产生相反的效果，甚至会放大混乱。[4]而整个系统依旧会在网络中传递刺激，但这只会使情况恶化从而进一步加剧混乱。在这个时候，一点小小的干扰就可以使整个系统越过临界点，紧接着就会出现没法叫停的系统崩溃。

系统崩溃的其中一个结果是这个系统可以转型为一个全新的稳定状态。这种处于新状态的系统在很多情况下都有独特的自我强化特性以稳定和保护自身。当然这种转化会很难，有时甚至是不可逆的。一般来说，系统转化所需的能量要远远多于引起这种改变所需的能量。[5]这被称为"滞后现象"。

生态科学中的一个典型例子是从土地渗出的肥料污染了湖泊。当污染水平达到临界点时，整个湖泊的生态就发生了倒置，以肥料为食的微生物占据上风，清澈的水体开始变得浑浊。但这时如果只是简单地将水中的肥料水平降低到临界点以下是不能解决这个问题的。想要让水源彻底恢复澄澈，就必须将水体中多余的营养物质减少到几乎为零。[6]由此可见，将系统推入新的稳定状态就像敲掉山顶上楔住巨石的鹅卵石。而逆转滞后现象的难度则等同于将巨石再推回到山顶。

一个系统的崩溃往往会引发与之相互作用的其他复合系统的崩溃。[7, 8]例如，美国黑风暴事件（US Dust Bowl）就是因多年的密集耕作对土壤造成破坏而导致的。这种破坏将土壤系统推向了一个临界点。20世纪30年代美国发生干旱时，土壤结构在短时间内遭受了毁灭性的打击。[9]在短短几年内，南方平原平均每公顷土地流失了约1000吨土壤，[10]400万公顷的肥沃的表土层几乎全军覆没。这使得粮食产业和依赖粮食生产的农业社区相继崩溃。1937年，美国政府的一份报告简明扼要地描述了系统的滞后现象："凭一人之力就可以引发这场沙尘暴，但单凭一个人是无法阻止这场灾难的。"[11]

全球金融体系在2008年也差点越过临界点，而它的崩溃将引发整个人类社会的连锁反应。最后人们借助价值数万亿美元的全球救助才将其推回安全状态。甚至在滞后现象还没发生时，通过美国次贷危机来阻止崩溃所消耗的能量（或金钱）就已远远超过导致崩溃所需的数量了。大规模灭绝事件似乎是系统传染性崩溃的另一个例子：当一个生态系统或地球系统出现问题时，它可能会破坏与之相互作用的其他系统。[12]

虽然每个系统确切的阈值（临界点）很难或不可能被确定，但值得庆幸的是，我们现在已经对复合系统的行为有了足够的了解，可以预测这个系统是具有弹性的还是脆弱的。令人着迷但也感到不寒而栗的是，我们甚至不再需要知道这是一个什么系统（无论是极地冰架系统还是保险系统），只需要知道构成这个系统各分量的数学值，就可以确定它是否可能崩溃。[13，14]

在科学家眼中，复合系统是节点之间有链接的网格。节点就像老式渔网上的结，而把它们连接起来的就是绳索。例如，在食物链中，节点可能是不同种类的植物或动物，连接起它们的是互相的喂养关系：也就是简单的谁吃掉谁的问题。而在金融体系中，节点是银行和其他主要参与者，链接则是它们的商业和机构关系（通常也是谁吃掉谁的问题）。

如果节点的行为方式多样，并且它们之间的链接很弱，则我们会认为这个系统很可能具有弹性。如果节点的行为方式相似并且连接紧密，那么这个系统就可能是很脆弱的。[15]

这是由于当受到相同冲击的影响时，节点的相似会导致它们反应的行为同步，再加上紧密的连接会确保这种引发中断的冲击会通过网络而产生共鸣。例如，在应对 2008 年金融危机的过程中，因为各大银行追求的利润来源是相同的，[16] 导致它们制定的策略和风险管理方式都十分相似。这些金融机构以监管者没意识到的方式彼此紧密相连（部分是通过证券化和衍生品交易而产生关联的）。[17] 所以当雷曼兄弟（Lehman Brothers）破产后，所有金融机构都担心自己会被拉下水。

有些关键节点（例如最大的银行）与其他节点连接得更多、更紧密，[18] 那么它们的崩溃足以导致整个系统崩溃。

另一个重要问题是"模块化"：系统被细化到什么程度？[19] 如果系统的不同部分相互之间具有一定程度的独立性，且冲击传播的可能性较小，则整个网络就会更有弹性。[20]

理想情况下，系统的网络中会有断路器，它就像电气系统中的保险丝，用来防止崩溃的传播。也会有一个备用系统，在主网络内部或旁边按照完全不同的原则在运行。[21] 系统中应该有足够的冗余（备用容量）来充当减震器。

当你宏观地看这些可以使得系统更有弹性的条件时，会注意到一些令人担忧的事情。当我们努力提高系统中某个小环节的性能后，其结果往往是削弱了整个系统的性能。比如提高业务或流程的效率，从另一面来看就是在减少系统中的冗余。将企业与其他企业更紧密地联系起来可能对它们本身的经济生存至关重要，但这也会使整个系统变得更加脆弱。通用的标准设定使交易变得更快更容易，但这也会让所有节点（在这种情况下是各个国家）开始以相同的方式行事。全球化赋予人们和国家更大的影响力，但它破坏了模块化并摆脱了断路器。创建一个"互联网络"是政府、银行、科技公司和寻求并购的公司经常宣称的目标。但当危机来临时，这也会让崩溃在网络内更高速和更广泛地传播开来。[22]

我们所构建的系统会随着时间的推移而变得更加复杂，彼此之间会更紧密地联系在一起，同时也更难以被人类思维理解，这似乎就是系统发展的固有属性。就算不考虑失误或渎职，仅仅是理性地追求我们自己的利益，系统也会威胁到我们所依赖的网络。在寻求更加稳定安全的过程中，我们实际上也将自己暴露在危险之中。

所以这里有两个对我们的生存至关重要却很少被提及的问题：全球食品系统是否具有弹性？换句话说，它能否承受重大冲击？这个系统在不断发展的过程中，到底是变得更坚实还是更脆弱了？

人类历史上最快的文化转变之一就是"全球标准饮食"的趋同。[23]几十年前，不同国家或同一国家不同地区的人们有着截然不同的饮食习惯。这倒不一定是所谓的健康丰富的饮食，有些甚至存在多种营养的缺失，有些食物种类也乏味单调。但确实都是具有特色的。从一个国家到另一个国家，甚至在某些地方，从一个山谷到另一个山谷，人们所吃的食物既影响着他们离散的农业系统、历史和传统，也被这些因素塑造出了形态各异的饮食习惯。单一饮食方式起源于 20 世纪 60 年代的富裕国家，然后迅速传播到世界上的其他地区，现在在饮食上几乎已经没有位置留给地方和文化的特殊性了。

虽然现在我们大多数人都可以接触到相比起我们的祖辈能接触到的广泛得多的食物，但在全球范围内，我们的饮食结构正在渐渐趋同。[24]换句话说，我们的食物在当地范围内变得更加多样化，但在全球范围内变得更单调了。[25]几乎每个国家都开始吃能量密度更高、更容易获得热量的食物。我们现在吃的植物油、脂肪和蛋白质比 60 年前要多得多（令人惊讶的是，糖却并没有增加多少），块根和块茎的摄取减少了，但其他种类的蔬菜则多了一些，水果也多了一点。[26] 我们大部分的食物都来自极少数的物种。世界范围内农民种植的提供热量的食物，近 60% 都是小麦、水稻、玉米 ① 和大豆这四种作物。[27]

同时这些作物都集中在其生产效率最高的地区。仅美国、阿根廷、巴西和法国②，4 个国家的玉米出口量加起来就占到全球玉米出口总量的 76%。全球大米的出口量则 77% 都仅仅来自 5 个国家（泰国、越南、印度、美国和巴基斯坦）。另外 5 个国家（美国、法国、加拿大、俄罗斯和澳大利亚）供应了全球 65% 的小麦。[28] 巴西、美国和阿根廷种植了全球 86% 的大豆（供应了全球大豆饲料的 75%）。[29] 不难发现，我们在全球食物供应方面对美国的依赖程度十分惊人。

在短短 18 年间，小麦和大米的进出口商之间的贸易联系就翻了一番。[30] 全球大约有四成人口现在都依赖其他国家出口的食物，[31] 而到了 2050 年，全球谷物进口量可能会再次翻番。[32] 曾经只生产比所需粮食少一点或多一点的国家，现在正在进化为超级进口国和超级出口国。[33] 一些国家，尤其是北非、中东和中美洲，更是极度依赖进口，因为它们不再有足够肥沃的土地或水源来种植庄稼。[34] 其他一些国家，尤其是在撒哈拉以南的非洲，可能有足够的土地和水，但其粮食产量很低，又或者是因为本国市场被那些来自拥有更大的农场和更多政府补贴的国家的廉价进口产品抢占了。对于像英国这样的富裕国家，与出口有价值的商品和服务相比，食品进口的成本很低，因此进口他国食品比本国种植生产更有意义。

---

① 在美国，玉米（maize）被称为 "corn"。但鉴于种植规模的对比，也许我该说，在欧洲，玉米被称为 maize。——作者注
② 也有数据显示乌克兰的出口量排在法国前面。——作者注

换句话说，从经济学角度来看，单看每一个决定都是合理的，结果却使得整个食品系统失去了弹性。其实有很多科学文献已经对此提出了警告，当一些节点（主要出口国）变得更大、更重要，而它们与其他节点（进口国）的联系变得更加紧密时，[35, 36] 这些都会致使整个系统的弹性降低。[37] 人们已经打破了曾经存在于国家食品生产系统之间的隔断，换句话说，全球食品系统的模块化正在渐渐消失。[38] 该系统正在变得越来越脆弱，越来越容易受到外部冲击的影响，[39, 40] 而且，现在这些冲击不光会影响到整个国家，更会将这种影响蔓延到全球。[41]

但这些警告几乎没有激起任何水花。对于大众来说，复合系统的本质并不好理解，人们坚信对部分有益的东西对全局也一定是有好处的。亚当·斯密（Adam Smith）认为："看不见的手"将"促进社会利益，并为物种繁衍提供手段"，[42] 但如果这只"手"在复合系统中伸得太远，则可能会产生反作用。

全球标准化饮食造就了全球标准化农场，全球标准化农场又促进了全球标准化饮食。全世界的农民都在采用相同的技术、使用相同的机器、相同的化学品和种植相同品种的农作物。据联合国报告，自 1900 年以来，世界上的农作物已经失去了 75% 的基因多样性，[43] 而这会导致农作物更容易受到疾病的影响。例如 Ug99 茎真菌，这是一种影响小麦生长的秆锈病新变种，它起源于乌干达，现在已经席卷了非洲和亚洲的部分地区。在全球贸易网络的帮助下，有时疾病的传播速度几乎与食物的流通速度一样快。[44] 由于使用相同的除草剂来处理相同的作物，所以就出现了具有相同抗体的超级杂草。[45] 又因为采用相同的种植技术和种植相同的作物，农业的备用系统——种植粮食的不同方式，以及不同的销售方式——已不复存在。

世界各地的种植者都在致力于"缩小产量差距"，这意味着最大限度地提高作物产量。这貌似是有道理的，但这些效率的提高意味着系统内的冗余（备用容量）将会下降。已经有迹象表明，尽管对研发进行了大量投资，但一些地方的主要作物正在接近"产量平台期",意思是产量达到某一水平后将无法继续上升。[46]一项研究表明,世界上大约三分之一的稻米和小麦农场正在经历产量平台期。[47]

作物产量的停滞不前,也意味着种植者的努力不再有等价的回报。[48]当产量低时,化肥对产量的提高作用就变大了。但随着使用化肥的频率增加,其作用也一次比一次更不明显。[49]当化肥的使用量超过某个点后,种植者就必须投入更多资金来提高产量,这样才可以维持收益。[50]

这些趋势还触发了复合系统典型的自加速反馈循环。随着饮食趋同,以及食物的耕作方法趋同,那些自身规模庞大的参与者开始将业务全球化并借此摧毁较小的竞争对手。那些提供通用种子、机械和化学品的公司拥有更大的规模和更强的经济实力。交易和加工通用农产品的公司也是如此。市场力量还可以转化为政治力量:公司利用它们的财富去游说政府制定(对它们有利的)贸易条约。它们拥有大量的知识产权(例如种子培植以及化学品和农用机械的专利)。它们还获得了合并和吞并彼此的许可。这些原因共同促使它们的产品在市场上占据了主导地位。[51]

换句话说,这些公司的扩张正是依赖于清除系统中的断路器、备份系统和模块化,以及精简一个主要节点已经过强的系统。[52]这种让所谓的强者变得更强的行为不可避免地破坏了整个系统的稳定。

结果就是这些参与其中的企业部门比 2008 年金融危机前的金融部门更加集中和紧密地联系在了一起。据一项估计显示,[53]美国嘉吉公司(Cargill)、美国阿彻·丹尼尔斯·米德兰公司(Archer Daniels Midland)、邦吉公司(Bunge)和路易·达孚公司(Louis Dreyfus)——控制着 90% 的全球粮食贸易。同时它们也在进行纵向和横向的整合,不断收购种子、化肥、加工、包装、分销和零售业务。但即使是这样它们也还不满足,继续试图将较小型的竞争对手都纳入麾下。[54]

科迪华(Corteva)、拜耳(Bayer)和巴斯夫(BASF)等几家公司——

控制着全球 66% 的农用化学品市场，[55, 56] 而全球 53% 的种子市场也被它们［除了巴斯夫公司，它在种子市场被利马格兰公司（LimaGrain）取代］控制。这些巨头的合并旨在整合种子和化学业务，以便产品可以被打包出售。[57] 它们的一些种子品种为了不受到自己公司生产的除草剂的影响而特别做出了基因改造。所以当农民从这些企业购买种子和化学品时，实际上是购买了一系列关于这些企业集团将如何耕种的决策。这也使得全球标准化每年都在发展。

美国迪尔（Deere）、凯斯纽荷兰（CNH）和日本久保田（Kutoba），这三家公司销售着全球近一半的农用机械。[58] 另外四家公司控制着全球 99% 的鸡育种市场，两家公司供应着全球市场所有的鸭类产品。[59] 四家公司经营着全球 75% 的屠宰场和牛肉罐头厂。另外四家公司控制着全球 70% 的猪肉屠宰企业。[60] 这些公司也在纵向整合，要么收购农场，要么与农民签订合同，让他们使用该公司提供的标准化饲料和其他产品，在严格和稳定的条件下供应肉类生产。贸易商接管了它们曾经有业务往来的饲料加工厂和精炼厂。超市主导并控制着向它们销售产品的种植者。快餐连锁店也挤掉了独立餐厅。

虽然许多行业都一直在加速并购，[61] 但食品行业的整合速度比大多数行业都更快。[62] 一个原因是技术革新率高的行业可以利用其知识产权——例如专利基因培育种子——将竞争对手排挤到市场之外。[63] 在这样做的过程中，它们意外地创建了自己的复合系统，这些系统在进行着快速转变的同时，通常也以不透明和不可预测的方式与其他系统发生着交集。

全球的农业系统都在为了能够准时交货而做出努力，这加剧了食品系统的脆弱。在世界各地都出现了这种现象：边界开放，道路和港口升级，全球贸易网络变得更加精简。多亏了这个巧妙的集成系统，公司能够更快捷方便地将库存流通进市场，从而降低仓储成本。在一切运转正常的时候，这个方法是行得通的。但如果交货中断或需求量突然激增，货架就可能会空空如也，这也许会带来灾难性后果。[64]①

　　就好像觉得这个系统还不够脆弱一样，在过去的 30 年里，政府甚至逐渐将维持粮食储备的责任转移给了私营企业。[65]确实，一些地方政府在管理其战略粮食储备的方式上有着包括腐败、不正当的激励措施和高昂的存储成本等各种问题。但是将工作交给私有公司，只是在用功能失调的系统来代替之前不完善的系统。例如在马拉维（Malawi），国际货币基金组织鼓励马拉维政府减少粮食储备。因为它们认为，当需要粮食时，马拉维的民众可以从私营贸易商那里购买。[66]但当 2001 年的收成欠佳且政府粮仓里的储备粮所剩无几时，粮食的价格开始飙升（就像供应短缺时一样）。到了 2002 年年初，开始有人死于饥饿。

　　将责任移交给私企主要涉及三个主要问题。首先，公司储存粮食的行为是为了获利，而不是为了挽救生命。它们明显对食品价格飙升更感兴趣，更会通过限制投放市场的产品数量来实现这一点。因此，在抑制价格波动方面，私有粮食库存似乎不如政府的公共库存来得更有效。[67]

　　第二个问题是私有企业粮食储备的规模和性质往往都是商业机密：在商品市场投机的公司并不想让竞争对手察觉到它们的库存规模。[68]因此，粮食储存量变得不透明，政府也不知道它们究竟有多少库存，这样要如何应对重大危机？

　　第三个问题是，政府所依赖的持股企业，大多都是垄断了全球食品贸

---

① 例如，当新冠疫情（Covid-19）袭击英国时，暴露了相关机构将医用口罩、防护服、手套和其他防护设备的供应私有化的后果。负责提供这种设备的公司没有囤积物资，而是通过最大限度地减少库存来降低成本。当需求稳定且可预测时，它们的精简系统看起来既合理又高效。但是一旦紧急情况发生，世界各地的卫生系统都在试图采购相同的设备，此时这些公司的精简系统无法以足够快的速度扩大相关物资的数量以满足需求。其后果是致命的：整个国家有数百名医护人员因防护不充分而死亡。

易的企业，也就意味着这些节点变得更大了。

食品行业与金融部门的联系也越来越紧密。[69]同样的机构投资者在全球食品系统中不断涌现，购买农业、贸易、加工和零售领域公司的股份。它们同样在寻求整合，以确保在加强一部分市场力量的同时巩固其在其他部分的市场力量。[70]当各个部门相互依赖时，它们就会增大科学家所说的系统的"网络密度"，使其特别容易受到串联故障的影响。整个互联网络中的"超连接"会产生"超级风险"[71]。

商品期货交易所的投机行为是通过在作物收获前固定价格来实现的，这样做有助于保护农民和贸易商免受市场波动的影响，也确实曾经帮助过全球市场抵御风险。但多年来，价格投机本身已成为投资手段，现在更是很可能成为破坏稳定的力量。我们很难找到确切的数据，但有限的公开信息表明，在芝加哥最大的期货交易所，美国每年的小麦交易量是收获量的65倍到215倍：也就是说，一份收成会被进行多次交易。[72]

一些金融家也一直在购置土地。21世纪的全球农场"炒地"行为（global farm seizures）在很大程度上就是由各种机构和超级富豪们在其投资组合中增加了土地这一项[73]而推动的。这通常还有政府腐败和政治高压的参与，数百万耕种者被赶出了他们的土地。[74]自2000年以来，非洲有约1000万公顷的土地——通常是那些拥有最肥沃的土地，但同时饥饿人口比例极高的国家——已被购买或强占。[75]现在世界上1%的"农民"拥有或控制着全球70%以上的农田。[76]我把"农民"一词打上双引号是因为很多大型农场的所有者并没有实际种植经验，甚至不一定是人，而是包括了投资银行、养老基金、对冲基金和私募股权工具这些和种植作物或饲养动物根本没关系的主体。

事实上，在复杂的公司结构和交叉持股中，通常很难辨别出谁才是真正的土地所有者。即使在拥有强大管理权的富裕国家，大片土地现在也是由在避税天堂注册的不透明公司所持有。[77]这些投机者通过与其他人或公司签订合同来雇用他们耕种土地。新业主和他们的承包商都不太可能对保护土壤和维持土壤肥力感兴趣。土地只是他们投资组合中的一项资产。如果它未能提供与其他投机项目相同的回报，通常就会被另一个资产管理公司接手。

小农户平均种植的作物范围更广，使用的技术也比大农户更多。[78] 而取代小型农户的掠夺者往往只专注于贸易商所谓的"灵活作物"，即可以在不同市场之间转换的商品。例如，大豆和玉米可用于生产食品、动物饲料或生物燃料。[79] 这番操作会使该系统的各个部分变得更相似、更均匀，同时缓冲余地也会更少。这样看来，全球食品系统本身就是最大的问题。

我们如何知道复合系统是否可能已经接近临界点？当它开始出现忽隐忽现的问题时就值得特别关注了。[80, 81] 换句话说，标志性的节点在于整个系统的行为变得不稳定：[82] 系统先前吸收的微小的随机变化被放大为越来越大的冲击。而全球食品系统现在正闪烁着忽隐忽现的问题。一篇报告称，自 20 世纪 70 年代以来，"全球所有部门的冲击频率都在增加"。[83] 该系统似乎正在逐渐失去弹性。

直到 2014 年，奇妙的事情发生了：营养不良似乎不复存在了。长期饥饿人口的数量稳步下降，各国政府都庆祝联合国制定的"到 2030 年人人都有足够食物"的目标似乎取得了重要的阶段性胜利。① 但随后情况急转直下：[84] 5 年内，长期饥饿人口的数量增加了 6000 万人，达到了 6.9 亿人。

食物不够了吗？远没有呢。半个多世纪以来，全球粮食产量一直在稳步增长，轻松地超过了人口的增长速度。1961 年，全球食品产量可供每人每天摄入的热量是 2200 千卡（1 千卡 =4.18 千焦）。到了 2011 年，这一数字上升到了近 2900 千卡。[85] 实际上，作物的产量增长更多：可供平均每

---

① 可持续发展目标："到 2030 年消除饥饿并确保所有人，特别是穷人和包括婴儿在内的弱势群体，全年都能获得安全、营养和充足的食物。"

人每天的热量达到了惊人的 5400 千卡。但几乎其中的一半都因将作物喂给农场动物、将其用于其他目的（如生物燃料），以及因为浪费而损失掉了。即便如此，如果价格合理并且分配合理的话，原则上来讲，粮食产量是绰绰有余的。看起来，新的饥饿危机似乎就是由系统性不稳定而引起的。

以 2008 年和 2011 年为例，食品价格在这两个年份出现了 21 世纪以来最大的飙升，并因此引发了饥饿危机。2008 年全球小麦价格上涨了约 33%，2011 年则上涨了约 38%。但这些重大冲击有两个不同寻常的地方。表面上看，它们是由 2007 年和 2010 年一些粮食种植区的高温和干旱引发的，但这些干扰其实并不是近年来最严重的。[86] 更值得注意的是，在这两次危机中，国际市场上小麦的总产量其实是上涨的：分别上涨了 5.5% 和 3.2%。[87] 所以情况是，一些发生在种植区的小规模冲击被大宗商品贸易放大了，并且辐射到了整个食品系统。[88, 89] 紧接着，主要生产商惊慌失措地限制了自己产品的出口。[90] 冲击波在网络中随着传播像滚雪球一样越变越大。而其结果却往往都是由那些最贫穷的国家来承担，它们的进口量大幅下降，而富裕国家则维持甚至增加了自己的购买量。

以类似的方式，新冠疫情造成的混乱也在全球食品系统中被放大了。当然，这一流行病确实对许多经济部门是个严峻的考验。但是，一些国家的货架上空空如也，加上民众收入的突然减少，这对许多家庭来说是灭顶之灾。虽然 2019 年和 2020 年全球整体的粮食收成良好，但由于物流链在某些地方出现了中断，一些国家停止了出口，[91] 致使数百万人挨饿，与此同时农作物就腐烂在田间。[92] 也幸好我们的运气不错，全球危机对粮食系统的影响并不像我们想象得那么严重。如果这一波流行病造成的混乱与 2021 年影响几个重要种植区的热天穹气象灾害、[93] 干旱[94-96] 和洪水[97] 赶到了一起，导致粮食价格大幅飙升，[98] 那全球遭受营养不良的人口会多得多。

现在这个可能接近临界点的脆弱系统必须承受一些压力，这其中就包括少数除专家之外鲜为人知和不被大众理解的问题。世界上许多人的存亡可能取决于这些问题是否被曝光给公众。

到了 2050 年，地球上的人口将增加至 90 亿～100 亿人。原则上，世界已经生产了足够 100 亿~140 亿人食用的食物。[99] 但现在的问题是，这些食物养活人口的比例却在变得越来越小。为什么会这样呢？虽然每年的人口增长率已经下降了约 1.05%，[100] 而牲畜数量却增长了 2.4%。[101] 粗略地估计，到 2050 年，地球上光是新增的人口质量就将达 1 亿多吨，除非打破当前的趋势，否则新增的农场动物质量将达 4 亿吨。[102] 所以最大的危机不是人口数量的增长，而是牲畜数量的增长。

贝内特定律（Bennett's Law）解释了牲畜数量激增的原因，该定律指出，脂肪和蛋白质的消费量会随着人们收入的增加而增加。[103] 平均而言，全球每人每年吃掉 43 千克肉。[104] 在英国，人们吃的比成人平均体重要多一点，约 82 千克。而美国公民平均每年吃掉 118 千克。

虽然在最富裕的这些国家，肉类消费已经基本稳定，甚至在一些地方还略有下降，但世界上的其他地区还在迎头赶上。近 50 年来，地球上牛的数量增加了约 15%，[105] 而猪的数量翻了一番，鸡的数量增加了 5 倍。[106] 根据联合国的数据，到 2050 年，全球肉类消费量可能会比 2000 年增加 120%。[107]

饲养这些牲畜就必须喂给它们饲料。农民种植的作物产生的热量中大约有一半都用于饲养牲畜。[108] 像英国这样的富裕国家的民众声称他们所吃的大部分肉类、蛋类和奶制品都是自己国家生产的，但饲养这些动物的饲料是进口的。其中大部分是来自南美的大豆，而大豆种植的扩张对热带雨林、湿地和热带草原造成了毁灭性的影响。我们吃了太多的肉，为满足英国人的日常饮食需要近 2400 万公顷耕地，[109] 但在英国只有 1750 万公顷的耕地。[110] 换句话说，英国的农业碳足迹是我们农耕面积的 1.4 倍。如果每个国家的消费与生产比率都相同，那么则需要另一个水星大小的星球才能养活全世界人口。

我相信，也希望，这种挥霍行为可以吓到我们的后代。但他们可能会更震惊地发现，全世界还有 4100 万公顷的土地（是英国农业面积的 4.5 倍）种植着专门用于燃烧的农作物：生物燃料的原材料。[111] 我认为燃烧食物是十分奢侈的行为，这些作为生物燃料的作物本可以养活全球近一半的长期饥饿人口。[112]

除非我们生产粮食的方式能从根本上发生改变，就像我在本书中提出的那样，到 2050 年，世界将需要多种植约 50% 的粮食。[113] 原则上，假设没有其他变化，这在现在用于耕作的土地上是有可能实现的。虽然农作物的产量增长放缓了，但按照目前的速度，到 2050 年，4 种主要作物（玉米、小麦、稻米和大豆）的收成将平均比现在高出 50%，[114] 这恰好与预期相符。但如果我们维持现状，不做任何改变，那就很危险了。

全球变暖对食品系统的直接影响是地球上的某些地方可能会因为变得太热而无法进行户外工作。由于我们的正常体温为 36.8℃，当环境温度升至 35℃ 以上时，温度梯度不够，人体无法通过散热将热量从我们的身体中带走，所以只能通过蒸发来带走热量——也就是出汗。但是因为蒸发也需要梯度——在这种情况下需要的是水分梯度——所以当湿度达到 100% 时，出汗也不再让我们感到凉爽。在 100% 的相对湿度下测量的热量被称为湿球温度（wet-bulb temperature）。当湿球温度超过大约 35℃ 时，人会死于热应激。

但其实，我们大多数人可能都等不到那个时候。35℃ 的湿球温度可以导致一个完全静止不动的健康的人死亡。但在 2003 年南欧和 2010 年俄罗斯的酷暑期，尽管湿球温度从未超过 28℃，还是有许多人死于热应激。[115]

在波斯湾的两个气象站监测到湿球温度已经多次超过 35℃。亚热带浅海以外的许多其他站点——红海、阿曼湾、印度东部和巴基斯坦、墨西哥湾和加利福尼亚湾——都有过湿球温度高于 31℃ 的记录。[116] 还有看上去并不符合高湿球温度必要条件的南亚西部，也有过高湿球温度的记录。在这种情况下，大规模的灌溉似乎加剧了本就因夏季或雨季带来的高湿度：这算是灌溉带来的有害副作用。[117]

自 1979 年以来，人类遭受极端湿球热冲击的次数又翻倍了。[118] 在非洲的大部分地区，几乎没有监测到严重的高温相关的事件。这是因为人们可能已经大量死于极端高温，但他们的死因甚至都没来得及被登记在册。[119]

我们之所以会低估热冲击可能带来的负面影响，有一个原因是我们倾向于将气温上升的结果一概而论：全球升温 2℃ 或 3℃ 听起来一点都不严重。但其实这个 2℃ 或 3℃ 指的是整个地球气温上升的平均值。由于陆地的升温速度比海洋快，而且由于一些最热的国家同时又承担了全球大部分的人口增长，所以这种升温不应被混为一谈。一项研究估计，全球气温比工业化前的水平高出 3℃，这意味着在 2070 年的平均气温将比工业化前高出 7.5℃。[120]

自农耕时代开始，人类一直集中生活在全年平均气温在 13℃ 左右的地方，这往往为种植农作物和饲养牲畜创造了最佳的自然条件。人们已经适应了在这个温度范围内安家，但这种情况即将发生迅速而灾难性的转变。根据一项研究表明，与过去的 6000 年相比，这个舒适的温度范围在未来 50 年内将进一步向南北极移动。如果人们无法随之迁移，那么世界上三分之一的人口可能会被迫生活在年平均气温为 29℃ 的地方——这几乎和今天撒哈拉沙漠中最热的地方一样热。这三分之一的人口中有印度的 12 亿人，尼日利亚的近 5 亿人，巴基斯坦的 1.85 亿人和印度尼西亚的 1.5 亿人。

在这种条件下，人们将如何耕作？开着装有空调的拖拉机倒是有可能的，但世界上绝大多数农民可买不起这样的设备。例如，在尼日利亚，72% 的小型农户（耕种面积不到两公顷的人）每天的收入不到 2 美元，[121] 而一台二手现代小型拖拉机的成本约为 300 万奈拉，约合 7000 美元[122]。这意味着，大多数时候集中在世界炎热地区的小农户将无法工作。而这些小农户生产着人类所需约三分之一的粮食。[123] 从个体农户向农业企业的转变往往伴随着饥饿问题，因为许多农村贫困人口从事的是非现金经济的工作：他们自己生产粮食。他们如果在这片土地上失去立足点，意味着将会失去一切。

但是，即使买得起带空调的拖拉机的农业企业接管了这片土地，它还能种植任何东西吗？我们对这个问题的看法也因全球气温上升的平均值而扭曲了。大多数已发表的研究都着眼于全球升温 1.5℃、2℃或 4℃对作物生产的影响。但是，如果平均升温 2℃或 4℃，意味着一些主要种植区的温度升幅会更大，那么就还会有很多我们现在没有意识到的问题产生。迄今为止的气温上升可能只是导致主要作物的产量略有下降，[124] 损失低于一些人的预期，部分原因是作物被转移到了更适合它们生长的地方。例如，即使气温已经变暖，麦田的平均温度却比以前更低，因为小麦种植区已经被迁移到更凉爽的地方去了。[125]

在有些情况下，随着温度上升 2℃甚至 4℃，粮食作物的产量会进一步提高；而在另一些情况下，产量则会降低。一些论文给出抵消后的结果是正值，[126] 另一些则说结果是负值。[127-129] 但是在那些迫切需要进行研究，以便能更好地匹配全球需求的面包产区，即使在全球整体升温不超过 2℃时，这些地方的温度也可能会升高多于 4℃。[130] 现在最重要的是，我们需要更多地了解气温升高对世界上大多数饥饿人口的影响，以及对现在种植在炎热地区的作物产量的影响。

还有另一个问题：我们生产的谷物的产量不代表它实际能为人类提供多少的有效能量。即使产量可以持续增加，但实验和模型模拟表明，更高的温度和更高浓度的二氧化碳将大大减少作物中矿物质（如铁、锌、钙和镁）、蛋白质和 B 族维生素的含量。[131, 132] 其原因似乎是植物在高温高二氧化碳的条件下生长得更快，但也意味着可供它们吸收养分的时间变少了。[133]

生活在富裕国家的我们，会希望食物的营养价值更高，而且我们会摄入比自身实际需要量更多的蛋白质。[134, 135] 与贫穷国家的人们相比，当危机来临时他们受到的影响要小一些，因为他们其中许多人已经不幸患有维生素、矿物质和蛋白质缺乏症。[136] 这场危机主要由富人造成的，而后果却要由穷人来承担，是极为不公平的。一项研究估计，到 2050 年，由于温室气体的增加，可能会有额外的 1.22 亿人患上蛋白质缺乏症；[137] 也有研究表明，这一数字会是 1.48 亿人。[138] 贫血症在贫穷国家是一个主要的健康问题，尤其是对女性而言。如果农作物中的含铁量减少，就会有更多人受到影响。[139] 锌缺乏症已经影响了全球超过 10 亿人口，而缺锌会导致早产、发育迟缓和免疫系统功能减弱。[140] 还有 1.3 亿人可能会缺乏叶酸，这是一种 B 族维生素。[141] 叶酸的缺乏可能对孕妇及其胎儿造成毁灭性的影响。有论文直接将农作物中蛋白质和矿物质浓度的下降描述为是对于人类的"生存威胁"。[142]

关于气温上升对作物产量影响的低估还掩盖了另一个问题：随着气候变暖，发生极端天气的次数也在增加。一项针对美国玉米和大豆损失的保险赔付研究表明，全球升温 1℃ 就会使因干旱和热浪造成的作物损失翻一番。[143] 虽然霜冻和洪水的赔付减少了，但总体来看，气温上升造成的影响似乎具有极强的破坏力：食物供应减少了，最重要的是，导致食物供应的波动变得更加剧烈了。

在世界范围内，可能会出现更多的旋风、更严重的飓风、更频繁的干旱、更多的洪水。[144] 2021 年，在飓风"伊代"（Cyclone Idai）席卷莫桑比克两年后，仍有十多万人被困在安置营中，其中许多是农民。[145] 从那时起，又接连有三场毁灭性的飓风袭击了莫桑比克，庄稼和房屋被夷为平地，数十万人被迫离开了他们的土地。在一些地区，温和的天气已经让位于洪水和干旱的猛烈循环：[146] 这些雨水不但没有让农民摆脱干旱，反而淹没了他们的庄稼。好不容易等洪水退去，旱情又来了。在某些地区，干旱会引发火灾，烧毁房屋和庄稼以及烧死牲畜。科学家们发现了野火造成的意外影响：在距离一场大火数百千米远的下风处，火灾释放出的臭氧污染和气溶胶也能够影响植物的健康并降低作物产量。[147]

极端天气不仅威胁粮食生产，还威胁到粮食运输。全球大约55%的谷物和大豆的贸易运输都要通过至少一个"阻塞点"：巴拿马运河、苏伊士运河、土耳其海峡、直布罗陀海峡、曼德海峡、霍尔木兹海峡或马六甲海峡。[148]其中一些阻塞点已经受到了极端天气的严重影响。土耳其海峡受到飓风的限制，巴拿马运河受到干旱的限制。[149]2021年，埃及沙尘暴期间突然刮起一阵风，让一艘集装箱船——"长赐轮"（Ever Given）——在驶过苏伊士运河时发生搁浅。[150]长赐轮被困在苏伊士运河6天，在此期间价值数十亿美元的货物运输被延误，因为运河两端的船只都被挡住无法通过。如果挖掘机和拖船不能成功将其从搁浅危机中解救出来，那么就不得不卸下长赐轮上的货品以减轻重量让其自行上浮，这些操作将需要花费数周时间，并且可能会造成严重的粮食供应中断。战争、政治冲突和海盗活动的影响，在某些情况下都会因气候恶化而加剧，尤其是在阻塞点，这些影响会加倍。

世界五分之一的小麦出口和六分之一的玉米出口都要经过土耳其海峡，它的最窄处只有1千米宽。全球四分之一的大豆和四分之一的大米运输要经过马六甲海峡，它的最窄处跟土耳其海峡比要稍微宽一些，有2.5千米。[151]而巴拿马运河只有约0.3千米宽，美国40%的玉米出口和50%的大豆出口都要经过这里。如果运河必须完全关闭，许多原本需要通过巴拿马运河的船只只得改道通过马六甲海峡（它在高峰时候非常拥挤），将会导致在几个月内交通量增加80%。当货轮"堵车"，准时制食物链就可能会断裂。[152]

包括中东、北非和非洲之角的一些国家在内，在很大程度上都依赖于这些通过世界上最严峻海峡运输的粮食，没有粮食，那里的饥饿情况将会变得更糟。而中国虽然部分国土环海洋，也一样受到影响：它进口的大豆几乎有一半要经过马六甲海峡，其余大部分则需要通过巴拿马运河来运送。

我还没说这些假设中最岌岌可危的一个。世界各地的农民都被告知灌溉可以提高产量，但有研究发现，缩小全世界的作物产量差距将需要比目前使用量多 146% 的淡水。[153] 这额外的水从哪来呢？

在过去的 100 年里，我们的用水量增加了 6 倍。[154] 农业灌溉已经消耗了人们从河流、湖泊和含水层（地下天然水库）中抽取的水源的约 70%。[155] 因为大量的水被中途拦截用于农业，所以科罗拉多河（Colorado）和格兰德河（Rio Grande）等河流无法到达海洋，而咸海（Aral Sea）等湖泊的面积也正在缩小。灌溉也是导致生活在淡水中的物种以大约 5 倍于陆地上物种的速度发生灭绝的原因之一。[156]

在加利福尼亚州的中央谷地（California's Central Valley），按价值计算，该地区生产了美国 8% 的食物，同时它的地下水位每年下降约 3 厘米。[157] 值得注意的是，虽然人们对杏仁树和开心果树需要大量灌溉而忧心忡忡，但在加利福尼亚州那些用于种植喂养牲畜的饲料作物，尤其是苜蓿，所用的灌溉水量是杏仁树和开心果树所需的两倍以上。[158]

如今，全球有 40 亿人每年至少遭受一个月的缺水危机。[159] 包括圣保罗、开普敦、洛杉矶和钦奈（Chennai）在内的 33 个主要城市正受到极端水资源压力的威胁：在干旱时期，其中一些城市可能完全没有可供使用的水资源。[160]

与此同时，由于全球变暖，主要的水源也正在消失。世界上大约三分之一的农田灌溉依赖从山上流下的水。随着地下水的过度使用和需求的增加，山泉会变得更加重要。这时出现了另一个使人放松警惕的假设：到 21 世纪中叶，山泉将满足全世界大约一半的用水需求。[161] 但事实上，本身山顶的平均升温速度与地球表面的其他部分相比就更快，[162] 所以大部分冰川和积雪的面积正在缩小。

在印度河沿岸有着世界上最大的农业灌溉系统，在那里，水资源战争的威胁与中东石油战争的威胁一样严峻。95% 的印度河流量被用来供给巴基斯坦、印度、阿富汗以及其他几个国家民众的衣①食种植。[163]该流域的水资源压力已经十分严重，尤其是在巴基斯坦。随着经济和人口的增长，到 2025 年，这里对水的需求量预计将比供应量高出约 44%。[164]

维持该地区人们生存的部分重要水源来自喜马拉雅山脉、兴都库什山脉，以及印度河流域沿岸其他高山的冰川融化。冰川融水总是在关键时刻及时来到：在季风来临前的几周内，人们从河流中抽取的用于农业用水的60% 来自冰川和积雪融水。[165]在该地区经历长期干旱期间，大约一半的河流流量是由融水提供的。[166]

但是，印度河流域的农业能够实现集约化、城市能够发展的原因之一就是冰川一直以其积累速度的 1.5 倍速融化。由于气候变暖，印度河的流量比其他任何时候都要高。但是，现在人们赖以生存的这种大自然的馈赠无法持续下去了。到 21 世纪末，兴都库什山脉和喜马拉雅山脉约有 1/3 到2/3 的冰川可能要完全消融了。[167]它们所产生的水量可能会在 21 世纪中叶前后达到顶峰，随后开始下降。[168]

1960 年，印度和巴基斯坦签署了《印度河用水条约》（*Indus Water Treaty*），约定将河流的源头和支流分属两国使用，似乎避免了重大冲突。但该条约有一个缺陷：它没有说明如果这些河流的水量因气候恶化而大幅下降时该怎么办。现在，随着两国的用水量需求都在增多，关于印度河流域的争论一触即发。一些专家分析认为，水资源是克什米尔地区反复爆发冲突的原因之一。[169]该流域内有核大国和几个高度不稳定的地区，这些地区因经济、部落和宗教局势而分裂，并受到不同程度的饥饿和极端贫困的困扰。新的农业、工业和城市发展都建立在有充足水源的基础上，所以水资源一定会是威胁安定的一个隐患。

在美国西部和加拿大、亚洲中部、智利、阿根廷、土耳其、意大利北

---

① 棉花是该地区的主要农作物。——作者注

部和西班牙南部，山区的冰雪消融可能会对作物生产造成毁灭性影响。温带地区的融雪通常在作物最需要的时候，也就是在作物生长的早期阶段，如期而至。严重依赖融雪灌溉的农田生产了全球约十分之一的水稻、四分之一的玉米和三分之一的小麦。[170]

农民被反复告知，解决供水量减少的最好方法是提高灌溉效率，例如进行滴灌代替漫灌，并在灌溉渠底部铺设混凝土以防止渗漏。但正如提高能源使用效率往往会增加能源使用量 ① 一样，用水效率的提升也往往会增加用水量，这种效应被称为"灌溉悖论"（Irrigation Paradox）。[171] 其原因是，随着效率的提高，相同量的水可以用于种植更多的作物，灌溉成本变得更低，于是市场鼓励农民种植更需要水的植物，并扩大到更广泛的地区。在学术术语中被称作"需求硬化"（demand harden）。随着农民对每一滴水都更加依赖，系统的冗余度也在下降。例如，在西班牙的瓜迪亚纳盆地（Guadiana Basin）就出现了这种情况：该地区为了减少用水量，投资了 6 亿欧元来提高灌溉效率，结果最后反而增加了用水量。[172]

这不是唯一的反常结果。随着用水效率的提高和渗入土壤水分的减少——尤其是在灌溉渠内衬或更换管道时——只有很少的水渗入了土壤，含水层水量难以得到补充，河流难以到达大海，致使下游城市变得更加干旱。

总体而言，气候恶化很可能使潮湿的地方变得更潮湿，干燥的地方变得更干燥，气候问题也变得更加尖锐。[173] 那些已经遭受水资源压力的国家和地区：例如地中海周围的土地、南部非洲、澳大利亚东部以及墨西哥和巴西较干燥的地区，在温度上升 1℃后缺水问题变得更加严峻。一项研究估计，如果平均气温再上升 1℃，将带走全球陆地表面约 32% 的水分。[174] 还有文章预测，在最坏的情况下，现在用于种植小麦的土地中遭受严重干

---

① 这种效应被称为杰文斯悖论（Jevons Paradox）或哈佐姆－布鲁克斯假设（Khazzoom-Brookes Postulate）。——作者注

旱的比例，将从 15% 在 21 世纪末上升到 60%。[175] 即使在最乐观的情况下——假设各国都落实了 2015 年签订的《巴黎气候变化协定》(The Paris Agreement)——到 2070 年，这些地区干旱发生的频率和强度也将翻番。到 21 世纪中叶，严重的干旱可能会同时影响从葡萄牙到巴基斯坦的几乎所有连续的土地带。

根据《一个地球》(One Earth) 杂志上的一篇文章分析，[176] 气候恶化的影响可能会在 21 世纪的最后两个 10 年将世界上约 1/3 的粮食生产赶出其"安全气候空间"(safe climatic space, SCS)。"安全气候空间"是指允许人类及其活动持续存在的空间。

人们普遍认为，这些威胁可以通过种植抗旱和抗热应激的新作物品种来克服。但这可能是适应性错觉的一个例子。[177] 研究人员在正常条件下预期的主要作物的大部分产量增长都将来自新的抗旱和抗灾性状。例如，这些技术可以让农作物在种植距离更近时或在一年中较热的时间被种植时能够承受来自彼此之间竞争的压力。换句话说，这些新特征的影响可能在开发时已经被计算在内了。当人们声称，通过开发抗旱和抗逆品种，也可以在由于气候恶化造成的额外干旱和高温的情况下维持作物产量，实际上是将相同的收益计算了两次。

然后就是土壤——在岩石和空气之间挺立的脆弱缓冲层。我们严重忽视了支撑我们生活的这片土地的生态系统，虽然关于电信、民航、投资保障、知识产权、精神药物和体育运动兴奋剂都有相关的国际条约，却没有任何一个关于土壤的国际条约。我们过于自信地认为，这个复杂且对于我们来说还很陌生的生态系统可以承受我们向它施加的一切并继续为我们提供支持，这可能是所有我们对全球食品系统的假设中最危险的一个了。

欧盟的确尝试过发布一项区域条约——土壤框架指令（Soil Framework Directive）——旨在减少土壤被侵蚀和压实，保持有机物质含量，防止滑坡和阻止土壤被有毒物质污染。[178]但在 2014 年，这个提案在非洲大陆的农业工会进行了 8 年的游说活动后被撤回。这也是欧盟历史上第一个被撤回的立法提案。

在英国，全国农民联盟（National Farmers' Union）也在庆祝该指令的废除，这次游说活动他们也有参与。[179]该联盟声称"英国和整个欧盟的土壤已经受到一系列法律和其他措施的保护"。但所谓的"法律和措施"——事实上只有附加在农业补贴上的条款。即使在纸面上，这些条款也没什么约束力，在现实中更是无人在意。

获得补贴的农民必须填写一份名为"土壤保护审查"（Soil Protection Review）的表格，以声明他们会保护好自己土地里的土壤。政府本应监督他们所做出的承诺是否有被落实，但每年只有约 1% 的农场会受到审查，这意味着平均每个农场每一个世纪才会被审查到一次。[180]而且大多数检查员也不是土壤侵蚀方面的专家，他们也无权进行"侵入性调查"——即使用铁锹在农场挖洞的方法来进行调查。所以他们其实无法判断土壤是否被重型机械压实。但即使他们以某种方式发现了问题，一般的解决方法也只是"提供指导"以纠正不规范行为。只要农民按要求填写了土壤保护审查，他们的行为就不能被视为"不合规"。而且最重要的是，他们的补贴就不能被扣留，还是要照发无误。[181]

我在农业论坛上看到过这样的问答。[182]有人问：

土壤保护审查是环境、食品和乡村事务部（DEFRA，政府环境部门）撰写过的最严重的繁文缛节吗？农民是有常识的，这种审查没有存在的意义。

有人回应：

这个（审查）是环境部发明的一份完全书面的工作，目的是让欧盟相信他们在土壤管理方面做了些事情，但实际上并没有……环境部只想看到那个审查单子上的空都被填上，仅此而已。如果你不这样做，他们会给你开罚单，这样他们就可以对欧盟说"看，我们正在按照你要求的执行呢"。他们实际上就是对农民的所作所为睁一只眼闭一只眼。他们什么都知道，但也不在乎。我们都只需要在每年年底随便填一填表，只要农场看起来不像战区一样混乱就行。这就是"我们假装遵守规则，你假装监督，大家都满意"的最好诠释。应该知足了，我们每年花10分钟把表格填了就可以应付环境部了。

英国在退出欧盟之后推出了新的农业补贴制度。理论上来讲，它看起来比欧盟的要好（因为也不可能更糟了）。它为接受公共资金创造了更强有力的条件。但政府也进一步削减了监管机构的预算，所以剩下为数不多的员工几乎负担不起离开办公桌的费用。但如果没有监督和执行，新制度就是一纸空文。所以有时候我觉得我们的许多做法根本就是在故意破坏我们赖以生存的基础。

政府并没有制定新的政策来保护土壤，而是加速了对它的破坏。在欧洲，玉米种植可能是对土壤健康的最大威胁。这些植物在春季发育缓慢，通常导致收获时间太晚，以致无法种植冬季作物。它的残株又分布得广泛且稀疏。因此，在一年中雨和风来得最强劲的时候，通常也是这些耕地的土壤没有遮挡，完全暴露在外的时候。虽然在欧洲种植玉米是为了喂养奶牛，但在英国迅速扩张这种作物的种植主要是鼓励用它来生产沼气。这种把各种各样的作物转化为生物燃料的坏习惯正在得到鼓励，而以后可能会使我们遭到反噬。[183]。

当政府第一次提出鼓励使用沼气时，给公众宣传的理由是：这样避免了让被丢弃的食物、污水和动物粪便在露天的环境中腐烂，释放出会导致全球变暖的甲烷。它们在罐中被分解后，渗出的物质将被收集并用作化石甲烷（"天然气"）的替代品。这是一个听起来很合理的解决方案，受到了环保主义者的追捧。但我们被骗了。从一开始，几个欧盟成员国政府就鼓励农民通过种植专门的作物来补充可供分解的原料以提高甲烷产量。玉米是最有利可图的，于是它很快便成了主要原料。这与欧盟的生物柴油激励措施相似，该激励措施本应说服制造商将用过的植物油以及动物脂肪转化为汽车燃料，[184]但现实是，这反而加速了对印度尼西亚和马来西亚的热带雨林的破坏。

据新闻报道，每年需要 2 万~2.5 万吨玉米来为 1 个容量为 1 兆瓦的沼气池提供原料。[185]这意味着需要面积为 450~500 公顷的土地来种植这么多玉米。相比之下，风力涡轮机只需要 1/3 公顷的土地就可以提供 1 兆瓦的能源，[186]而这个面积是种植玉米所需土地面积的 1/1500。现在每年都可以在欧洲的几个地方目睹由这种"绿色"燃料造成的灾难。在冬季风暴肆虐的时候，玉米田的土壤从山坡上随着雨水倾泻而下，覆盖道路然后被冲入河流，破坏了动植物的栖息地，也引发了洪水。

一篇科学论文报告表示，在英格兰西南部采样的 75% 的玉米田的土壤结构已经受损，[187]部分是由于碳元素随着土壤被冲走了。燃烧玉米所产生的沼气可能会释放比燃烧化石甲烷更多的温室气体。德国的一项研究估计，在某些情况下，其排放量与燃煤旗鼓相当。[188]

尽管我们已经让情况变得很糟了，但较贫穷国家的土壤侵蚀问题往往是最为严重的。这大抵是因为不少贫穷国家都位于世界上较热的地区，那里的极端降雨、旋风和飓风天气可以将裸露的土地狠狠地剥离开来。另一部分原因是饥饿的人们经常被迫在陡峭的斜坡和不适宜耕作的地方种植粮食。有研究发现，世界上最贫穷国家的土壤侵蚀率在短短 11 年内上升了约 12%。[189]在中美洲、热带非洲和东南亚的一些国家，约有超过 70% 的耕地正遭受严重的侵蚀。[190]在一半人口营养不良的马拉维，[191]土壤侵蚀过于严重，以至于需要用人造肥料来代替土地中失去的养分，而每年光这一项花费就占该国国内生产总值的 1% 到 3%。[192]

由于干旱、水土流失和过度使用土地，土地荒漠化已经影响到全球约 1/3 的人口。[193] 预计到 2050 年，全球将有 40 亿人生活在干旱地区，而这些地区的土壤更容易发生水土流失和退化。撒哈拉以南的非洲粮食产量自 1960 年以来大多未能增加的原因之一就是干旱地区的土壤易被破坏，而这种破坏在世界其他国家还正在发生着。[194]

气候恶化将进一步加剧损失。甚至在预期升温的最低水平下，更强烈的干旱和风暴将侵蚀北非和中非、阿拉伯半岛、西亚、秘鲁和玻利维亚的土壤。[195] 在最糟糕的情况下，极端天气也会席卷美国、加拿大中部和东部、墨西哥、巴西南部、非洲大部分地区、欧洲、印度和俄罗斯。

虽然最显而易见的土壤伤害是由犁地和重型机械压实造成的，但从长远来看，还有一些更微妙的影响可能也会造成极大的破坏。例如，在世界许多地方的标准化农场，使用新烟碱类杀虫剂对种子进行预处理，这会对多种土壤动物[196, 197]和微生物造成危害。[198, 199]

我们正在削弱土壤的自我恢复能力，破坏其结构，使其像其他复合系统一样，变得更脆弱、更容易受到外部冲击的影响。这个系统正在一点点地失去弹性。在冲击将其推过临界点之前，我们可能察觉不到它的不稳定。而当严重干旱来袭时，脆弱和退化的土壤的被侵蚀率会上升约 6000 倍。[200] 换言之，土壤生态会被彻底摧毁，肥沃的土地将会变成垃圾场。

人类已经变得不得不依赖于我们刚开始了解其新兴特性的食物系统来维持我们的生存了。该系统自身的生存也依赖于其他的复合系统，例如金融市场和全球施政，这些系统以复杂且新颖的方式相互作用。最重要的是，它也依赖于土壤、大气、冰冻圈（地表上以固体形态出现的水）。但环境冲击正在击垮这些系统。我们知道全球食物网络正在失去它的冗余、模块化、备份和断路器，但我们并不清楚它的临界点（阈值）可能在哪里，或者在许多可能的冲击中——单独或共同的冲击——哪些可能会引发它的崩溃。

我们关于全球食物系统的知识缺口太大了，人类可能会因此栽跟头。随着各个系统之间的联系越来越紧密，我们的研究反而变得更加孤立：随着时间的推移，学术研究出现了更加专业化的趋势。在科学研究方面，模块化是很危险的。各领域的科学家都积累了大量的知识，但学科之间的壁垒很厚。

不知何故，我们不仅需要减少对系统施加外部压力——也就是对环境的破坏和不断增长的需求——而且还需要改变系统本身。我们需要增加系统中节点的数量，缩小节点的尺寸，削弱它们的链接，划分出模块，增加它的冗余，增加它的多样性。但不幸的是，世界各国政府和企业都正在向相反的方向努力：不断地进行扩张。

第 3 章
农业扩张

　　如果你是第一次接触复合系统，完全透彻地理解它似乎不是个简单的事。[1] 那么如果你想尝试开始理解它，或者只是想大致了解一下这个迷人的系统，我们则只需要关注其中的关键元素，并观察这些元素在系统中的流动，就像是医生让患者喝下钡餐作为显影剂，这样就可以借助 X 射线来观察患者消化道内的情况。我发现可以使全球农业系统及其与生物世界的关系一目了然的显影剂就是养分。我所说的养分是指矿物质，例如硝酸盐和磷酸盐。这些物质一部分天然地存在于土壤中，还有一部分是人们应用在制造配方里的，它们对所有生命形式的生存都是必不可少的。当这些养分在植物、动物、土壤和水资源之间流动时，就像患者喝下的钡餐，照亮了整个系统的运作，可以帮助我们了解这套系统是如何在我们这个星球上流动扩展的。因此，尽管很难为情，但请原谅我将以排泄物这个"引人入胜"的话题来开始这一章。

　　我很了解怀伊河（River Wye），天气干燥时，怀伊河应该河水澄澈。但几年前，我站在格拉斯伯里（Glasbury）的桥上看到的景象实在太令我疑惑了：已经有两周没有下雨了，怀伊河的河水居然是棕色的、浑浊的，甚至让人不禁怀疑是不是有人将大量泥土，甚至是比泥土更脏的东西倒进了水里一样。但是当我走到河边时，发现石头上并没有沉积物。我拿杯子舀起一杯水，也没有看到沉淀物。这实在太奇怪了。

4年后我再次看到了这种景象。但这一次，我是和专家一起看到的。我和威尔士河流信托基金（Afonydd Cymru）的负责人斯蒂芬·马修–史密斯（Stephen Marsh-Smith）[①]来调查研究河中的昆虫。当我们站在水中时，他引导我看向了一些我曾经忽略了的东西。

"看到那些白色石头了吗？看看当水流过它们时，这些白色石头的颜色是如何变化的。"

我看到有棕色的斑点像水下的热雾一样闪闪发光。

"如果那是水底的土壤，颜色是不会发生变化的。但当它的颜色像你看到的那样闪烁变换，说明那不是土壤而是藻类。"

斯蒂芬解释说这是"藻华"。由于高温、河水流量低以及过量磷酸盐所导致的硅藻——一种微观的单细胞植物——数量激增。

"怀伊河上一直都有藻华，"他告诉我，"过去很少见。我刚来到这儿的时候，只在1976年见过一次，但现在每年都有。"

当我们踢网样时，我真的感到绝望。踢网样是指将一张网压在河床上，然后立即向上游踢石头，这样一来躲在它们下面的小动物就会被水流卷入网中。横贯威尔士和英格兰的怀伊河以其河流生态而闻名，理论上应该受到了严格的保护。环保主义者也在努力重建其生态，阻止上游针叶树种植园排放的酸泾流，帮助农民减少水土流失，拆除鱼梁和水坝，逐渐恢复河里的鲑鱼、海鳟和鲱鱼的洄游。

但是我们一次又一次压下去的网几乎都是空的。我抓到了几只扁蜉（heptagenids）——它们是一种美丽的黄褐色若虫；还有三月褐蝇（march brown fly），水翼体将它们固定在河床上；以及一些四节蜉（baetid）的幼

---

① 　不幸的是，斯蒂芬已经去世了。——作者注

虫、一些石蝇宝宝和一个蜉蝣幼虫，它们在网里被水流冲来冲去。但是现在，在初夏，本应是河流里虫子成群结队的时候，可实际上的昆虫数量却少得可怜。

斯蒂芬解释说，是因为鸡。在短短 5 年内，怀伊河流域内的行政官批准建造的大型谷仓——更准确的说法是工厂——可容纳 600 万只鸡。[2] 所以好多养鸡场都趁机建了起来。每个农民可以建造一个大到足以容纳 4 万只鸡的钢制谷仓，还不需要环境许可证，[3] 流域内的行政官和英国甚至威尔士的当地政府都懒得去统计到底建了多少类似的养鸡场。[4] 根据两位公众科学家① 的统计，已知现在该河流流域内至少养殖了 2000 万只鸡。[5]

事实上是有规定经营这些集约化养鸡场的农民应该如何处理养殖动物所产生的粪便的。他们按规定只能在特定条件下和一年中的特定时间将其分散地排放到田里。但这些规定形同虚设。[6] 而且即使他们严格遵守了规定，那也没什么区别。因为大量营养物质被添加到鸡饲料中，然后通过鸡的粪便排出，那么即使农民完全按照规定来处理粪便，土壤也根本无法吸收这么多的养分。[7] 接着雨水会将多余的磷酸盐和硝酸盐冲入河中，相当于给河中的微型藻类施肥了。当河水水位低且天气暖和时，以水中营养物质为生的藻类种群数量就会激增。发生藻华的河流有时呈棕色，有时呈绿色，这取决于硅藻的主要种类。这条河上的藻华现象比以往更加频繁和持久，而且自 2010 年以来，它们已向上游前进了约 110 千米。[8] 藻华的蔓延也代表着养鸡场的蔓延。[9]

白天，硅藻通过光合作用增加了水中的氧气量。但当到了晚上，它们又会通过呼吸作用消耗水中的氧气。到黎明时分，水中的氧气水平会下降到足以让鱼窒息而死的程度。藻类还阻挡了光线，使其难以照到河床，导

---

① 艾莉森·卡芬博士（Dr Alison Caffyn）和克莉丝汀·高–琼斯博士（Dr Christine High-Jones）。——作者注

致扎根在那里的河流植被死亡。其中就包括毛茛，一种飘扬在河床上的长长的杂草，其白色和黄色的花朵曾经在水面上就像点点繁星。毛茛之于像怀伊河这样的河流来说，就像红树林之于热带海洋一样重要：它是幼鱼和无脊椎动物生长的温床，也是成虫藏身和繁殖的地方。近年来，毛茛已经从某些地区完全消失了。[10] 我曾经出演过的纪录片《河流灭绝》(*Rivercide*) 的制作团队绘制了一张地图，上面显示怀伊河主干两岸的毛茛消失了 90% 到 97%。[11] 取而代之的是覆盖着河床的棕色黏液，那些是沉积的粪便和在上面茁壮成长的丝状藻类。

我们边聊边采样了有半小时之后，斯蒂芬突然停下手里的动作，"你现在再看看那些白色的石头。"

我按他说的低头看。以前的水是浑浊不清的，而现在则是不透明的。"没看到。"

"那是因为太阳出来了。"

"那岂不是应该更容易看到？"

"当太阳出来后，藻类繁殖得更快。现在天已经亮了五分钟了。这就是为什么你看不到河床的原因。"

我想到了斯坦尼斯瓦夫·莱姆 (Stanisław Lem) 的小说《索拉里斯星》(*Solaris*) 中的外星海洋。我觉得我们正站在一个生机勃勃、反应灵敏的区域，它应对环境变化的速度比我能够想象得到的生物学上的极限速度还要快。正如小说里索拉里斯星上的海洋一样，我都跟不上它的速度了。

我问斯蒂芬为什么这些藻类没有被河水冲走。

"冲走了"，他告诉我，"但冲走后会不断被下游的藻类取代。即使被一扫而光，它们的数量也在成倍增加。藻华可能需要几天的时间才能过去。"

使河流窒息的硅藻从一个监管漏洞中倾泻而出。波伊斯县议会 (Powys County Council) 在没有民主监督的情况下，秘密批准了在威尔士流域建造集约化养鸡场的许可。[12]议会认为这些养鸡场"不会对环境产生重大影响"，这意味着甚至不需要评估它们对河流的影响！由于没有民主监督，根本没有人提出质疑。截止到我听斯蒂芬说这件事时，没有任何一个建造养鸡场的申请遭到过拒绝。更糟糕的是，英格兰和威尔士的县议会和政府监管机构将每一份申请都视为独立存在的，并没有考虑过所有这些养鸡场的排放加在一起会对这条已经不堪重负的河流造成什么影响。

斯蒂芬所在的环境保护组织用一份有着 75000 个当地民众签名的请愿书[13]向欧盟委员会提出了投诉。到 2020 年年底，威尔士政府被迫发布了关于河流中磷酸盐含量控制的指导意见。[14]这实在是个既软弱又矛盾的解决办法。[15]终于在 2021 年，波伊斯县议会第一次拒绝了建造养鸡场的申请。[16]这场粪便引发的风波似乎正慢慢发生转变。

但为时已晚了。除非关闭流域内的一些（也许是大部分）工业畜牧业单位，否则我们很难想到该如何拯救这条河流和许多其他美丽的河流。但执行这种操作无疑代价很大，不光是高昂的花费，还有可能会引起政治风暴。怀伊河正在从一个复杂多样的生态系统变成一个肮脏的排水沟。

在之后的那个夏天，同样是在一个干燥的天气里，我和家人划着独木舟顺流而下。我们没怎么看到鸡群，它们往往不会到河边来。虽然水体没有完全被藻华占领，但水是呈棕色的，还有点混浊。12 年前，我第一次在这条河上划独木舟时，能看到水中成群结队的鲷鱼和鲢鱼，鳟鱼守在自己的领地，许多鲃鱼聚集在河床，河水清澈得仿佛鱼群们是游在天空中一样。而现在，只能偶尔能见到一两条鱼，也看不太清，只能隐隐约约地看出个大致轮廓。

我们把独木舟推到了怀伊河上游几英里（1 英里 =1.6 千米）的石滩上，准备像往常一样在这游泳。浅滩的石头很滑，我一个没站稳，跌进了一个深潭。当我正准备开始游泳时——我的鼻子刚好露在水面上——我居然闻到水里有鸡屎的臭味。这味道令我作呕，于是我起身跌跌撞撞地走向河岸，踩在石头上又滑倒了，还撞到了膝盖。终于从河里出来后，我又一次震惊了：我的皮肤摸起来又黏又滑，就好像刚刚从在鼻涕溶液中淋浴过一样。

　　集约化农业对河流的影响是惊人的。直到几年前，我对河流污染的印象还跟许多人一样停留在 20 世纪 70 年代：工业废水、重金属、白色污染。我观念的转变是从和一位老朋友一起去德文郡（Devon）的卡尔姆河（River Culm）旅行开始的。我们本来计划是花一天时间去钓鱼和观赏野生动物。但等我们当真到那儿，下了车，一股刺鼻的味道就扑面而来，我开始感觉到不对劲了。当我走到能看到河的地方，映入眼帘的是河床上布满了羽毛状的白色生长物，这种由污水引起的丝状真菌是河流中存在严重的慢性污染的标志。接着，我顺着河流向上游走去。

　　在转折点的上游水体是清澈的，我可以看到鲶鱼、米诺鱼和小鳟鱼在石头之间游来游去。而下游则是雾蒙蒙、死气沉沉的另一幅景象，河流上漂浮着许多看起来很蓬松的真菌团块。[①] 我找到这个转折点并不难，但找到污水的排放口会更难一点。当河流被过剩的营养物质污染时，河岸上的植被就会建起一道很难被穿透的屏障。终于，在厚厚的植物屏风后面，我发现了一根混凝土管子正汩汩地往外流着棕色的污物。

　　顺着管道往山上走，我被它带去了一个奶牛场。尽管天气一直很干燥，但漂浮着粪便的污水还是不断地从一个泥浆池的边缘流了出来。污水顺着一条沟流下去，然后流入似乎是为泄污而建造的混凝土管道。我在谷歌地球上查看历史图片时，发现那个奶牛场的面积比前一年足足扩大了一倍。问题是它并没有扩大用来存储粪便的泥浆池面积，而是将多余的废物随着废水统统倾倒进河里。

　　我向政府监管机构——环境署（Environment Agency）——报告了这一

---

① 污水"真菌"实际上是一种群居细菌。——作者注

起很明显是非法污染的案件，接着对方派出了调查员并声称会"认真对待这一事件"。[17]但当我几周后检查处理进度时，环境署给出的结果是并不会采取任何行动，理由是："幸运的是，这对环境生态造成长期负面影响的可能性较低。"它们是如何得出这个结论的呢？因为调查人员表示"没有鱼因此死亡的证据"。

当然不会有"鱼因此死亡"的证据，因为河里本来也没有鱼了。一个当地人告诉我，他已经努力地阻止污染6个月了：这条河流中的大多数生命都已经死亡或被驱赶走了。环境署的意思是，"鱼死亡"（在河中发现死鱼）是由突发事件引起的，而不是因为长期污染。该机构还告诉我，因为奶牛场的扩建符合法律要求，所以它没有问题。我试着向调查人员解释，问题不在于奶牛场的扩建，而是它的泥浆池不够用。我并不相信他们是单纯地不负责任，我认为这些官员之所以这样做有别的原因。

尽管我在《卫报》（The Guardian）[18]上也讲述了这个故事，而且引起了与河水气味相称的负面影响，但该机构仍然没有采取任何行动。第二年我碰巧又遇到了那个当地人，他告诉我那个奶牛场还没有停止直接往河里泄污。但至少我得到了一个解释，来自环境署的两名工作人员写信告诉我，他们被明确指示不要对奶牛场实施任何强制措施。政府坚持要求该机构对奶牛场采取"自愿方式"来解决问题。这就等于除了在极端和不可避免的情况下，不采取任何措施。

2021年，《卫报》通过《信息自由法》（Freedom of Information）统计了环境署起诉过多少起农场污染案件。[19]尽管数据显示自2018年引入新规以来，环境署已经"调查"了243起事件，但实际上只发出了14则警告，而且也没有采取进一步行动——没有罚款，也没有扣留任何农业补贴。

监管机构的预算被大幅削减，这使得一个农场平均每263年才会迎来一次污染检查。[20]环境署只有过一次积极调查农业影响河流集水区的记录，当时的官员在2016年至2019年访问了同样位于德文郡的埃克斯河

（River Axe）流域的 86 个奶牛场。[21] 他们在走访时发现其中 95% 的奶牛场违反了农场废物储存规定，49% 的奶牛场污染了河流及其支流。该机构的报告指出，农民承认"会经常冒着违规的风险，不进行任何针对基础设施的投资"，因为他们知道自己不太可能被抓到或被罚款。即便是被抓到，罚款金额也比升级这些基础设施的投入要少。[22] 除了没能控制好粪便的处理，许多农场还在田地淹水或结冰时施肥，这意味着大多数肥料会被冲走进而直接排进了最近的溪流。即便如此，该机构检查过的每个农场都获得了代表着"我们生产的食物是'精心种植'的"红色拖拉机标志，使消费者安心。[23] 当然，这种保证与那些所谓的规定一样毫无意义。

当进行进一步调查时，我发现了一件令人震惊的事情：英国河流的主要污染源已不再是工业，也不再是这些有害且监管不善的污水排放，而是农业。[24, 25] 绝大多数情况下，农场最严重的污染是由牲畜造成的，尤其是奶牛。[26] 在牛奶生产集中的地方，河流正在枯竭。例如，海鳟种群在威尔士的分布减少情况就刚好对应了当地奶牛场的分布情况。[27, 28]

许多富有的国家都有类似的情况，农场的废弃物——尤其是来自畜牧场的废弃物——已成为水资源的最大污染源。在爱尔兰[29] 和新西兰[30] 也是如此，即使它们在宣传生产的是所谓"纯净"食品方面投入了大量资金。新西兰的奶牛养殖业破坏了河流的生态，[31] 导致本土鱼类的灭绝，同时污染了地下水，并导致海洋中有毒藻类大量繁殖，甚至到了不得不关闭海滩的程度。[32] 全球标准化的畜牧农场创造了全球标准化的河流：水体营养过剩，除少数物种外的其他物种都无法生存。

卡尔姆河就是个例子。随着肉类、牛奶和鸡蛋价格的下降，农民不得不扩大养殖规模来提高利润。各地区专门生产特定的牲畜品种，通常是为了满足跨国公司建立的工厂和包装厂的需求。这些公司主导着鸡肉、鸡蛋、猪肉和牛奶等商品的市场，农民通常只是这些公司的分包商。比如说，威尔士边境区域现在成了英国的鸡肉之都，而南德文郡则专注于乳制品的生产。欧洲大陆的奶牛很少吃牧草，德国的一项研究表明，牧场牧草仅占欧洲奶牛饲料总量的 5%。[33] 农民在土地上施用氮肥和磷肥，种植玉米或青贮草料，用来饲喂养在室内的奶牛。而在英国，奶牛们在户外度过的时间多一些，尽管这种情况也正在发生着改变。

许多奶牛场已经将曾经的耕地或旧草地进行了翻新，并种植单一草种，现在它们每年可以收割 4 次[34]到 5 次[35]草料。绿草地是很宜人的，但对其他生物来说并不是个好地方。在只有绿草的土地上，鸟无巢，虫无食，花不开。养猪场和养鸡场更倾向于使用进口饲料，例如来自美洲的大豆和玉米，来自海洋的已被碾碎的鱼，此外还有一些来自国内其他地区的小麦或大麦。

动物摄取并消化这些营养物质，然后通过粪便集中排出。随着养殖牲畜的农场的面积比例增大，我在怀伊河上遇到的问题已经在许多畜牧业集中的地方出现：土地已经到了极限，已经没能力再吸收这些农场产生的粪浆。同时这些排泄物也没法用卡车运到耕地里，因为大多数农场粪浆的95% 都是水，很重，而且又没什么价值，所以将牛粪转移到大约 10 千米以外的地方是性价比很低的行为。[36] 这些本应对农民来说很有价值的营养素已经成为他们必须解决的难题。

集约化畜牧养殖场所产生的粪污传播看起来更像是往地里倒垃圾，而不是给田地施肥。在明令禁止的情况下——例如，当地面潮湿或结冰时[37]——农民必须选择是要往地里撒施粪肥，还是就让粪浆溢出泥浆池。正如一位农业承包商跟威尔士污染调查组所做出的辩解一样，一些农民会赶在大雨来临前故意将粪浆撒在他们的田地里，以确保泥污会被雨水冲走。[38] 所以农民无论是直接向土地排放粪浆，还是将粪浆保存在溢出的泥浆池中，最终的结果都是流入河中。

动物产生的不仅是所谓的纯污水（尽管已经够糟糕的了），在世界许多地方，粪便还会被金属盐污染，其中一些甚至对人类和其他物种有害。一篇论文指出，这种金属污染最严重的两个地区是欧盟和东南亚。在这些地区，大量的粪便倾倒，致使汞、铜和锌在土壤中大量累积。[39]

在欧盟和美国市面销售的抗生素中，约有75%的份额不是用于人类的，而是用于治疗农场动物的。[40]在工业化畜牧农场里，抗生素主要用于疾病预防。换句话说，是在动物感染发生之前使用的。在一些国家，这些药物不仅用于治疗或预防动物疾病，还用于充当生长催化剂：因为喂食抗生素的动物体重增长更快。这种做法在20世纪90年代的欧洲被禁止，美国2017年也开始"不鼓励"使用抗生素作为生长激素。这意味着美国食品和药物管理局（US Food and Drug Administration）要求制药公司不能将抗生素作为"生长催化剂"出售，而是暗示它们换种方式，作为新的"治疗适应证"进行销售。[41]

据估计，农场动物摄入的抗生素中约有58%最终会被排出体外。[42]一些药物在排出后会迅速分解，而另一些的药效则会持续数百甚至数千天之久。[43]当粪便累积起来，其中所含的细菌面临着要抵抗留存的抗生素的巨大压力。[44]而当这些粪便进一步蔓延到土壤中，药物和活下来的微生物就会遇到土壤中的细菌。

正如我在第1章中提到的那样，土壤细菌会参与残酷的斗争，使用抗生素来击退或摧毁它们的竞争者。这种行为被科学家称为"固有抗性"。[45]这意味着这些土壤中的细菌已经预先适应了，以此来保护自己免受新的危险化学物质的侵害。[46]当它们接触到粪便时，往往会发生以下两种情况之一，要么是具有抗药基因的细菌以牺牲没有抗药基因的细菌为代价来实现增殖，要么是土壤细菌从粪便细菌中获得了抗药性。它们通过一个巧妙的手段来做到这一点，被称为"水平基因转移"，也就是不同种类的微生物交换基因包。[47]这样做的结果是用作粪肥处理的土壤很快会成为抗生素抗药性的存储库。有研究显示，在亚洲某地的土壤中发现了114种不同的抗药基因。[48]

这些抗药基因可以通过各种方式进入其他生态系统以及人类的食物链。它们与粪浆一起被冲入河流中，[49] 浸入地下水，[50] 被吹到空气中，[51] 被植物吸收。抗药细菌或基因包以及抗生素会被农作物的根部吸收，进而融入我们所吃的食物。[52, 53]

在畜牧业使用的 27 类抗生素中，有 20 种也用于人类医疗。[54] 其中有一些最有价值的还没有对应抗药基因的药物，被医生称为人类的"最后一道防线"。有科学论文称，抗生素耐药性在食物链中的传播"甚至可能会超过在医院里的传播"。[55]

据估计，欧洲每年有 25000 人死于抗生素耐药性感染，[56] 而它每年在全世界范围内也会造成数十万人死亡。[57] 没有抗生素，现代医学几乎无法发挥作用。[58] 科学家和医生恳求各国政府出面解决这一危机，但预计这些药物在世界畜牧场的使用量将在 15 年内继续增长至现有水平的 0.66 倍。[59] 集约化农业威胁着人类以及地球上所有生命体的健康。

还能更糟吗？也许真能。农田还用于处理人类的污水污泥。原则上，重复利用通过我们身体的营养物质是有道理的。但不幸的是，营养物质并不是唯一被回收利用的化合物。

我们对这片土地正传播着什么不甚了解。例如在英国，检测规定自 1989 年以来一直没有变过。尽管有 87% 的污水污泥都被送往农场处理，[60] 但在处理结果交付前只会对少数污染物进行检测：通常是重金属、氟化物和危险的细菌。自从制定检测规定以来，污泥中含有的毒素早已经更新换代，变得范围更广了，但没有任何新的测试项目来检测这些新毒素。

有组织利用《信息自由法》请求获得一份需要得到政府批准的报告，但并没有成功。[61] 这份报告对在农田上散播的污水污泥提出了警告，因为这些污物中含有大量危险物质，包括有机氟化物（PFASs、"永久化学品"），

[62] 苯并（a）芘（一种 1 类致癌物）、二噁英（dioxins）、呋喃（furans）、多氯联苯（PCBs）和多环芳烃（PAHs），所有这些危险物质都具有持久性并可能在土壤中累积。①

污水处理厂的污水来源五花八门，包括冲刷道路并携带着油污和轮胎碎屑的雨水，来自建筑工地、车间和美容院、办公室和洗衣房、淋浴和洗衣机的污水，以及许多合法或者不合法的合成化学品排放，流经下水道的夜土②也不再是以前的样子了。在某些情况下，不道德的承包商不愿意付多余的钱对危险废物进行安全处置，而是将其与污水污泥混合，然后一股脑儿地排放到田间。[63] 他们这么做也很少会被抓住，即使抓到，罚款也少得可怜：通常比他们赚到的钱要少得多。[64] 因为没有全面的检测，农民也根本不知道他们在购买肥料的时候买的到底是什么。政府就这样不断地出台新政策，再不断地推迟这些政策的落实。[65]

美国的情况甚至更加严重。[66] 在佐治亚州的一个案例中，撒播在土地上的污水污泥的毒性很大，导致了数百头奶牛的死亡。[67] 缅因州的一个奶牛场因在土壤中发现了有机氟化物的含量超标后被迫关闭。在两年后对在这个农场生活的农民进行血液检测后发现，其体内仍含有高出全国平均浓度约 20 倍的化学致癌物质。[68] 该州的许多仍在营业的农场也都有同样的问题，[69] 但并没有被管制。在其他州，人们纷纷向政府报告他们认为由于污泥的扩散引起了当地的严重疾病。[70] 然而，污水污泥不仅仍在未经全面检测的情况下被许可作为农场肥料，而且它们在美国还会被冠以"环保"

---

① 这些都是人造的有机化合物（在这种情况下，有机的意思是含有碳氢键）。其中一些，如有机氟化物和多氯联苯，是有目的地被制造出来的。其他化合物则是工业生产过程或燃烧的副产品。这类化学物质不容易被分解，或者在某些情况下根本不可能被分解，而是沿食物链向上传递并不断累积，集中在食物链顶端的长寿的动物体内，例如逆戟鲸、虎鲸还有人类。——作者注

② 对人类粪便的优雅称呼。——作者注

的名号出售以供民众在花园中使用。[71]但它们到底是什么，来自哪儿，又是如何渗透到我们的生活中的，没人知道。

更奇怪的是，这个事件还与塑料微粒（microplastics）的命运有关。许多塑料微粒都来自我们用合成材料制成的衣服在洗衣机中脱落的纤维，随后这些纤维会流进河流并积聚在海洋中，它们可能会威胁到整个食物链。这似乎是个几乎不可能解决的棘手的问题。但事实上，现代污水处理厂是可以去除废水中的这些纤维和其他塑料微粒的：一项研究报告称，废水中的塑料微粒回收率高达 99%。[72]到目前为止，听起来都没什么问题。但先别急着高兴，如果我告诉你，在将这些微粒从供水系统中回收后，处理公司会将它们再排放回大自然，而且就在它们出售给农民的污水污泥中，[73]你还觉得这是个令人安心的情况吗？

有些做法实在是让人更加迷惑，塑料微粒有时还会被故意撒播在土地上，使土壤生态变得更加脆弱。[74]在整个欧洲大陆，数千吨塑料被添加到肥料中，以防止它们结块；[75]或达到延迟释放它们所含的养分的目的，确保它们可以缓慢地渗入土壤，满足作物的需求。在这种情况下，肥料颗粒表面会被涂上塑料薄膜——聚氨酯（polyurethane）、聚苯乙烯（polystyrene）、聚氯乙烯（PVC）、聚丙烯酰胺（polyacrylamide）和其他合成聚合物[76]——其中一些已知是有毒的，[77]而所有这些都会分解成塑料微粒。令人难以置信的是，在 21 世纪，我们还会故意使用具有持久性和累积性的污染物来污染农业发展的基础——土壤。在我看来，农业相关的决策和行为应该是所有产业中最敏感和最谨慎的，因为它们所带来的结果难以预料。但我发现我一直在一遍又一遍地问自己同样的问题："这竟然是合法的？"

一些研究表明，随着更多污水污泥的使用，塑料微粒的数量会在土壤中稳步积累；[78]还有些研究证实了几乎所有的塑料微粒都会被冲入河流。[79]我甚至很难确定哪种情况更糟。反正不管是哪种情况，对于食物链的污染都是永久性的。这些塑料永远不会消失，它们只会被分解成更小的颗粒。它们对于土壤生命的破坏可能与对海洋生命的破坏旗鼓相当。

　　实验为我们展示了塑料微粒是如何通过土壤食物链来串联起每个节点的[80]：毒蜗牛[81]、跳虫[82]、螨虫、蚂蚁和线虫[83]、发育迟缓的蚯蚓[84]、生育能力减半的线蚓（potworm）。[85]当塑料被分解成纳米级颗粒时，会被土壤真菌吸收[86]并在植物中累积。[87]我们目前不知道食用受污染的农作物会产生什么后果，我们也不知道在污水污泥中传播的毒素混合物可能对土壤生态[88]或我们自己的健康产生什么样的综合影响和累积效应。①政府必须在大片农田沦陷之前迅速采取行动，阻止污水污泥的传播：它们对于生态系统的破坏，从土壤到海洋，都是不可逆的。

　　我经常被问到的一个问题是，"既然影响这么严重，为什么很少有生活在乡村的人发声反对毒害河流和土壤、砍伐树木和杀害野生动物，以及其他对周围环境和生活质量造成威胁的行为？"我认为部分原因是，在社区规模较小的乡村，人们往往倾向于避免与势力强大的邻居对抗，而农民往往就是势力最强大的群体。在我调查这些问题的过程中，不断听说有人受到恐吓和发生欺凌事件：有人的家门口出现了动物尸体，有人的花园墙壁上被喷洒了泥浆，提出反对规划意见的人的房子周围被人用鸡粪建了三堵围墙，有人的汽车被刮花了，挡风玻璃被打碎了。在英国及许多地方的乡村，占据统治地位的农民家庭有着黑手党一样的势力。

　　我还遇见过曾经为了追寻田园风光而搬到乡下生活的人，却发现自己渐渐陷入恐惧和憎恶的情绪之中。在其他国家，特别是在哥伦比亚、墨西哥和菲律宾，发声反对的人甚至会有生命危险。每年都有许多环保活动家，

---

① 也许在未来有可能对污水污泥进行净化，但现在的技术还做不到。一些公司提出了一种被称为水热碳化（hydrothermal carbonization）的技术，旨在破坏有毒物质的同时保留营养物质。但它的温度不足以分解二噁英和呋喃等具有持久性的有机污染物。——作者注

尤其是那些与农业利益对立的人被谋杀。[89]

在富裕国家，政府检查员和为环境保护组织工作的一线工作人员最能直接地感受到恐吓。正如一位官员告诉我的："我本身也生活在这个社区。如果我真的一丝不苟地执行法律条文，结果就是我全家都会被排挤，我的孩子会被霸凌，生活会变得举步维艰。"

当地的报纸，其编辑和高级职员也更倾向于与社区内的其他有权势的成员交往，因为报纸的收入依赖于当地广告，所以他们在舆论导向上也倾向于站在有势力的农民一边。地方议会也通常由地主或服从他们的人所主导。在某些地方，有时民主几乎没有任何作用，而对庄园领主的忠诚度所具有的效力几乎与大多数人在拥有投票权之前一样强大。

与其他农业产业一样，养鸡产业所造成的影响并不局限于养鸡场所在的区域。虽然大豆只是鸡饲料中的一种原料，但饲养肉鸡所用的大豆量可能比制作等量的豆腐消耗的大豆还要多：有报告称，生产 100 克鸡胸肉需要消耗约 109 克大豆。[90]世界超过 3/4 的大豆是作为饲料原料喂给农场动物的。其余大部分则用于工业生产或制造廉价的植物油。[91]① 只有 7% 被转化为肉类和牛奶的蛋白质替代品，如豆腐、豆豉、豆渣和豆浆。自 1990 年以来，动物饲料原料的种植量增长速度是纯素替代品种植量的 3.5 倍。[92]

在南美洲，今天用于种植大豆的土地面积是 1961 年的 200 倍。[93]现在种植大豆的 700 万公顷土地比西班牙的国土面积还大。一些原住民的财产几乎被完全剥夺。那些令人惊叹的生态系统，尤其是巴西中部的塞拉多（cerrado）[热带草原（savannah）]，以及位于巴拉圭的格兰查科森林（Gran Chaco forest）和阿根廷，那些属于鬃狼、巨型食蚁兽、美洲虎、貘和犰狳

---

① 用于饲养牲畜的豆粕和供人类食用的豆油可以是同一作物的副产品。——作者注

的家园，已经以难以想象的规模从地球上消失了。[94]农场看起来更像大海而不是陆地：到处都是广袤的田野，看起来全都是差不多的景象，一直延伸到地平线。残存的生命就像毁灭之海中的岛屿，还在不断地被清除和烧毁。[95]有论文表明，塞拉多正接近临界阈值。[96]当树木被砍伐后，它们的长根不再从含水层中吸取水分并将其释放到空气中。随着水蒸气的减少，环境温度会随之升高，不再形成露水，而露水对许多野生动植物的生存都至关重要。这引发了一个崩溃的恶性循环，可能会导致整个生态系统在21世纪中叶发生倾斜和滞后，最后被沙漠取代。

亚马孙南部热带雨林的问题看起来不大，但实际上也有很大面积被夷为平地用来种植大豆。[97]但在这里，最大的负面影响是间接体现的：随着塞拉多的养牛场让位于大豆农场，牧场向北转移，开始侵占森林。[98]总的来说，我们对于消费鸡肉、鸡蛋和猪肉所造成的如此灾难还是浑然不知。我们可能会庆幸自己购买了本地所产的肉和蛋，甚至自己养了的鸡鸭鹅，却忘记了它们吃的饲料很可能是在数千英里外用牺牲巨大的生态成本而种植得来的。

在这些农作物和其他农作物上使用的农药威胁着地球上的许多生命。一项研究表明，美国农田对蜜蜂的毒性25年来已经增长了48倍。[99]主要原因是农场开始使用新烟碱类农药（neonicotinoids）：一种只需很低的浓度就会使昆虫致命的毒素。它们通常在种子播种前被用来包裹在其表面，随着作物的生长，毒素会被作物吸收，杀死任何吃它的昆虫。但是种子敷料中只有大约5%的新烟碱农药会被作物吸收，其余的都分散在土壤中，[100]杀死或影响生活在那里的动物，[101, 102]或被冲进河里，对淡水生物产生类似的影响。[103]

杀虫剂的负面影响也不只作用于喷洒了它的土地，[104]它俨然成了昆虫灭绝危机（insectageddon）——对于昆虫生命的威胁[105]——的一个主要原因。一项著名的研究发现，在27年内，德国自然保护区的昆虫总数量下降了 76%。[106]一项持续 20 年的记录显示，在横穿丹麦的两条路线上，被汽车撞到的昆虫数量分别减少了 80% 和 97%。[107]在荷兰，生活在淡水中的石蛾（canddis fly）幼虫数量每年减少 9%。[108]虽然新烟碱类农药现在在欧洲被禁用，但在其他地方还在被广泛使用。农药公司一直在努力游说以维持现状。[109]

丹麦研究发现，昆虫减少的速度可以用来预测燕子的数量。世界各地也都有类似的情况。[110]完全以昆虫为食的鸟类受到的打击最为严重，许多我们称之为食籽雀（seed eater）的物种都将昆虫作为主食来喂养它们的后代。这些食籽雀的数量也在快速下降。[111]在日本宍道湖（Lake Shinji）进行的一项研究，将周围农田中首次使用新烟碱类物质与鱼类数量的崩溃联系了起来。[112]在短短一年内，湖中浮游动物的数量下降了 83%，渔业社区的渔获量随后下降了超过 90%。全球农药的使用在 21 世纪前 50 年预计还要翻 3 番。[113]

就像引起怀伊河藻华的养鸡场一样，种植饲料似乎也会引发类似的影响，而且规模还要大得多。直到 2010 年，一种漂浮水面上的马尾藻类（sargassum）海草的生存范围都主要局限在马尾藻海和散布在热带大西洋气团附近以及加勒比海地区的一些小片区域。但从 2011 年开始，情况发生了惊人的变化，在每年的前 6 个月，马尾藻斑块会扩展形成一条绵延不绝的藻类植物带。同时它还会扩张，有几年，这条马尾藻植物带从墨西哥湾一直延伸到南美海岸，并穿过大西洋一直延伸到西非海岸，形成了一条近9000 千米长的漂浮草毯。科学家认为，其主要原因是"巴西森林遭到砍伐以及化肥使用的增加"。[114]

随着巴西成为全球牲畜饲料的供应国，其化肥使用量每年增加 3% 到4%。[115]当化肥从土壤里被雨水或灌溉水冲刷带走，矿物质从裸露的土壤中被侵蚀，像塔帕若斯河（Tapajós）、欣古河（Xingu）以及托坎廷斯河（Tocantins）等广阔的河流将数百万公顷的农田水分排干，营养物质随着水流进入海洋，在海洋中形成了环绕地球近 25% 面积的赤潮。在赤潮结束后的下半年，这些藻类和杂草就会从水体中吸收氧气，这很可能导致了世界上死水区面积的进一步扩散。

海洋里的死水区大部分靠近河口和海岸，这些区域内的氧气含量过低，几乎没有任何生物可以生存。现在全世界有数百个死水区，[116] 几乎都是由于人类过度使用活性矿物造成的。自 1960 年以来，全球磷肥的产量几乎增长了 5 倍，[117] 硝酸盐肥料的产量几乎增长了 10 倍。[118] 就像我之前说的那样，随着营养物质作为显影剂贯穿农业系统，这个系统的功能失调现象已昭然若揭。

过度使用化肥的其中一个原因是考虑到材料成本和劳动力成本的回报。在理想情况下，肥料将以微小的增量施用于农作物，以确保植物在其生长的每个阶段只获得所需的量，并吸收所施肥料中提供的所有养分，这样就不会导致养分流失。但是这样的话，农民将不得不在作物生长期间多次使用拖拉机，大量使用柴油，这会使劳动力成本超过了出售作物所获得的收入。但是大多数农民并没有那么多时间，这就导致他们会做出错误的举动：大量地施用人工氮肥①，然后其中的大部分都会随着水土流失流入河流或地下水，或作为强效温室气体———一氧化二氮气体———飘散到空气中。

有时，他们甚至会在秋季施肥，因为那是他们最空闲的时候，而且化肥供应商往往会在那时提供折扣。[119] 但这样做的结果是灾难性的，在这个时间施肥大部分其实都是无效的，很大概率在那个时间没有活着的庄稼来吸收矿物质，所以雨水会把这些肥料从裸露的土壤上冲走。总的来说，农民施用于农田的氮肥的大约 67%，[120] 和磷肥的 50%[121] 到 80%[122] 都被浪费了。

---

① 所谓的"人工"，我指的是通过哈伯-博施法（Harber-Bosch process）工业合成活性氮。——作者注

　　这些流失的矿物质非但没有为农作物的生长提供帮助，反而导致河流中的藻类大量繁殖从而发生藻华，扩散海洋死水区，提高饮用水的成本（因为饮用水必须进行过滤）和气候变暖。[123]农民施用的肥料越多，每次增加肥料使用量的效果就越差。同时，他们施用的人工氮肥实际上为田间的杂草提供了养分，帮助它们进一步侵占作物的资源，导致作物死亡。所以在某些情况下，施用剂量越大，产量反而越低。[124]

　　除草剂和杀虫剂也大量被浪费了。有报告称，"农用化学品的使用与生产力或盈利能力之间没有相关性"。[125]这意味着农民使用额外除草剂并没有使他们的收入增加。那么，为什么他们还不辞辛劳地在土地上施放过量的肥料和有毒化学物质呢？原因之一是他们在很大程度上受到了为化工公司工作的"顾问"的指导，[126]其中一些顾问也是利益相关人员。与那些接受公共机构建议的农民相比，接受私人公司顾问建议的农民更有可能将杀虫剂用作他们的第一道防线。[127]农业方面的报纸和杂志也被同样的利益驱使，甚至农业工会和政府农业部门也是如此。当农民意识到这个问题，开始出现反抗的苗头，他们需要勇气来果断地抵制这个行业对他们的支配。

　　但即使出发点是善意的政府政策，也会加剧全球范围内集约化畜牧业所造成的危害。在南美洲的一些地区以及爱沙尼亚、拉脱维亚、波兰和罗马尼亚的森林退化问题就反映了鸡肉工厂的影响。在几个欧洲国家，养鸡户可以获得"绿色供暖"补贴。[128]在英国，该款项则被称为可再生供热激励（Renewable Heat Incentive）。那些在鸡舍中安装使用可再生能源的供暖系统的农民被承诺将获得 20 年的免税补贴。这是项非常划算的投资，往往在 5 年内就能回本，[129]在那之后，就相当于是白给的钱了。其中最有利可图的是燃烧木屑颗粒。一个大型鸡舍每年使用大约 120 吨干木屑颗粒燃料。[130]这意味着每个鸡舍每年要消耗略多于一公顷面积的森林。[131]假设都使用木屑颗粒作为能源来加热，那么怀伊河谷已知的 590 个养鸡场每年相当于要烧毁 600 公顷的森林。

在这些激励措施的帮助下，东欧掀起了木材淘金热。在爱沙尼亚和拉脱维亚，为了生产木屑，甚至自然保护区内的森林也很难幸免于难。[132]在罗马尼亚，美丽的喀尔巴阡山脉（Carpathian）的森林被毁，[133]而在波兰，伐木公司一直试图进入古老的比亚沃维埃（Białowieża）森林。[134]自2015年以来，欧洲土地上被砍伐的森林面积增加了49%。[135]

与此同时，燃烧木材以产生热量或电力，比燃烧煤炭会释放出更多的二氧化碳。[136-138]最终，新长起来的树木可能会重新吸收这些碳元素，但这需要几十年的时间。在防止气候恶化方面，今天节省的一吨碳远远比花费30年甚至40年吸收一吨碳要有效得多。政府的激励补贴可能解释了2019年和2020年在怀伊河谷兴建养鸡场的热潮，这个激励计划已于2021年3月结束。如果你拥有一个装有再生能源供热系统的畜棚，在2021年3月之前已经启动并运营，那么你就有资格获得政府承诺的那20年补贴。

听到这儿，你可能已经下定决心不再与集约化农业有任何瓜葛；从现在开始，你将只吃养在户外（散养）或已被认证为有机饲养（根据一套商定的环境准则进行养殖）的肉、蛋和奶产品。如果是这样，我可以给你点宽慰。

有机生产有三个很重要的好处。有机农场往往比传统农场的生态更复杂、更多样化，允许更多种类的野生动物生存。[139, 140]在有机农场里也会更少使用抗生素和杀虫剂，而且它们使用的杀虫剂往往毒性和对生态的危害都比传统农业使用的要低得多。[141]它们还会使用粪便或植物作为肥料，代替人造肥料，将碳还给土壤。根据新兴的理论，这有助于维持土壤结构。[142]

另外，有机农业实际上会造成更大的破坏。这主要是因为在平均产量较低的情况下，有机农业要占用更多的土地来生产等量的食物。有计算模拟了以下场景：如果英格兰和威尔士的农业完全实现有机化，我们在土地利用过程中所产生的土地足迹（land footprint）将增长40%。[143]据估计，全球有机农业和传统农业产量之间的平均差距介于20%[144]和

36% 之间。[145, 146]生产每千克有机农产品的温室气体排放量往往与生产等量的传统农业食品的排放量相似或更甚。[147-149]有机牛肉农场——因为动物需要更长的饲养时间，同时需要更多的土地——生产每千克牛肉所排放的氮是传统肉牛场的两倍。[150, 151]这是一个会让人感到震惊的事实：可能没有比有机牧场饲养的牛肉更具环境破坏性的农产品了。

同样令人不安的是，有机农业造成的氮污染的最低水平与传统农业造成的氮污染水平相似：[152]一篇科学论文估计有机农业的氮排放量甚至要比传统农场多出 37%。[153]这是因为用于种植农作物的动物粪便往往比人造肥料更容易发生氮泄漏，具体原因我将在本书第 4 章中进行深入探讨。

类似的问题也困扰着各种散养农户。试图保护怀伊河的环保团体发现了一些令人不安和迷惑的情况，散养蛋鸡农场与流域内的大型肉鸡工厂或蛋鸡工厂一样具有破坏性，甚至破坏性更大。[154]这是为什么呢？原因就是这些散养蛋鸡被养在户外。虽然这的确是很好的动物福利，但也意味着它们在漫游田野的同时也为这片土地铺设了一层灼热的活性磷酸盐地毯，而且浓度远高于任何农场施肥的浓度。下雨时，它们的粪便被冲刷到河流中的速度甚至比从工厂提取出来并故意撒播在田野上的速度更快，更别提这些粪便还是处于未经处理过的原始状态。因为它们比那些封闭圈养的同类要消耗更多的能量，所以相应的，这些散养鸡也要消耗更多的饲料，这对南美洲的生态系统来说也是更大的压力。

但这仅仅是问题的开始。怀伊河谷的养鸡场证明了散养养殖存在更大范围的经济损失。许多建造这些养鸡场的农民曾经以放牧（散养）羊或牛为生。位于怀伊河上游的农场可能拥有或租用山谷中的几块田地，以及山上更大面积的土地。按照传统，羊群冬天生活在低地（the hendre），然后夏天生活在山上（the hafod）。多年来，这种形式的放牧从经济方面来看并不乐观。在威尔士，大部分土地都用于放牧羊群，但平均每年的农业收入几乎为零，[155]农民的收入几乎都来自公共补贴。这也产生了更多的问题。

牧羊业的收入并不可观，部分原因是：相对于巨大的土地面积，以此可以养活的动物数量太少了。在威尔士的一些地区，每公顷的最大可放牧密度不到一只羊，有时比例甚至会达到每十公顷一只羊。在 20 世纪下半叶的几十年里，农民获得补贴的单位为每只动物。这种不合理的补贴制度促使山上挤满了远远超出土地可承受数量的羊。这也使得怀伊河流域的一部分出现了陆地死区：坎布里安山脉（Cambrian Mountains）。[156]

这个占地面积约 300 平方千米的死区呈现出令人绝望的景象。这里的植被主要是一种叫作沼泽草（Molinia）的粗糙的、不可食用的草，它在一年中的大部分时间都呈棕色。那个地区几乎没有其他植物生长。沼泽草形成了坚韧而稳定的团块，覆盖地面，防止其他物种发芽。你在那待上一整天也不会见到任何一只鸟甚至一只昆虫。

很难想象，现在令人绝望的这片死区曾被沼泽覆盖了至少 2000 年的时间，这里曾生活着相当广泛的物种。但进入 20 世纪后，这一地区从放牧牛转为放牧羊，随后羊的数量激增，似乎使整个系统进入了一个新的稳定状态。[157]尽管该地区的某些地方已经有 30 年到 40 年没有东西可供给羊吃了，也并没有人在那些地方继续放牧羊群了，但系统却并没有恢复到以前的状态。换言之，这里的环境出现了滞后现象。

温度和降雨图显示，怀伊河的集水区和整个英国西部高地的自然植被类型很可能是温带雨林型的。[158]这是一个多么迷人的生态系统，其自然结构为丰富多样的生物创造了生态位。但是人类的畜牧业几乎把它全毁了。即使羊的数量并不多，营养丰富的树苗也会被优先吃掉。① 几个世纪以来，羊群的啃食让树木幼苗无法在老树死后取而代之，羊群将森林变成了牧场或石楠花荒野高原（heather moorland），两者的生物多样性都十分有限。[159]

---

① 在英国高地的大部分地区，直到羊群数量减少到每平方千米 5 只，也就是每 20 公顷 1 只，树木才有机会恢复生长。——作者注

伦敦市中心某些地区的树木密度都比英国有些放牧羊群的"野外"山丘还高。[160] 甚至有些国家公园是最贫瘠的地区，因为其中大部分实际上只是被美化了的羊群牧场，雨林则仅限于陡峭的峡谷中牲畜无法涉足的几小块地方。

正如在山谷中的散养鸡需要消耗大量养分、谷物和木材一样，在山丘上放牧羊也需要占用大量土地。保守估计，英国约有 400 万公顷的丘陵和山区被养羊业占用，[161] 这相当于整个国家农业面积的 22%，[162] 几乎就等于这个国家所拥有的用于耕作谷物的土地面积，[163] 这个面积还是国土上建筑面积（所有城镇、城市、工厂、仓库、花园、公园、道路和机场）的两倍多，[164] 是我们用于种植水果蔬菜的土地面积的 23 倍。[165] 但就提供的人体所需的热量而言，不管在高地还是低地放牧的山羊肉和绵羊肉，都只提供了略多于 1% 的能量。[166]

养羊业的发展是农业扩张的一个例子。环保人士反对城市扩张：反对过度使用土地建设住房和基础设施。但是因为我们大多数人都住在城市里，所以我们的视角是有局限性的。农业扩张——使用大量土地来生产少量食物——已经影响了更广泛的区域。在英国这样高度城市化的国家，人类占据了 7% 的土地，[167] 与此同时，牲畜、牧场和粗放型牧场占据了 51%。[168] 如果外星人登陆这里，他们可能会得出"这里的主要生命形式是羊"的结论。

放眼全球，情况甚至更为严峻。世界上只有 1% 的土地用于建筑和基础设施。[169] 农作物占 12%，而放牧是占地最广的农业方式，占用了 26% 的土地。[170] 相比之下，世界上只有 15% 的土地受到保护，维持了自然状态。[171] 地球的其他陆地表面要么不适合人类居住（冰川、冰盖、沙漠、岩石、山顶、盐滩），要么被不受保护的森林覆盖。然而，全球蛋白质消耗仅有 1% 是由完全以牧草为食的动物的肉和奶提供的。[172]

农业占用的土地越多，可供森林和湿地、稀树草原和野生草原使用的土地就越少，野生动物死亡和灭绝速度就越快。所有的农业形式，无论出发点多好、操作多么谨慎和复杂，都涉及对自然生态系统大幅度的简化。这种简化是人类获取食物所必需的。换言之，农业扩张增加了生态的机会成本。想要尽量减少我们对于环境的影响就意味着我们需要尽量减少土地的使用。

我开始将土地的使用视为所有环境问题中最关键的一个。我现在认为，对陆地生态系统和地球系统是生存还是灭亡产生最大影响的就是土地的使用问题。我们需要的土地越多，可供其他物种生存和它们所需的栖息地以及使我们生活的这颗星球保持平衡状态的可用土地就越少。同时它也是最容易被忽视的环境问题之一。与土壤生态学一样，土地总利用量是我们大多数人不自觉就会忽略的主题，也是公众理解上的另一个致命鸿沟。我们有很多理由去关注那些听上去就令人担忧的话题，但往往很少考虑那些最迫在眉睫的难题。

多亏有牛津大学团队运营的网站——用数据看世界（Our World in Data），使我们可以轻松直观地比较为了获得产出日常饮食所需要的土地面积。[173]图表显示，要以豆腐的形态生产100克大豆蛋白，只需要差不多2平方米的土地。饲养含有100克蛋白的鸡蛋需要不到6平方米。鸡肉蛋白质需要7平方米，猪肉需要10平方米。鸡和猪比豆腐需要更多的土地，因为动物并不是百分之百的可供食用的蛋白质，它们还需要维持自己的生命及其他身体部位的生长。该网站报告还显示，为了得到100克蛋白质，牛奶平均需要27平方米土地，牛肉需要163平方米，羊肉需要185平方米。换句话说，羊肉蛋白需要的土地面积是大豆蛋白的84倍。

放牧对于土地使用来讲居然是这么奢侈的挥霍，原因主要有两个。一是具有四腔胃的放牧动物，例如牛、山羊和绵羊，其蛋白质的转化效率要低于鸡和猪[174]，而草比谷物或大豆更难消化，蛋白质含量也更少。[175]虽然这样看来，饲养牛和羊需要大量土地，但如果是在集约化饲养场系统中以谷物为饲料饲养的牛肉需要的土地面积（用于谷物种植和养牛）大约是散养牛肉所需面积的 5%。[176]

这就是为什么世界上最缺土地的国家是新西兰。[177]如果地球上每个人都效仿新西兰人的饮食习惯，其中包含大量经过放养的羊肉和牛肉，那么将需要另一个几乎与地球一样大的星球来维持我们的生存。另外，如果我们都停止吃肉和奶制品，而改成完全以植物为基础的饮食，将减少约76%的耕地使用面积。[178]我们的确需要吃更多的谷物和豆类以弥补饮食中缺少肉类而损失的营养物质，但那也将远远低于目前用于饲养牲畜的所需的土地面积。真能做到的话，除了能够让世界上所有的牧场都回归自然状态，我们还可以减少约 19% 的耕地使用面积。[179]

即使是产量少得可怜的牧场，也会造成巨大的破坏。全球大约四分之一的土壤因过度放牧而遭到破坏，[180]这些土地现在可以支持生存的动物数量更少了。[181]随着一种被称为旱雀麦（cheatgrass）的入侵物种席卷了北美部分地区过度放牧的牧场，一些地区似乎正在跨越临界点，[182]面临着成为陆地死区的危险。

畜牧业者经常声称放牧是"模拟自然"。如果他们真是这么想的，那简直就是个大笑话——大自然可没有围栏。自然界中的食物链往往比任何人为管理的系统都更深入、更广泛。我对超过一百多个研究的综合整合发现，当移除土地上的牲畜，几乎所有野生动物群体的丰富度和多样性都会增加。[183]捕食者、野生食草动物和传粉媒介的数量也会增多。当停止牛羊的放牧后，唯一数量下降的是那些以粪便和其他种类的碎屑为食的物种群（或共位群①）。在有牛的地方，陆地上的野生哺乳动物、鸟类、爬行动物和昆虫就更少，河流中的鱼也更少。[184]

只有当牲畜数量下降到几乎不够格被称为食品生产的程度时，动物养殖才能与丰富、功能齐全的生态系统相兼容。例如，由我的朋友伊莎贝

---

① 　共位群是一群以相似方式使用资源的物种。——作者注

拉·里（Isabella Tree）和查理·伯勒尔（Charlie Burrell）主持的克内珀荒地（Knepp Wildland）项目[185]，小群的牛和猪在大庄园内自由漫步，这个项目经常被作为养殖动物和野生动物该如何调和的范例。但是，虽然它的确提供了一个很好的再野生化例子，却也是一个糟糕的食品生产的例子。如果他们的系统要在英国 10% 的农田中推广，并且如果像它的拥护者所提议的那样，我们将以这种方式获得肉类供给，那么英国每人每年只能得到 420 克的肉类供给，仅够三顿餐食左右的量。[186] 这意味着减少了我们99.5% 的肉类消耗。顺便说一句，我不是指三块牛排，而是包括任何种类的肉，包括最便宜的肉。我们大约每三年可以吃一次上等牛排。如果英国的所有农田都以这种方式进行管理，那么肉类只能为我们提供每天 75 千卡（我们需求的 1/30）的能量，仅此而已。[187]

不用说，这肯定不是我们想要的结果。如果我们只有这种肉类供给，它的稀缺性将决定它的价格，非常有钱的人每周都能确保吃到肉，其他人想都不要想了。那些说我们应该从这样的农场购买肉类的人，他们经常使用"少而精"的口号，想把它包装成一种每个人都可以买到的稀有独家产品。这种掩耳盗铃的做法会产生反作用。我已经听说了有人以克内珀荒地项目作为吃牛肉的理由，尽管他们可能永远不会购买克内珀庄园出产的牛肉。

当我们进一步探索生态学家讲到的"野生动物与人类的冲突"时，会发现，其实这种冲突应该被称为"野生动物与牲畜的冲突"。在饲养牲畜的地方，野生的大型食肉动物都会被赶尽杀绝，几乎无一例外。畜牧业是造成野生捕食者数量锐减的主要原因。[188] 在某些地方，例如英国，这些大型食肉动物几乎完全失去了踪迹。在其他情况下，农民要么自己杀死掠食者，要么游说政府帮他们这样做。

在美国，联邦政府和州政府都对野生动物发动过残暴的屠杀。一个名为"野生动物服务"（Wildlife Services）的联邦机构使用毒饵、圈套和腿套，以及从飞机和直升机上射击等方式，来杀死狼、土狼、熊、山猫和狐狸等野生动物。这个机构的成员在这些动物的窝里烧死它们的幼崽，或者把它们拖出来用棍棒打死。[189] 就算是在这些野生动物栖息地的公共区域他们也照做不误，例如位于爱达荷州的锯齿国家休闲区（Sawtooth National Recreation Area）。[190] 他们的这些做法不会受到任何惩罚，据称，其成员还用宠物狗测试了他们的武器，屠宰濒临灭绝的野生动物并散布非法毒药。[191]

但他们使用的最具争议的杀伤性工具是氰化物地雷。这些是埋在地下的装有弹簧的氰化钠罐，旨在将毒药喷洒在被绊倒的动物的脸上。他们利用这种方法造成了种类繁多的濒危动物、数十只当地的狗和至少一个人［来自犹他州的丹尼斯·斯劳（Dennis Slaugh）］的死亡，同时还有其他人因此受伤或中毒。[192] 这个"野生动物服务"机构的力量强大到即使对人类造成伤害，也很少被追究责任。[193]

在少数地方，牲畜养殖者似乎能够与野生的大型食肉动物一起生活，主要是在东非和南部非洲。但在 20 世纪 90 年代初期，我在一个马赛（Maasai）社区工作了几个月，亲眼见证了其具有优良传统的管理系统的终结，因为在肯尼亚政府和世界银行的要求下，土地被私有化，周围筑起围栏。[194] 在东非大部分地区的牧场里，传统的管理系统已不复存在。

随着农业的集约化，用于放牧的土地数量已在稳步少量地减少。[195] 这是一个乍看起来很难理解的悖论。但牧场的扩张仍然是生物栖息地消失的最大原因。食品工业导致的森林退化中有 40% 是由牧场扩张造成的，这个比例几乎是棕榈油生产的 3 倍。[196] 那么用于放牧的土地面积怎么会同时缩小和扩大？

答案是一些地方的牧场面积确实在缩小，但同时其他地方的牧场面积则在扩张。例如，在欧洲大陆，畜牧业已经从贫瘠的山丘中退出，那里的森林已经恢复到了之前的状态。但在拉丁美洲，尤其是巴西，畜牧业仍在继续扩张。不幸的是，一些扩大放牧规模的地方刚好拥有着地球上最丰富的生态系统。世界上 92% 的天然草原已经被牲畜或农作物占据，[197] 这些扩张大肆破坏了热带森林：在包括马达加斯加、刚果民主共和国、厄瓜多尔、哥伦比亚、巴西、墨西哥、澳大利亚和缅甸等国，这些拥有着地球上富饶的森林的地方都受到了影响。[198]肉类生产在短短 35 年内吞噬了世界上 300 万平方千米的生物多样性最丰富的土地，[199]这几乎相当于印度的国土面积。

到 2050 年，对新农田的总需求——部分由人口增长，部分由生物燃料推动，但主要因人类的饮食统一转向肉类和奶制品——可能会达到 1000 万平方千米，[200]这相当于整个加拿大的面积。除非有所改变，否则大部分扩张将发生在南美洲和撒哈拉以南的非洲地区，危害不仅会席卷热带森林，还会影响湿地、热带草原和季节性林地。人类自以为是地认为自己有权使用地球提供的一切土地来满足我们的饮食需求。

几个世纪的经验告诉我们，对于这个行业来讲，没有什么是安全的。畜牧业已使数百万原住民流离失所，并破坏了数十亿公顷的野生动物栖息地。这个产业的政治力量甚至已经大于其经济影响力，当它敲响保护区的大门时，许多国家的政府已经早早帮它把锁都解开了。

2018 年，巴西成为世界上最大的牛肉出口国。[201]自 2020 年美国解除对巴西生牛肉的禁令（不是出于生态原因，而是出于食品安全考虑）[202]以来，这些肉类的生产极有可能来自被牧场主非法砍伐的热带雨林、被砍伐和烧毁的生态保护区以及原住民保护区。[203]相关部门没有要求将这些肉类标记为产自巴西，就更不用说标记为产自亚马孙了：顾客对这些一无所知。其中一些牛肉被宣传为"牧场喂养"。相信这是一件好事的人，要么永远不会发现，要么往往会忘记这个残酷的真相，牧场是牺牲了森林或大草原而被开辟出来的。[204]

一篇论文研究了如果美国的每个人都听从美食家的建议改为完全食用牧场喂养的牛肉会发生什么。[205]由于以草为食的牛生长速度更慢，所以牛的数量每增加 30 头，用来养活它们的土地面积将需要增加 270%。即使美国砍伐了所有的森林，排干了湿地，浇灌了沙漠并取消了国家公园，仍然需要进口大部分的牛肉。

气候成本也反映了农业的土地成本。生产 1 千克牛肉蛋白释放的温室气体是生产 1 千克豌豆蛋白的 113 倍，是生产 1 千克坚果蛋白的 190 倍。[206] 同样，牧场散养的牛肉和羊肉的影响是最严重的：[207, 208] 根据一项科学评估，散养比集中喂谷物饲养的牛肉对环境造成的影响要严重 3 倍到 4 倍。[209] 这是因为将草转化为蛋白质的效率较低，以及放牧动物的生长速度较慢：它们的寿命越长，从胃里释放出的甲烷和粪便中的一氧化二氮就越多。两者都是强温室气体。[210] 豌豆和坚果对全球变暖的影响要小于鸡肉，而饲养鸡肉比猪肉的影响小，猪肉又比羊肉和牛肉的影响小。[211] 人类如果从富含肉类的饮食转变为完全素食可以减少 60% 的温室气体排放。[212]

世界上超过 1/3 的温室气体排放是食品系统导致的。[213] 其中，大约 70% 来自农业生产，其余来自加工、运输、销售和烹饪。"数据看世界"网站上的一项分析表明，即使今天所有其他部门都不再排放温室气体，到 2100 年，如果我们想避免全球升温超过 1.5℃，那么仅食品生产就会使整个碳预算增加 2 倍到 3 倍。[214] 即使我们不那么野心勃勃，可以接受危险得多的 2℃ 的升高，食品生产方面也将占到几乎全部的碳预算，除非其影响大幅降低。

这些数字仅衡量的是农业释放的气体。但正如它增加了生态机会成本一样，农业也增加了碳机会成本（意思是如果不用于生产，土地可以吸收的二氧化碳量）。如果农业排放的气体可以被视为气候的活期账户，那么土地从大气中去除的碳则可以被视为定期账户。目前这个定期账户几乎长期处于负债状态，因为原本占据土地的生态系统——例如森林、沼泽、天然草原和它们下面结构完整的土壤——往往比取代它们的田地和牧场能够储存更多的碳。所以说在某些情况下，这个账户已经负债累累。

发表在《自然》(Nature)杂志上的一项关于碳机会成本的研究发现，大豆的全球平均成本是生产每千克蛋白质释放 17 千克二氧化碳，而生产 1 千克牛肉蛋白的平均碳机会成本则是惊人的 1250 千克二氧化碳。[215] 牛肉大约 1/4 是蛋白质。因此，如果可以直接比较活期账户和定期账户，那么生产 4 千克牛肉所产生的碳排放量相当于一名乘客乘飞机往返伦敦和纽约产生的碳排放量。

另一篇文章计算出，如果那个让整个世界都转向以植物为基础的饮食的神奇开关被打开，现在被牲畜占据的土地被再野生化，那么恢复后的生态系统从大气中吸收的碳相当于过去 16 年中全球所有的化石燃料的总排放量。[216] 这有可能是我们在阻止全球升温超过 1.5℃ 的攻坚战中取得胜利的关键。

通常，当我提出这个问题时，会有人告诉我，全球碳机会成本数据被拉丁美洲养牛业的极端影响夸大了，世界其他地方的严重程度肯定要低得多。当我质疑这种说法的时候，一份来自联合国粮农组织出具的报告被摆在了我面前。[217] 它的确显示了拉丁美洲生产的牛肉对气候的影响比大多数其他地区的要大得多。但这份报告作者的主张很奇怪，他们说：开荒对气候的影响"仅针对拉丁美洲进行了量化"。并解释说，这是因为在他们进行研究期间，拉丁美洲是唯一发生"显著"牧场扩张的地区。

他们的主张有两个错误。第一个是关于牧场的扩张，当他们在 2013 年撰写这份报告时，牧场扩张就已经是而且到现在仍旧是破坏世界和其他地区环境强有力的原因。[218] 第二个是他们只统计了当时开荒的土地，但为了使整个调查更平衡、更全面，这些数字应包括已被开荒破坏的土地的持续机会成本。我认为忽略这些成本是存在观测偏差的，而科学的论证应该避免这种偏差。仅仅因为在科学家们收集数据时，欧洲和北美等地区的土地已经完成了从野生生态系统向牧场生态系统的转变，并不意味着这种转变没有发生过，也不意味着继续在那里养牛的碳成本可以忽略不计。

2021 年发表的一项更新的研究将这种肉眼可见的谬误推向了一个更显著的极端，该研究声称已建立的养牛牧场的土地使用量（只要它没有被"退化"）应该被评估为零。甚至作者还证明了这一惊人主张的合理性，理由是广阔的养牛牧场占据的土地"不能用于生产其他人类食物"。[219]但该土地可用于恢复野生生物系统，并帮助从大气中吸收碳。

可以理解的是，养牛和养羊的农民对于他们的动物是气候恶化的主要原因这一说法并不满意。他们利用另一种科学方法进行的重新评估来作为反击。2018 年，牛津大学的科学家指出，我们对甲烷在大气中影响的估计是错误的。甲烷是一种强温室气体。人类对于这种温室气体难辞其咎的原因是我们饲养的牛、绵羊和山羊的消化系统。[220]（其他主要来源是石油和天然气的生产、煤矿、垃圾场、种植水稻的稻田和永久冻土的融化）不同于二氧化碳在大气中积累了数百年，甲烷很快就会分解，所以它对全球气温的影响是剧烈但短暂的。

科学家们解释说，在进行计算时，甲烷被误认为是一种蓄积气体。[221]这意味着它的长期影响被夸大了，而在恒定水平持续排放甲烷对气候变暖几乎没有影响。畜牧业者对这一发现兴奋不已，声称这意味着他们饲养的动物对全球供暖的影响被夸大了。[222]但这种重新校准也意味着学术界对减少甲烷的短期影响被低估了。那么只要停止释放温室气体，它对全球气候变暖的影响就会立刻停止。[223]由于我们应对气候恶化的有效行动必须迅速，以防止温度和地球系统跨越关键阈值，这使得减少甲烷的重要性不但不减反而更重要了。[224, 225]

另一个错误的理念是，减少温室气体排放的最佳方法是只吃当地种植的食物。从社会和文化的角度来讲，购买当地食物确实有很好的理由，当地市场可能有助于增强食品系统的模块化和弹性。但对于环境影响来讲，与生产食物时排放的温室气体相比，运输食物时排放的温室气体量微乎其微。[226] 例如，如果您购买牧场饲喂的牛肉或羊肉，运输对其总气候成本的贡献可能在 0.5% 到 2%，[227, 228] 而饲养肉类约占其排放量的 95%（其余是由加工、包装、储存和展示造成的）。将 1 千克干豌豆运送到世界各地 100 次所产生的温室气体排放量与生产 1 千克当地牛肉的温室气体排放量差不多。

空运这种交通方式仅占我们食品总里程的 0.16%：飞机往往只运载最易腐烂和最昂贵的产品，例如贝类、四季豆、甜豌豆、芦笋和蓝莓。[229] 其他食品大都由卡车运输或航运。① 一般来说，当地的反季节水果和蔬菜的碳足迹要远大于从其他国家进口的新鲜农产品的碳足迹：将它们冷藏[230] 或在恒温的温室中种植这些反季蔬果，[231] 所使用的化石燃料要多于卡车运输。如果你专门往返 6.7 千米以上，直接从种植蔬菜的农场购买蔬菜，② 其实平均下来，你通过避免储存、包装、运输到区域所产生的碳成本就相当于你从食品中心订购，然后将蔬菜送到您家门口所节省的所有碳排放量。[232] 这是因为私人汽车旅行使用的燃料比公共交通要多得多。我们对于食物消费方式的改变远没有减少对动物产品的消费，尤其是对牛羊肉的消费所产生的影响大。

因此，即使将牲畜纳入混合耕作系统（同时饲养动物和生产农作物），它们也是生态恶化有力的推手。但近年来，公关战开辟了一条新战线，提出了一个不同的主张：如果以特定方式进行管理，畜牧业可以恢复生物生态并扭转气候恶化的情况。

这种说法在 30 年前被首次提出。之前这种观点一直无人关注，直到 2013 年，生态学家兼津巴布韦牧场主艾伦·萨沃里（Allan Savory）发表了

① 目前运输燃料造成的污染非常严重，但迄今为止这个可以解决的问题还没有受到太多关注。——作者注

② 在英国，逛农家商店已经成为一种主要的消遣方式，人们普遍误认为这是一种更环保的购物方式。——作者注

一个 20 分钟 TED[①] 演讲。[233]他坚称，通过增加在旱地饲养的牛、绵羊和山羊的数量——在一个案例中增加了 400%——并且在"整体管理"的农业系统中使用"计划放牧"，就可以扭转水土流失和沙漠的蔓延，恢复茂密的植被，让野生动物重回栖息地，甚至改变气候变化趋势。他展示了实施整体管理计划放牧前后的对比照片，看起来这些照片为他的主张提供了有力的证据。他的这段演讲现在已经在 TED 网站和油管（YouTube）视频网站上被观看了 1100 万次。[234]好几部纪录片都收录了他的故事，其中就包括由伍迪·哈里森（Woody Harrelson）担当旁白的网飞（Netflix）出品的纪录片《亲吻大地》（*Kiss the Ground*）。[235]

　　我是喜欢艾伦这个人的，当我被诊断出患有癌症时，他给我发了一封亲切的电子邮件。我知道他是真诚的，也愿意相信他说的话。但当我看到他那个著名的演讲时，我注意到他的说法里至少有一点是不可能正确的：他表示，如果我们使用他的方法，"就可以从大气中吸收足够的碳"，从而"将我们带回工业化之前的水平"。

　　自 1750 年以来，大约有 4900 亿吨碳通过化石燃料中被释放出来，有 1900 亿吨碳通过砍伐森林、抽干湿地、耕作土壤和其他类型的土地利用被释放出来。[236]因此，要想将大气中的碳含量恢复到工业化之前的水平，作为草原土壤需要吸收 6800 亿吨大气中的碳。[②]

　　据估计，自农业问世以来，世界范围内的土壤已失去了约 1330 亿吨碳。[237]其中，有 700 亿吨至 900 亿吨碳是从干草原、热带草原和草原中释放出的，即艾伦提到的生态系统。[238]正如伟大的土壤科学家拉坦·拉

---

① TED 指 technology、entertainment、design 在英语中的缩写，即技术、娱乐、设计，该机构以组织的 TED 大会著称，旨在"传播一切值得传播的创意"。——编者注

② 我参考的论文是 9 年前完成的。所以我把总碳排放量按平均排放速率加了进去（大约每年 90 亿吨）。——作者注

尔（Rattan Lal）所提出的那样，从全球生命系统中损失的碳大致相当于这个系统在完美条件下所能吸收的最大量。[239]这意味着草原土壤最多可以从大气中吸收 13% 的工业时代排放的碳。

当然，这仍会对防止气候恶化做出巨大贡献。但理论上可行并不代表实际可行。一项关于通过改变耕作方式来吸收全球碳排放潜力的研究表明，21 世纪的农业土壤最多可以吸收 640 亿吨碳。[240]如果我们再次假设，①这种碳吸收的其中 2/3 发生在干草原、热带草原和草原上，那整体潜力就会下降到 430 亿吨，约占艾伦所说的 6800 亿目标的 6%。

坏消息还没完，因为即使艾伦的系统确实可以使土壤吸收大气中的碳，但这种增益也会被牛、绵羊和山羊及其粪便释放的温室气体——甲烷和一氧化二氮——抵消。一篇基于全球范围内 300 篇论文的综述发现，在理想的情况下，牧场土地的碳吸收量约占土地上动物通过打嗝和排便释放的温室气体的 60%。[241]换句话说，即使我们做出最"慷慨"的假设，放牧也逃脱不了罪责，更不用说扭转历史碳排放了。

更糟糕的是，最近的科学发现对我们一贯认为的将碳储存在土壤中的概念提出了挑战。[242]大而稳定的碳分子（统称为腐殖质）在土壤中长期存在的旧观念似乎已被颠覆。[243]这些碳分子可以被土壤细菌分解，同时，随着温度升高，细菌处理碳的速度会加快，[244]碳从土壤中被释放出来的速度可能比科学家们曾经认为的还要快。[245]现在看来，将碳元素被储存在土壤中视为安全地从大气中吸收了碳，这似乎是个错误的想法（含水土壤中的碳，例如泥沼和沼泽中的泥土，更稳定）。

我打电话给艾伦求证，却发现他的回答缺少佐证、缺乏说服力。[246]他无法向我提供任何支持他演讲中主张的科学论文。但我想确保我没有遗漏任何东西。因此，在《亲吻大地》播出后，我特意抽出一个月的时间来

①　事实上，这项研究表明，牧场只能吸收总量的 40%。——作者注

阅读有关他和其他牧场主正在推广的这个"整体"放牧系统的科学论文。

我发现他所有的主张都存在类似的问题。在少数情况下，与普通放牧相比，使用他的方法对牧场的土壤质量和作物产量的确会有一些改善。[247-250] 但是，正如一篇论文中指出的那样，"绝大多数实验结果并不支持其增强了生态效益"的说法，即使与其他类型的放牧对比也是如此。[251] 通过阅读少数赞同艾伦创办的萨瓦利协会（Savory Institute）主张的论文，也能发现他的系统的表现并不比传统的、经营妥善的系统来得更好。[252] 一项在世界范围对艾伦的"整体计划放牧"系统进行的科学评估表示：平均而言，采用他的方法来"整体计划管理"的牧场和常规管理的牧场之间的作物生长没有差异。[253] 相反，似乎更加证明他的方法会对生态系统造成严重破坏。

在艾伦的 TED 演讲中，将生长在沙漠土壤上的"藻结皮"描述为"导致沙漠化的癌症"。牛群的践踏可以摧毁这种"癌症"，并让茂密的草地在其位置上恢复生长。实际上，这种结皮是一个由细菌、真菌、藻类、苔藓和地衣组成的丰富生态系统，可以防止土壤受到侵蚀并吸收碳和水分。[254, 255] 这些藻结皮十分脆弱，很容易被牛破坏，通常还伴随着对生态系统造成的毁灭性且不可逆的打击，因为入侵的外来植物在藻结皮被破坏后便可以在这片土地上定居，取代本地物种。[256] 艾伦声称的牲畜对它们的践踏摧毁可以改善土壤环境帮助储存碳，但在大多数情况下带给土壤的是压实和侵蚀。[257-259]

艾伦在他的演讲中提倡的那种密集的放牧行为实际上会破坏河岸上的植被，而那恰恰是干旱地区和沙漠中许多物种的重要栖息地。[260] 牲畜从未踏入过的旱地通常比任何类型的牧场所拥有的本土植物种类都要丰富。[261] 一般来讲，确保旱地生态恢复最好的方法就是撤走农场动物。[262-264]

那么他的演讲中展示的照片到底是什么？照片展示了实施整体计划放牧制度后，那些裸露的、被侵蚀的土地奇迹般地恢复了生机：厚厚的草和灌木从裸露的土地上开始涌现，被侵蚀的沟壑又重新充满了土壤。但事实真的如他们所描绘的吗？这些照片要么未标注来源，要么被错误标注，[265]所以真实性很难讲。但其中至少有几个似乎与他所声称的情景相反：生态系统的重生或恢复不是因为引入了牲畜，而是得益于撤走了牲畜。[266]

可悲的是，科学发现并没能阻止世界上一些规模最大的肉类公司在其广告中做出的虚假宣传——使用所谓的草饲牛肉对环境有益。[267, 268]更糟糕的是，一个新生市场的苗头已经发展起来了，[269]微软公司从实施整体计划放牧的牧场那里购买了碳信用额，[270]错误地以为这可以抵消自己企业所造成的碳排放。[271]这笔钱使那些牧场在经济上更自由，但其实可能会加速气候恶化，因为放牧会重新开始使用那些被再野生化的土地。换言之，投资于这些计划的公司忽略了畜牧业的机会成本。这就像从煤矿公司购买碳信用额一样可笑。

尽管对栖息地和野生动物的最大威胁是热带地区的农业扩张，但远北地区的农业扩张也是对气候的巨大威胁之一。北方和北极地区的泥沼质土壤中的碳含量比世界上所有的森林都高。[272]迄今为止，由于气温太低，那里的大部分泥沼土无法进行耕作。但随着北方的气候变暖，多国政府已开始探索开发前沿新农业的潜力。到 2100 年，适合耕种的温度带可能会向北移 900 千米，穿过加拿大阿尔伯塔省（Alberta），然后继续向北推进1200 千米，穿过东西伯利亚。[273]

有论文绘制出了因气候变暖，到 21 世纪第三个 25 年的时候全球可用于耕作的土地范围。它展示了有大约 1500 万平方千米（相当于美国和欧盟面积的总和）地区将变得足够温暖，适宜耕作。[274]其中大部分位于加拿大、美国阿拉斯加、俄罗斯、斯堪的纳维亚半岛（Scandinavia）和中国北部。可怕的是，这些可能的农用土地恰好也是一些世界上碳浓度最高的土壤。万一所有这些土地都被利用，那么可能会释放出 1770 亿吨的碳：相当于目前美国 119 年的二氧化碳排放量总和。

有些科学家认为，即使这些地区的气候可能会变得适合耕种，但这些区域大部分酸性或岩石性的土壤也并不合适耕种。[275] 可能现在看确实是这样，但在 40 年前，亚马孙的大部分地区也被认为是不可能用来耕作的；50 年前，在印度尼西亚的深层泥沼土中种植油棕的想法被认为是荒谬可笑的。但实际上它们都被研究出了可行性而且真的成功实施了。无论如何，俄罗斯[276] 以及加拿大的西北地区[277]、纽芬兰（Newfoundland）和拉布拉多（Labrador）[278] 的政府都在兴高采烈地尝试转移种植区。

活动家、厨师和美食作家都在反对"集约化农业"及其对我们和我们的世界造成的伤害。但问题的关键不在于"集约化"，而在于"农业"。

农业是全世界自然栖息地被破坏的首要原因，[279, 280] 是全球野生动物数量减少的主要原因，[281-283] 也是全球生物灭绝危机的最大推手。[284, 285] 它造成了 21 世纪大约 80%[286] 的森林退化。食品生产（包括商业捕鱼）是全球野生脊椎动物种群数量自 1970 年以来下降了 68% 的主要原因。[287] 在 28000 个已知濒临灭绝的物种中，有 24000 个是由于受到了农业的威胁。[288] 地球上只有 29% 的鸟类是野生物种，其余都是家禽。[289] 仅鸡的质量之和就超过了所有其他鸟类的总和。按重量计算，世界上只有 4% 是野生哺乳动物，剩下的人类占 36%，其余 60% 都是牲畜。[290] 这不是由集约型农业或粗放型农业造成的，而是两者共同形成的灾难。

多年来，关于是追求更密集的集约化耕作以减少所需土地，还是减少耕作以允许野生动物在农田内繁衍生息的争论一直很激烈。这场争论的主题就是"分离还是分享"。

土地分享的问题已经很明确了。世界上绝大多数物种都无法在任何类型的耕地上生存。[291-293] 许多物种只能在未开发的辽阔土地上生活。[294] 所以，我们可以为自然留存的土地越多，越多土地不受耕作或任何其他采掘业的干扰，灭绝的物种就会越少。农业扩张对于全世界的"生物热点"（物种多样性最丰富的地方）的威胁是集约化农业的 10 倍。[295] 预计到 2050 年，农田的持续扩张将危及全球 30% 的物种，而集约化则将危及 7% 的物种。[296]

那么选择土地分离那个方案不就可以了？还是有问题的。如果无法完全隔离开农业和非农业用地，即使是大型保护区也可能只是无效保护。但如果将这些区域完全隔离开，动物不能往返于区域之间，它们就不能躲避环境变化（例如全球变暖）带来的危害，更有可能死于近亲繁殖乃至灭绝。那些看起来健康的种群可能是靠借来的时间过活。[297, 298] 它们的生存可能取决于贯通各个区域之间的走廊和踏板：农场占用的土地可能会阻挡了它们从一个自然保护区去到另一个自然保护区的通道。[299, 300]

如果我们不想重蹈 20 世纪上半叶杀虫剂使用量翻三番的覆辙，那么土地分享就是很必要的。一种替代方法是使用生物控制：鼓励捕食者吃掉攻击作物的害虫。当然，如果我们不把农田分享出来，这些捕食者也是无法生存的。我们需要留下一片片草地、野花、树篱、树林和河岸，让它们可以在其中得到庇护，安全地繁殖。[301] 这同样适用于野生授粉媒介，它们通常在为作物授粉方面比蜜蜂更专业有效。[302-305] 蜜蜂是人们饲养的家畜，像牛和鸡一样，它们同样可以对生态系统造成巨大的破坏，它们会以压倒性的数量打败其他的野生授粉物种。[306, 307] 可以说，生产牛奶和蜂蜜之地也是生态被破坏之地。伟大的昆虫学教授帕特·威尔默（Pat Wilmer）曾经告诉我，引进蜂箱就像"把城市搬到乡村"。虽然蜜蜂可以生活在移动蜂房中，但野生传粉的物种需要更广阔的野外天地。[308, 309]

只追求最集约化耕作形式的另一个问题是效率悖论。正如提高灌溉效率会导致用水量增多一样，提高农业效率也会导致土地使用增多。[310, 311] 这是因为高效农业往往是有利可图的，会吸引资本，资本投资想要进一步增值，所以它占据了更多的土地来达到这个目的。[312] 对动物饲料和生物燃料的需求可以让农业继续扩张，而在每个人都得到满足后，最糟糕的情况可能会发生：大部分地区都开始进行集约化生产。[313]而集约化只有在与保护或恢复野生动物的坚定政治承诺相结合的情况下，才能使野生动物栖息地免于用作耕种。[314]

第四个问题是我在本书第 2 章中谈到过的：集约化农业趋于统一模式。它不知不觉地开始构建起了一个单一的、集成的系统，其节点变得更大，其连接变得更强，其行为开始同步。而高效率却也在威胁着系统面对危机时的弹性。

换句话说，我们似乎被困在了两股势均力敌的危险力量之间：是追求高效率，还是进行进一步扩张？农业既过于集约又过于粗放，需要使用太多的农药、太多的化肥、太多的水和太多的土地。[315]

我认为这个难题其实有一个显而易见的解决方案，那就是让每个人都采用以植物为主的饮食。如果我们停止食用动物产品，就可以降低剩余耕地的生产强度，在我们的农业系统中重新引入冗余、模块化、备份和断路器，并为野生动物创造自由来往于各个区域的通道和踏板。

但是，虽然全球素食主义者的数量一直在攀升，但他们主要生活在富裕国家，而且这种转变远不及全球肉食的兴起。如果没有更好的动物产品替代品（这种替代品需要比它们要替代的食品更便宜而且可以"以假乱真"），也没有刻意鼓励素食的政策，那么，在 21 世纪上半叶，世界上只有少数几个小角落里肉食消费的逐渐减少并不意味着畜牧业就有望被缩减。我在接下来的章节中会提到，这种转变必须是有意而为的，它不会偶然发生。即使这种转变可以被催化，出于本章和前一章探讨的所有原因，我们也需要从根本上改变现行的种植作物的方式。

那么我们如何解决这个困境呢？我们如何确保在耕作变得不那么密集和粗放的同时又确保每个人都能吃饱？随着世界某些地区的条件对农业不再那么有利，我们今后该如何满足对粮食的需求？我们如何在不导致系统性崩溃的情况下完成这一切？

在本书的剩余章节，我将跟随着杰出人物的脚步来探究这些问题的答案。在这趟探索的旅途中，我遇到了创造出了革命性水果和蔬菜种植系统的先驱，该系统设法与野生动物共享土地，并在不降低产量的情况下保护土壤；换句话说，它不会导致农业扩张。我关注到一些农民和研究人员在不同程度上成功尝试种植不同谷物和谷类作物，这些作物可以在不破坏维系我们生命系统的情况下养活每个人。我见识到了一些科学家们正在开发生产蛋白质和脂肪的全新方法，这使得我们对环境的影响有机会降到最小，从而创造出可能改变我们与生物世界关系的新美食。这些人在某些方面提出的问题与他们需要解决的问题一样多，但他们的实验让我们能够阐释原理，帮助我们撬开这些陷阱的嘴巴，同时也暴露出研究和实践中迫切需要填补的一些巨大空白。

在不完美的世界里没有完美的解决方案。随着时间的流逝，我们有机会做出的行为和可能得出的答案会变得更加矛盾。即便如此，我认为天无绝人之路，尽管听起来不太可能，但我们可以期待用更少的耕作来生产出更多的食物。

第 4 章
硕果累累

"这种土可以奏乐的。"托利（Tolly）说。

当他用泥铲敲燧石时，清脆的音符响彻山谷："你听，就像这样。随着犁地的进行，声音会变得越来越响亮。"

我的手抚过那些形状怪异的、看起来很像各种动物的燧石，它们有些像骨头和鹿角，有些像弯曲的手指和紧握的拳头，有些已经裂开，露出了玻璃般剔透的内部。把它们捡起来时要小心，因为很容易被割伤。我在山顶的古老城堡的城墙上，在下方河流的鱼梁旁，在大房子所在的制高点上，都发现了加工过的燧石。这些燧石被打造成了刀子、箭头、刮刀和矛尖，它们的年代看起来大概是从旧石器时代初期（Lower Palaeolithic）到新石器时代晚期（Upper Neolithic）。[1]证明人类在这片土地上已经生活了数十万年。燧石中有一些是看起来像老土豆的棕褐色石英岩块，是从这里以北的冰川口漏下来的：曾经贯穿了英国北方的白色矿脉，经过风化和氧化，成为最后一层岩心。当地人把这些岩块当鹅卵石用。

在我们头顶的树篱中，一只黑冠莺一边唱着动听的歌曲，一边随着律动摇摆着。

"传统种植者不会对这片土地感兴趣。这里 40% 的土地都是石头，被

101

称为建筑碎石区。在战争期间，有人在这里种植土豆。当我到这儿的时候，这里已经什么都没有了。这片土地上所有有价值的东西都被夺走了，而没人给它带来什么。这就是为什么我能够得到它，如果这儿土壤肥沃，那就轮不到我了。"

一道阴影落在我们身上。我抬头一看，就在头顶上方几米的地方，一只鸢正盯着我看。

"有些时候，当我犁地时，会有40来只鸢鸟飞来捉虫子。它们会俯冲下来，甚至都不需要接触地面就能把虫子从土壤中衔出来。一旦鸢鸟开始活动，苍鹰就会从树上飞下来加入它们的行列。鹡鸰飞来飞去，专心捕捉线虫，完全不受其他鸟的影响。

"这片土地对于农用机械来说也很粗糙，你用手就能感觉得出来。它甚至不属于可耕地，农学家会说只有草或树能在这生长。^①但单单是过去的12个月里，我们就在这片土地上收获了120吨蔬菜和水果。"

33年来，伊恩·托赫斯特（Iain Tolhurst）——我一直叫他托利，一直坚持在不使用杀虫剂、除草剂、矿物处理剂、动物粪便或任何其他肥料的情况下，耕种这占地7公顷的建筑碎石地。他开创了一种新型的种植蔬菜和水果的方法，他称为"无畜有机化"（stock-free organic）。这意味着他在农业周期的整个过程中都不饲养牲畜或使用任何畜产品，也包括人造添加剂。在他证实这种农业模式可行之前，这一直被认为是一种将肥力从土地中夺走并会破坏土地生产力的做法。尤其是蔬菜，一直被认为是需要吸收大量营养才能丰收的作物。然而，托利虽然没有使用任何额外的添加，但产量确实提高了，甚至提高到了集约化种植者在肥沃土地上使用人造肥料所达到的最低产量：这一成就获得了广泛认可，但依旧被认为是不现实的。同时，托利的做法还导致了更惊人的事情发生：这些土壤的肥力甚至还在

---

① 被归为3b级耕地。——作者注

稳步攀升。

与此同时，种类繁多的野生动物又回到了他的农场所在的栖息地。经过多年的反复试验，他几乎单枪匹马地开发了一种全新的革命性园艺模式。

我不相信魔法。所以我就是来看看他到底使了什么把戏。

托利是个 60 多岁的大个子，看上去身体硬朗，皮肤明显能看出经受了长期的腐蚀和风化而变得很粗糙，他长着宽厚的下巴，留着金色的长发，戴着一只金耳环，双手沾满了泥土和油。他在没有受过培训或指导的情况下开始耕种，甚至没有土地——由于他并非出身农家，所以也没有拥有土地的途径。他曾像自己的父亲一样是一名木工，在布里斯托尔（Bristol）长大，说话的口音里带着那个城市特有的长元音和轻柔的辅音。

"我在一座小房子里长大，有一个花园。我妈妈在花园里种花。她认为只有非常贫穷的人才会在花园里种菜，她内心一直渴望着过更好的生活。后来一位邻居给了我几株草莓苗，我对它们繁殖的方式很着迷。是我的祖父的鼓励，使我对园艺产生了兴趣。

"待在学校让我觉得无聊到想哭。我只想出去，我唯一喜欢做的事就是做木工。老实说，我是个调皮的孩子，所以我猜应该没有人为我 15 岁就离开学校而感到惋惜。

"我出去游历了一年，搭便车去了苏格兰，到处闲逛。然后去了位于法尔茅斯（Falmouth）的学校，作为学徒学习制作船只的细木工手艺。但我一直想过在户外的生活，学校真的不适合我。"

上了一年大学后，17 岁的托利遇到了林（Lin）。林和他一样精力充沛、喜欢冒险，随时准备迎接生活带来的任何挑战。她是锡利群岛人（Scillonian），在一艘开往岛上医院的船上出生。

"我退学并和她一起回到了特雷斯科（Tresco），这是一个只有 180 人居住的小岛。我学会了开车，在那里的农场工作，采摘水仙花之类的。但我最终还是做回了木工，并以此为生。我和林的父亲一起工作，他是一名泥瓦匠，负责翻修岛上的老修道院。"

　　托利和林在 19 岁时结婚，并搬回布里斯托尔，在那里，托利与父亲一起从事了一年左右的建筑工作。20 岁时，林和托利有了他们的第一个孩子，但不久之后，他工作的公司倒闭了，托利没有了工作。"我们经济上遇到了困难，最后在萨默塞特（Somerset）的一所农舍里非法住了下来。接着我们被驱逐了，又住在了别的地方，但又被赶了出去。"

　　无奈之下，他在米尔顿凯恩斯（Milton Keynes）附近的一家奶牛场找到了一份工作。

　　"不久之后，我开始质疑我正在做的事情。我对奶牛的健康状况以及土壤状况都不满意。当我听说了这就是所谓有机农业后，我意识到它并不应该是这样的。我们在自己家的大花园里种草莓，然后卖给当地的农场。渐渐的，我们存了一些钱，在康沃尔（Cornwall）买了一片荒地来建立起一个有机蔬菜农场，占地 5 英亩（1 英亩 ≈ 0.4047 公顷），花费了 6500 英镑。现在听起来好像不多，但在 1975 年，这已经相当于我一年多的工资了。这个农场坐落在康沃尔郡一个非常荒凉的地方，在圣奥斯特尔（St. Austell）上方，位于黏土区。

　　"我们当时很天真，没有房子，没有基础设施，也没有计划，只有这块地和它自带的一汪泉水以及停着的大篷车。我们带着两个孩子在没通电的大篷车里住了 7 年。

　　"我们在那片土地上待了将近 10 年时间。后来我们用花岗岩和木材盖了一座房子，开了一家农家商店，主要卖草莓。那片土地因为不够肥沃所以无法用来种植蔬菜。我会接一些零零碎碎的木工活来补贴家用。最终，我们将房子和农场作为经营中的生意卖掉，赚了很多钱。

　　"到了 1987 年，我们买了块更好的地，然后借钱在那里盖了房子。我们有了运转良好的园艺业务，我们的草莓作物在整个欧洲地区都有销售。但是在建房的中途，经济崩溃了，我们陷入了负资产状态，不得不把所有东西都抵给银行。

"接着我们带着几百英镑来到这里，不得不重新开始。但损失的只有钱，至少我们还都年轻力壮。"

托利随后开始在哈德威克庄园（Hardwick Estate）生活和工作，这里能俯瞰奇尔特恩悬崖（Chiltern escarpment）脚下的泰晤士河（River Thames）。该庄园的所有人是朱利安·罗斯（Julian Rose）爵士，他是一位留着整齐胡须，如艾洛尔·弗林（Errol Flynn）般风度翩翩的演员。庄园是由他的曾祖父查尔斯·罗斯（Charles Rose）爵士买下的，查尔斯·罗斯爵士是一位养马爱好者、游艇爱好者、汽车爱好者、冒险家和花花公子，据说他就是《柳林风声》（*The Wind in the Willow*）主角的原型，因为刚好这本书的作者肯尼斯·格雷厄姆（Kenneth Grahame）时不时会参加查尔斯爵士的家庭聚会。[2]朱利安爵士没想到会继承遗产，但他的哥哥意外死于一场赛车事故，于是他在 1966 年接手了这个当时混乱不堪的庄园。他决定用这个庄园来尝试构建一个繁荣的农业社区。他将土地以低价租给那些准备住在那里并自己耕作的人。他本人后来也成为有机农业的有力倡导者，因将一头奶牛带到伦敦抗议政府禁止出售未经高温消毒的牛奶的行为而闻名。[3]

托利和林租了两块地，还有围墙花园和一个门楼。托利告诉我："那时林和我相处得不太好。我还有一个女朋友，过着双面生活。但即使在我们离婚后，仍旧在一起工作。她和孩子们住在门楼里，我搬进了后面的车间。我们一直都很亲密，也一直在一起工作。我娶了塔玛拉（Tamara）后，人们会开玩笑说我有两个妻子。

"我就是在这片田野的入口处第一次见到塔玛拉的。"他指了指郁郁葱葱的树篱之间的开口，"她带着 15 个农民从摩尔多瓦（Moldova）来到这里。我以前从没听说过摩尔多瓦这个地方。她是一名生物老师，但是苏联解体了，摩尔多瓦一夜之间独立后，她就没工作了。她先是靠走私吸尘器到罗马尼亚为生，然后她在一家英国的慈善机构找到了一份工作，她的工作就是将农民召集在一起寻找种植粮食的新方法。

"我带他们去农场散步。塔玛拉是小组的负责人，也靠她进行翻译，因为官方委派的翻译不熟悉农业术语。

"后来我接到一个电话，他们对在我这里看到的东西很感兴趣，想要付钱让我去进行指导。问我可以去摩尔多瓦指导那里的农民吗？

"塔玛拉非常棒，她安排我去见了所有的部长和其他高层。我们成了好朋友，但我当时并没有进一步的动作。大约 3 个月后，我又收到了一份邀请函，请我为摩尔多瓦制定国家有机标准。临近周末时，她问我是否想多待段时间，提议我们可以坐火车去罗马尼亚。我知道这意味着什么，于是我换了票。这是我做过的最浪漫的事。我们结婚后，她也搬来了这里。

"林对于塔玛拉的到来也非常高兴，她努力让塔玛拉有种宾至如归的感觉。我们 3 个人共同经营农场，成了一个非常棒的团队。林是繁育方面的天才。塔玛拉是摩尔多瓦第一个获得奖学金在美国攻读工商管理学硕士（MBA）学位的人，她经营着企业，并用出售剩下的菜做成腌菜。我的女儿吉娜（Gena）经营着农家商店。我非常幸运地能和她们一起工作。但 18 个月前，林在围墙花园里晕倒了，直到最后一刻我都守在她身边。林的去世对我们所有人都是毁灭性的打击。"

托利望向山谷对面，远处的河流正在闪闪发光。

"我有一个管道系统的问题要解决，你可以在这待一下。几小时后来围墙花园见我。"

我站着的这片犁过的土地旁边有一条野花带，几乎与田地一样宽。数百只有着大理石纹路的白色蝴蝶，挥动着带棋盘格图案的翅膀，在风中翩翩起舞，它们试图落在菊苣花、紫色的矢车菊和黄色的仙鹤草上。当我走近时，蚱蜢从花茎上跳了下来。为了看看托利的土地上都生活着什么，我解开包里的折叠捕虫网，就从这儿开始调查。

第一次挥动网，我就抓到了一群小盲蝽（capsid bug）。它们的背上有美丽的山毛榉棕色和绿色纹理。[①] 网里还有一只有着红眼睛，长着斑马纹翅膀的蓟瘿蝇[②] 和一只有着黄蜂般鲜亮颜色的毛梳蜂（wool carder bee）。再来一网，我抓到了一只小叶蜂[③]、一只红色豆娘（damselfly）和一只小古铜色隧蜂[④]，这让我很兴奋，因为这都是以前我从未亲眼见过的（但我认识）的品种。我发现一只狼蛛正在吃它刚抓到的牛眼花上的甲虫。我看着一只苍白的骷髅盗蝇[⑤] 像幽灵直升机一样缓慢地飞行，从植物上捉走蚜虫（aphid）。一只腿上有着黄色条纹和不断抽动的触角的巨大姬蜂[⑥] 在树叶间徘徊，寻找可供它们在其中产卵的毛毛虫。红尾大黄蜂（bumblebee）在琉璃苣花丛中蹒跚而行。

矢车菊上突然升起了一抹绿色。我顺着追了上去，直到离得足够近，才认出那是一只深绿色的豹纹蝶（fritillary），我已经有好几年没见过这种蝴蝶了。

到处都有飞蛾从草丛中飞起。我数了数，应该是有 12 种蜜蜂。有食蚜（hoverfly）和大蚊（cranefly）、黄蜂和花萤（soldier beetle）、草蛉（lacewing）和盾蝽（shield bug）。我敢说在英国的其他任何地方都很难见到如此种类繁多的昆虫。

托利的两块田地上每隔 25 米就有这样的花堤穿过，上面长满了车前草

---

① 纤盲蝽属（stenotus binotatus）——作者注
② 蓟瘿蝇（urophora cardui）——作者注
③ 叶蜂（arge ustulata）——作者注
④ 山地隧蜂（halictus tumulorum）或者杂隧蜂（halictus confusus）——作者注
⑤ 细腹食虫虻属（leptogaster cylindrica）——作者注
⑥ 棘钝姬蜂（amblyteles amatorius）——作者注

（ribwort plantain）、百脉根（birdsfoot trefoil）、黑苜蓿（black medick）、血红老鹳草（bloody cranesbill）、篷子菜（bedstraw）、南茼蒿（corn marigold）、夏枯草（self-heal）、蓍草（yarrow）、委陵菜（cinquefoil）、野胡萝卜、剪秋萝（campion）和开着奇怪鲜红花朵的麦仙翁（corncockle），其柔软的花瓣从一圈匕首状的花蕊中展开。研究托利农田的科学家们已经记录下了75种野花，其中一些是他播种的，还有一些是自生的。[4]

在种类繁多的鲜花之间的耕地中种植着令人印象深刻的农作物。一块是蓝雾色的洋葱植物，另一块是绿色的海洋：还没成熟的花椰菜、卷心菜和几种羽衣甘蓝。有几行彩虹色的甜菜，有着金色、绿色、白色和深红色的茎。胡萝卜才刚刚开始成长，芦笋再不收割就要老了。蚕豆荚开始在紧密的花柱上发芽。甜玉米和四季豆一行行交错生长。土豆正值花期，空气中弥漫着花朵香甜的味道。相比之下，龙葵显得阴森森的，花蕊像一根根黄色的刺。南瓜植物的生产线都印有种子公司的企业标志：秋冠南瓜（Autumn Crown）、灯笼杰克南瓜（Jack O'Lantern）、奶油南瓜（Butternut Hunter）、蓝色芭蕾南瓜（Blue Ballet）。

草莓的收获季已经过去了，剩下的大部分果实在田里都变软了，被鸟啄食了。但我发现了一些仍旧甜美而坚实的果实，与超市里的草莓不同，这两者就像土豆和桃子的不同软硬度一样。

一群鸢鸟在田野顶角的小树林上方的空中扭打嘶鸣着，从背光的角度来看它们是黑压压一片，当它们俯冲时，以树为背景才能看出是姜黄色和灰色的。我正看着它们时，一只鸽子飞过。一只雀鹰跟着飞了出去，向鸽子猛扑过去，但没抓到，就又回到了树林里。

在我看来，这似乎是解决节约土地分享难题的最好例证。这片土地上的高高的树篱和小树林、成片的花海和成排的树木，将河漫滩抬升到与悬在上面的山毛榉林和白垩低地同一高度并连接起来。自从托利开始在这里工作以来，仓鸮（barn owl）、苍鹰、夜莺、翠鸟、臭鼬、水鼠、兰花和其他意想不到的野花^①已经回归到这片土地上，这证明了它称职地充当了区域间的通道及踏板的功能，它使野生物种能够迁徙并在这片土地上安顿下来。同时，丰富的物种也没有牺牲土地的生产力。正如托利后来向我解释的那样，野生动植物对土地生产能力至关重要。

我经过查尔斯爵士的种马场，他在 19 世纪末到 20 世纪初饲养了一批著名的赛马。裹着毯子的纯种马仍然在修剪整齐的围场里吃草。当我在长长的车道上拐弯时，哈德威克庄园杂乱无章的都铎式屋顶和烟囱映入了眼帘。正如肯尼斯·格雷厄姆书中所描述的蟾宫，它是"一座漂亮、庄严的红砖老房子，修剪整齐的草坪一直延伸到水边"。在小说《一位女士的画像》（*The Portrait of a Lady*）的第一章中，另一位拜访过庄园的客人亨利·詹姆斯（Henry James）描述它"红砖砌成的长山墙正面，时间和天气在它的外观上玩了各种花样，然而，只让它变得更完美了"。

古老的厨房花园坐落在一堵由燧石和饼干砖砌成的高墙内，几乎没有巨大的扶壁支撑，无花果树和杏树、一棵硬皮的老梨树、葡萄藤、泰莓（tayberry）、罗甘莓（loganberry）、蜀葵（hollyhock）和大黄（thubarb）生长其中。花园里的庄稼长得比田里的还要茂密。托利后来向我解释说，花园是手工耕作的，田地是用古老的拖拉机耕作的。机械在成排的植物之间需要更多的空间，这也是体力劳动效率更高的原因之一。但体力劳动也更加昂贵。在任何园艺系统中，产量和利润都是处于微妙平衡状态的。

在开阔的花坛里，花菜豆卷着竹竿，西葫芦挤在喇叭花后面，春甘蓝长出卷曲的叶子。有成束的洋葱、球茎甘蓝（kohlrabi）、花茎甘蓝（calabrese）、胡萝卜和羽衣甘蓝。生菜长得很密实，密到连地面都被遮得严严实实。在有些坑道里，大串的西红柿正在成熟，形态各异，很难相信它们都是同一种东西：平底有淤青的、小小颗的、梨形的，炸弹形的、球

---

① 　如圆叶蕨（round-leave fluellen）和野茜草（field madder）。——作者注

体的和圆柱体的。旁边种着欧芹、绿色和紫色的罗勒、小芹菜和小葱，还有几种甜椒。黄瓜的卷须弯弯曲曲的，呈螺旋状。就像他田里的庄稼一样，这些作物都没有受到虫害的迹象：叶子颜色深，叶片宽大，几乎没有一个洞或一个斑点。尤其是在知道托利不使用杀虫剂，同时他的农场里又生活着如此大量的昆虫时，这实在太惊人了！

在一个繁殖棚里，最后一些植物正翘首以待地被移到户外：西兰花、新西兰波菜、瓦尔米恩生菜（valmaine①）和罗马生菜（lollo rosso）。一英寸（约为 0.25 米）的地方都没有浪费，小路的边缘种满了野草木樨、金盏花、蓍草和矢车菊，而荨麻则散布在多个隧道周围。正如托利向我解释的那样，荨麻对他来说和蔬菜一样有价值。

我及时赶到了"圣诞马槽会议"，这是上午的会议，在花园里的帆布凉亭下举行。"圣诞马槽"这个名字是林从康沃尔带来的，在那里，锡矿工人们用它来表示他们早晨的休息时间。而林也正是在那时倒下并离开了他们的。

托利开会时，我开始意识到他做着多么复杂而烦琐的工作。桌旁还有 6 个人，在这几个高峰月份，他总共雇用了 12 个人。在每个夏日，都可能有 20 ~ 30 种作物需要得到照顾：繁殖、播种、浇水、除草、收割。每年，托利的团队必须播种 350 次，因为大多数蔬菜作物只需 3 周就能采摘。相隔数周多次播种，可延长收获季节。相比之下，一个使用传统耕作方法的农民一年可能只播种 3 次。托利的地里种植了约 100 种蔬菜，在他的农场商店里出售，并向附近城镇的每周蔬菜盒的订阅者出售。"我们种的是青豆、黄豆、紫豆、圆豆、扁豆，所以蔬菜盒的内容每周都不重样。"但品种多样意味着更多的工作。

托利的脑海里有一张展开的绘制着这片土地的地图，随着作物的种植或收获以及天气带来的惊喜，再加上他每天进行的工作，这张地图会不断

---

① 生菜品种，一般用于制作凯撒沙拉。——译者注

地进行调整。

"我们今天打算种西兰花、豆类和生菜，但土壤太湿了。我们需要对这些豆子做点什么，否则它们会互相挤着生长。"

托利解释说，问题出在挖掘播种的洞上。他们通常使用的工具——球茎播种机——在土壤潮湿时会推着土壤，形成薄厚不均的土堆，影响豆子根部的生长。

团队讨论了一下这个问题，然后决定用泥铲来代替播种机。"这需要更多时间，但只有 150 株植物，所以情况还不算太糟。生菜可以等到星期一。它们植株很大，没问题的。那里有一托盘芹菜，差点被当成欧芹种了。我会把它拿出来的。"托利在他的剪贴板上画了一张图表，以指示出它的归宿。

"有羽衣甘蓝可以摘吗？"

"有一点。"

"你尽可能多摘些，克里斯，因为我们的商店里缺货好几周了。所有最好的东西都装在盒子里了。葱呢？"

"摘一些了。"

"因为下雨，生菜卖不出去。甘蓝和芜菁目前长得很好。大黄呢？"

"差不多了。有 300 棵要栽种下去。"

会议就这样继续下去，涉及了几十个任务。他们谈论这些植物时，就好像是他们的客户一样，每个都需要根据特性得到尽心尽力的服务。

我看着工人们重新回到花园里。一个女人用耙子松土，另一个人用旋转筛把堆肥撒在种洞里；一个男人拔出小葱，散发的气味直冲鼻腔，弥漫了整个花园；另一个人收集草莓的匍匐茎苗种去进行进一步的繁育。还有两名工人架起一根杆子，让新长出的豆子爬上去。

尽管我有好多问题，但可以看出托利很忙，所以我提议在他不太忙的时候再来请教。

"就没有不忙的时候。来，上面包车，我带你回田里。"

当我们站在一片蚕豆田中间时，我问他为什么蚕豆上没有黑蝇（一种蚜虫）。我种的蚕豆都被这些害虫杀死了。

"嗯，重要的是让害虫在冬天保持活力。"

"你是说捕食者？"

"不，我是说害虫。"

"不好意思，我没听错吧？你是说让害虫活着？"

托利笑了："你让害虫都死掉了，那以它们为生的捕食者该怎么活？"

他接下来说的话更让我吃惊。

"不仅是捕食者需要那些害虫，我们也需要。它们是整个系统的重要组成部分。它们可以指示出问题所在。如果你的作物受到攻击，那是因为存在潜在的问题。如果我看到害虫，首先想到的不是作物出了什么问题，而是会反思我做错了什么。如果你什么都没做错，植物会自己保护自己的。"

他说的话让我想到了植物是如何利用外部"肠道"中的细菌来启动免疫系统，以及它们是如何向地下捕食者发送信号的。

"在传统园艺中，"托利继续说，"蚜虫的出现，通常是因为土壤不健康。如果你使用氮——无论是有机氮还是化学氮——都会助长蚜虫的气焰，因为它们喜欢氮。但如果你的土壤健康，就不会有问题，因为有很多物种都以蚜虫为食，比如食虻、草蛉、瓢虫、食蚜瘿蚊（aphid midge）。如果我是蚜虫，生活在这样的环境中肯定会很苦恼的，简直是危机四伏。

"所以害虫对我们来说根本不成问题。每次一有新的有害物种出现，整个行业就都会陷入恐慌。比如葱谷蛾（leek moth）在八九年前随着全球变暖向北移动来到这里。它们在第一年的确给我们造成了一些损失，但第二年就少了，到第四年它们已经完全消失了。因为我们园子里的众多捕食者之一一定已经习惯了与它们打交道，有可能是寄生蜂（parasitic wasp）。但对于实施传统种植的人来说，它们可能永远不会消失。如果现在我们被告知有葱谷蛾正在来这搞破坏的路上，别的种植者都会被吓坏的。但我只是会想，'哦，是吗？'在一个运行良好的平衡系统里，它们无利可图。

"蛞蝓（slug）也不是问题，因为我们有很多步行虫（ground beetle）。它们吃蛞蝓的卵和蛞蝓幼虫。你永远无法消灭害虫——这是不可能的。所以你要试着与它们合作，而不是站在它们的对立面。我们唯一的问题是鸽子和獾，因为我还没有找到能控制它们的昆虫。"

生长在作物之间的大量花卉也许可以解释托利在控制害虫方面的成功。多项研究表明，野生花朵的多样性越高，它们所在栖息地的有益昆虫的种类和数量就越大。[5-7] 捕食者的多样性和数量越多，它们可攻击的害虫范围就越广。

每当托利耕种一块土地时，实际上是消灭了一小块沙漠。但因为他耕种的每一块土地都被花朵包围，这些昆虫就有了避难所，它们就可以在农作物上定居、生长。

"其他农民问我怎么舍得浪费这么多土地，我回答：'我怎么能不这么做？'他们将花朵占用的土地视为生产损失。但实际上并不是，这也是一种收获，而且还帮助我们提高了总产量。

"生物多样性必须是一系列完整的行动，其中任何一环都不可或缺。这不是你光抓住其中一部分做好就行的。生物多样性是农场的驱动力。如果有人问我种的什么，我会说'生物多样性'，蔬菜只是副产品。

"人们看着坑道周围的荨麻，心想'真是一团糟'！但这些荨麻让蚜虫存活，而蚜虫让瓢虫存活。一旦我们需要它们，它们就生活在作物上，随叫随到。如果你现在看看这些坑道里的作物，就会发现几乎每片叶子上都有瓢虫。"

后来我了解到，托利决定在他的花带里主要播种本地野生植物的种子，这从园艺角度来看是十分合理的。本地生植物往往会支持更广泛的捕食者和更少的作物害虫，而非本地生植物则正相反。[8]要使托利的系统发挥作用，它必须与全球标准农场的准则相悖，而与当地的生态相匹配。

现在我明白了托利是如何设法避免使用杀虫剂的。但我还是不明白，他是怎么做到不使用化肥的。这种行为似乎违背了我所学到的关于农业和种植的一切原则。对化肥的需求——无论是加工的成品还是动物粪便——像我在第3章中讨论过的一样，都导致了太多的灾难，但又没办法做到完全不使用它。像其他农民一样，托利种植的水果和蔬菜是从这片土地的土壤里获得的养分。那么，随着时间的推移，土壤不是肯定会变得更贫瘠吗？

"你会这么想的，不是吗？多年来，我自己也这么认为。但我发现，我们施肥，然后真正作用到作物上的矿物质含量其实很低。事实证明，种植作物并不需要提供那么大量的营养——你只需要在正确的时间在正确的地方使用它们。为此，你需要了解合适的土壤生物学。

"农场系统中最大的损失通常都是由土壤渗漏造成的。不仅是因为土壤受到侵蚀，还因为水向侧面或下面流动，带走了养分。这是一块非常容易发生渗漏的土地，这里的水都是垂直流过的。如果你让它表面就那么光秃秃的，那么它来年春天就不会长出任何东西。所以首先你必须要让这个系统不透水——做到真正的防水。这意味着在冬天使用植物来维持土壤营养，保持一定的土壤覆盖率是良好管理的首要原则。所以你要保证总有一些东西在地里长着，要么是庄稼，要么是绿肥。"

绿肥是一个令人困惑的术语，因为我们认为肥料是一种施用于土地的东西。它的意思是在作物收获后种植的植物，它不是为了食用，而是为了维持或提高土壤的肥力。托利的两块田地分别被分成7个面积约两英亩的地块，中间被花带隔开。每两英亩就代表他轮作面积的1/7。

他带我走到那边。

第一块看起来有点像是他的花圃。那是一片色彩斑斓的灌木丛：蓝色的菊苣花、深红色的三叶草、黄色的草木樨和百脉根、淡紫色的钟穗花（phacelia）和苜蓿、粉红色的红豆草（sainfoin）。这些都是绿肥，是在轮作的头两年用来覆盖土壤的植物。托利解释说，这些花的长根，尤其是菊苣——可能深入到地下 1.5 米左右——可以从底土中吸取养分。[9]豆科植物的成员——三叶草、草木樨、百脉根、苜蓿和红豆草——在根部的结节中藏着细菌，可以将空气中的氮转化为植物可以使用的形式。每隔一段时间，托利就会用割草机将这块地上的花朵变为割草留在地表。蚯蚓会将其拉入土壤并确保它们被分解融入土壤。

"我们的想法是通过植物把我们消耗的碳和矿物质等量地还给土壤。

"一些绿肥可以建立土地的肥力基础，而另一些绿肥——比如越冬的植物——则是用来维持肥力、保证养分的。绿肥下面还有绿肥。你现在看不到它，但在这下面有白三叶草。一旦我们剪下了较大的植物，它就会开花，蜜蜂就会趋之若鹜。

"其他种植者看到我正在做的事情，都会不禁冒出一身冷汗。直到花落，种子已经成熟之前，我们都不会修剪这些植物。鸟儿吃了一些，其余的都落入土壤中。很少有人会喜欢他们的土壤里形形色色什么种子都有的这种情况。他们认为杂草是有害的，并且想要消灭它们。但如果土壤肥沃且健康，在作物生命中的许多阶段与杂草竞争根本不成问题。它们作为作物的底层植被，保持了土壤覆盖。完全消灭杂草是不可能的，也是不可取的。

"绿肥是整个系统的关键。它结合养分、固定氮、增加碳并增强土壤生物的多样性。播种的植物种类越多，滋生的细菌和真菌就越多。每一种植物都有自己的关系网。因此，我们培养的不仅仅是地上的生物多样性，也是地下的生物多样性。根系是保持和构建土壤生态的黏合剂。

"在这里施完绿肥后，我们就种土豆。收获后我们会再次种绿肥，以在冬天保证土壤被覆盖，然后是卷心菜、西兰花、羽衣甘蓝、花椰菜、大豆。

当土壤状况良好时，就是轮作的时间点，卷心菜家族喜欢肥力足的土地。所以我们也在它们下面种植绿肥，比如黑麦或白三叶草和百脉根。

"第五年是洋葱和韭葱，黑麦、燕麦和野豌豆（vetch）在共同生长，在种植作物的同时保持土壤覆盖率并提高肥力。第六年，随着土壤肥力再次开始下降，我们种植了胡萝卜、甜菜根、欧洲防风草（parsnip）和块根芹（celeriac）。块根作物不需要很多营养，所以我们让一些杂草在它们中间一起生长。

"现在是第七年。"

我们已经走到了南瓜地。

"你可以看到绿肥幼苗是如何在南瓜下面生长的。我们让南瓜先长几周，然后播下绿肥种子。是我开创的这项技术，人们认为我肯定是疯了，居然将杂草引入作物生长区。但是如果你把握好时机，南瓜的叶子可以遮住杂草并防止它们长得过大。到8月下旬，随着南瓜的枯萎，绿肥已经长好了，并在冬天到来之前长到足以覆盖土壤的程度。然后我们的耕作模式又回到了第一年，重复这个循环。"

和往常一样，托利算了一笔账。在364周（7年）中，在作物之间或作物下生长的绿肥能够覆盖土壤234周。在整个轮作周期中，他的土壤只有几天是完全裸露着的。

托利种植的作物种类繁多，可能是对害虫的进一步防御，因为没有一种专门攻击特定蔬菜的昆虫可以在使用这种轮作方式的田里长时间地繁殖或广泛传播。他的方法还阻碍了杂草的入侵：一项科学评估表明，在像他这样的复杂轮作中，杂草量减少了49%。[10] 由于不同的作物在不同的时间被播种和收获，并以不同的方式与野生植物竞争，杂草种类无法轻易地适应轮换的一个阶段到下一个阶段。[11]

"从土壤的角度来看，我们的种植并不是最理想的。当我们耕种时，仍旧会破坏土壤结构并损害其生物多样性。与耕作相比，园艺对土壤的要求要高得多。我们每年可能会使用10～15次拖拉机，每次都会造成一些损坏。

所以这是一个剥削和再生的循环：破坏它，然后进行弥补，再破坏，再弥补。我们不深耕，也不翻土，7 年里我们只耕作 3 年。当然，如果我可以不用耕地就能生产食物，那我一定会尝试的。"

托利带我来到土豆地，把其中一株植物用一把叉子掀了起来，底下露出了一簇黄澄澄的土豆。

"看，一株能产 12 个土豆。今年我们的收成好得惊人。气温高，阳光充足。说起来，阳光比之前任何时候都充足。

"这儿的土壤呈石质、碱性、干燥的特性——可以说完全不适合种土豆，但我们依旧可以让它发挥作用。看看这成果。"

他挖了一把棕色的泥土，看起来像巧克力蛋糕一样浓郁。他的手掌和泥土仿佛融为一体，很难分辨出哪里是手掌，哪里是泥土。

"就在 12 周前，我们施了绿肥。你现在根本看不到它，因为它已经完全分解为腐殖质了。这意味着我们这片地现在有很多种生物在活动。"

托利意识到自己在做什么之前就开始这样耕作了。他告诉我，最开始他这样做不是为了改变农业系统，只是为了解决很实际的问题。

"当我来到这里后就开始四处寻找作为肥料的粪便来源。但是附近没有什么可以用的，只有工厂化的农场。唯一的可能是来自种马场的稳定粪肥供应，但我对马匹摄入的药物并不满意。

"我听说中国人用绿肥作物维持了他们的土地肥力长达几个世纪的时间。因此，由于缺乏选择，我开始尝试学他们做类似的事情。

"这似乎奏效了。产量和土地肥力都得到保证了。事实上，我们土地的肥力虽然上升得非常缓慢，但真的一直在上升。然后 12 年前我开始做了些别的事情，让这一切变得更加不同了。"

托利带我去了他用他自己的碾磨木材建造的开放式木制商店，人们通过诚信箱来为他的产品支付。然后我们走到两排堆叠着棕色的、散发芳香的颗粒状东西旁，它有大约 30 米长，差不多和我一样高。

"堆肥？"我问道。

"不。木屑。"

在这个木屑堆的前端，离田地之间的小路最近的地方，木屑是新鲜且苍白的，空气中弥漫着辛香味。我用手指试了试它的温度。

"我要是你的话就不会把手伸到太里面，因为这些木屑内部高达83℃。有时我会把土豆放进去，在里面放一天就熟了。"

在另一端，木屑更黑、更凉。托利告诉我，这里的温度因为细菌分解而降至55℃。我把手伸了进去，那是一种类似从坐着的母鸡身下取鸡蛋时感受到的温暖。

"现在差不多可以了。我们不希望它完全分解。"

他解释说，这些木屑是当地一位树木修正专家留下的，他住在田地那边河里的一艘船上。这一切都来自树木专家主要的工作范围——5英里半径内的人们的花园。即使他不把这些木屑带给托利，也要花钱处理，所以这是个双赢的安排。托利不时用挖掘机翻动它，以确保它能继续发酵。然后，当木屑发酵到那种阴暗、稍微凉爽的状态时，他就把这些木屑铺在他的绿肥作物上，每7年两次。同样的，蚯蚓也会把这些木屑拉到土壤里。除了种子，这是唯一来自农场以外的物质。在轮作的过程中，他总共只埋下了7毫米厚的发酵木屑，平均每年1毫米。

这是一种非常轻的材料，几乎不含任何营养成分。这就像给人吃没什么米粒的稀饭一样，很难相信这会给土地带来很大的改变。但正是这一革命性的操作改变了他的产业。托利在农场工作了33年，一直保持着一丝不苟的记录习惯。记录表明，在他开始添加木屑后不久，土壤的肥力开始飙升。在过去的5年里，土地的产量大约翻了一番。怎么会这样呢？

没有人知道真正的原因。一组科学家正在研究托利的这套系统，但迄今为止尚无定论。[12]然而，他们确实发现了托利土地里的蚯蚓数量异常高。他们的初步报告指出，普通土壤通常每平方米含有150～350只蚯蚓。

如果有 400 只或更多，就已经是很好的预兆了，因为这些数字与健康的土壤和作物高产有关。而通过他们的采样分析发现，托利的土壤中"每平方米有近 800 只蚯蚓"！

虽然很难测量土壤中微生物和小型土壤动物的多样性和丰富度，[13] 以及它们在农作年份的任何时候锁定或释放土壤中矿物质的能力，但蚯蚓数量可以大致作为土壤系统健康状况的指标。

由于土壤生物学的复杂性，我们可能需要几年时间才能准确掌握托利使用的方法的工作原理。但他相信这是因为他往土壤里添加了足够的碳来刺激真菌和细菌的活动，但又不会因为量过多而导致氮被锁在土壤中——如果你提供给微生物的碳比它们需要的多时，就会发生这种情况。[14]

"木屑不是肥料，它是一种孕化剂，可以刺激微生物活动。木材中的碳会促进细菌和真菌的生长，从而使土壤恢复生机。

"我们不是在喂养庄稼，而是在喂养土壤。大多数农民对养分有很大的误解，尤其是对于氮。他们给土地施用了大量氮肥，但其中一半被冲走，流入河流。如果你从生物学角度出发，土壤实际的养分需求比人们想象的要少得多。

"我通过调整碳水平来维持土壤肥力。一旦找到了合适的碳平衡，细菌和真菌就会在适当的时间提供养分，并确保植物获得所需的物质。我们应该让植物主动选择它需要什么来满足自己的生长需求，而不是一味地给它们我们认为它们应该需要的矿物质。

"我挖土豆的时候，你闻到泥土的味道了吗？你是怎么想的？"

"嗯，我闻到了一种相当浓厚的味道。"

"这是一种特别的气味，对不对？这是你在树林散步时能闻到的泥土的味道。我想做的就是模仿森林的土壤环境。树上的木屑像雨一样慢慢地落下来，而不是大堆大堆地砸下来。这就是我们正在做的事，在植物最适合使用木屑的时候，少量地铺上一层木屑。"

在他说话的时候我意识到，这片土地在新石器时代被开垦为农田之前曾是一片森林，这些"农田土壤"实际上是森林土壤，只是我们现在恰好将其用于农业。也许，正如托利所建议的那样，为了让它们发挥作用，我们需要恢复森林土壤的生态，让耕作与原始生态系统保持一致。

"因为农业的发展，树木被移走，环境被严重破坏。树木对土壤有好处，它们能带给土壤所需要的东西。于是我把我最大的两个兴趣联系了起来：树木和土壤。我一直喜欢木头，现在我可以把它和土地结合起来。如果我不以种菜为生，我就会去种树。"

事实上，托利已经开始在他的野花河岸上种植树木——一些果树和一些森林里能见到的树——以帮助他的土壤更接近周围的森林的环境。他还在地势较低的田地底部的沼泽地里种上了柳树，他将用这些柳树来生产自己的木材原料。他希望最终能从这片森林里的树木、树篱和他的庄稼之间，生产出自给自足的木屑。

加拿大的研究人员发现，由最细的树枝[①]制成的木屑在铺到土壤表面之前不需要进行堆肥，因为它比由大树枝和树干制成的木屑有着更高的氮碳比例。所以它不会促使细菌锁住氮。[15, 16] 如果你用的是小树枝做的木屑，那么你只需要一半的材料，因为木头在堆肥后体积会收缩并失去部分养分。托利开始利用这项研究再次改变他的系统，他是永远不会停止尝试的。

听了他解释他的方法是如何运作的，在我看来，通过耐心的观察、直觉和经验，他几乎预见到了正在逐渐兴起的关于土壤的讨论：细菌如何将碳转化为稳定土壤的结构，并使空气、水和营养物质进入植物的根部。

我意识到，托利的农场是一个真正的再生有机系统。它与某些其他种类的有机农业形成了鲜明的对比，我很抱歉但必须指出：那些有机农业似

---

① 他们称之为枝生木屑（ramial woodchip）。它来自直径小于 7 厘米的树枝。——作者注

乎出了问题。

在第 3 章中，我提到了使用动物粪便作为肥料的有机农场的氮泄漏问题，据一篇论文称，有机农场的氮泄漏比传统农场要严重约 37%。[17] 在这个问题上碰了壁之后，我有点着迷了。尽管这个问题很棘手，却很少被讨论，实际上它应该给所有种植和食用有机食品的人们敲响警钟。有机农业的基本原则是它阻止了营养循环。换句话说，矿物质不是泄漏了，而是在动物和植物之间被回收再利用了。如果它真的比传统农业泄漏了更多的氮，那么它是如何维持自身运转的呢？

一些氮被种植三叶草、豆类和其他豆科植物取代，它们与细菌物种形成了不可忽视的关系，这些细菌将大气中的氮转化为植物和动物所需的硝酸盐类矿物质。这些植物在根部形成结核，细菌在其中生活和生长，用它们产生的硝酸盐交换植物产生的糖。但像三叶草和豆类这样的豆科植物是不能弥补这种规模的损失的。有机土壤，在一个声称要依靠循环利用却损失了如此之多的系统中，一定会逐渐变得缺乏营养，并产生越来越低的产量吗？我很困惑，接着我看到了批准有机农场的机构公布的标准。这更加深了我对有机农场的怀疑。

事实证明，有机农场使用的肥料不一定是有机的。以英国土壤协会（Soil Association）公布的标准为例，[18] 该标准允许有机农场以每年每公顷 170 千克的速度施用动物粪便类的氮肥。虽然该标准敦促农民"尽量减少对引进营养物质的需求"，并规定他们购买的营养物质"最好"来自有机来源，但没有强制执行这些"偏好建议"：原则上，农民可以从非有机农场处购买他们所需的全部肥料，但仍然符合有机标准。每吨牛粪中含有大约 6 千克的氮，这意味着有机农场每年每公顷土地可以使用来自传统农场的多达 2.8 万千克的肥料。这是相当多的。换句话说，有机农民可以在人工氮的帮助下种植作物，只要这个氮是通过其他人养殖的动物排出的。

该标准对这种供应的唯一限制，是粪便必须经过发酵或稀释，而且不能含有转基因成分或来自"工厂化的养殖"。土壤协会对工厂化农业的定义似乎相当宽泛。使用的粪便肥料可以来自室内饲养的鸡，只要鸡的质量不超过每平方米 30 千克。在我看来，这已经很接近工厂化养殖了，因为最高法定放养率是每平方米 33 千克，[19] 除非农民能够满足政府的额外要求。粪便也可以从室内的养猪单位进行购买，只要这些养猪户有铺稻草在地上。或者来自那些"一年中至少有一部分时间是放养"的牛。

令人震惊的是，虽然标准列出了有机农场可能使用的生活垃圾中重金属的最高浓度，却没有对有机农户们可以购买的动物粪便中的重金属含量设限。标准中也没有提到粪便中具有持久性的有机污染物，以及更值得注意的抗生素残留和耐抗生素细菌。这个组织列出的标准简直令人大跌眼镜，它坚持认为有机农民在饲养自己的牲畜时应该使用"顺势疗法产品"（homeopathic products），[20] 而不是抗生素。但事实上，虽然在标准中有一个普遍的要求，用以识别"未经授权或禁止的物质"和"减少污染的风险"，但该组织并没有对有机农户可以从其他企业购买的粪便中的任何种类的残留物设限。

当我就此向土壤协会询问时，对方指出，只有在"证明有明确的需求"时才准许使用非有机肥料，而有机农户"有义务在其耕作体系中最大限度地保留和循环利用营养物质"。即便如此，这些规定仍然是允许他们使用传统农业来填补营养缺口的，在我看来，这是对有机农业所宣称的东西的嘲讽。因为这些准则里没有对残留物的限制，可能会不小心把这些消费者（花费额外价钱为有机食品买单的消费者）暴露在他们本想要避免的危险之中。主流有机农业有时被民众讽刺为"全是垃圾和魔法"，坦白地说，它现在看起来没有魔法，只剩垃圾。

这并不是说有机农业就是不好的，也不是说有机农场试图剥削我们。这只是说明，虽然动物粪便可能会使土壤恢复碳含量，但在另一方面，它是一种有问题的土壤添加剂，这与许多从业者的说法相悖。关键问题是时机。[21]当农作物处于生长突增期时，短时间内吸收了大部分所需的氮和其他矿物质。因此在播种之前，它们显然不需要任何矿物质。在生长突增期过后，它们需要的也少得多了，而在收获完成后，就彻底不需要了。

但是，人工肥料释放营养物质的速度太快，而粪肥释放营养物质的速度又太慢。如果作物不想饿死，就需要早早地在作物迎来生长最快阶段之前就施用粪肥。即便如此，这些植物也不太可能获得所需的所有营养来达到最快生长速度。现代高产作物尤其如此，它们在生长阶段长得特别快，所以快速生长阶段就会变短。这导致在植物成熟和收获很久之后，施用的粪肥仍会继续释放出矿物质。如果矿物质是在植物不需要的时候被输送的，它们往往会渗入地下水或被带走冲入河流。

一些氮和其他营养物质可以通过播种临时的"间作作物"（catch crop）来吸收，这些作物随后会被重新犁回土壤中。反之，当使用动物粪便时，对矿物质的需求和它们的供应之间总是存在差距。虽然较为古老的作物品种生长较慢，可能与肥料释放养分的节奏更匹配，但在生长阶段接近尾声的时候仍旧会有显著差距。当然，这些作物的产量也更低。

在传统农场转变为使用动物粪便的有机农场后的头几年，作物产量将很低，因为土壤中可利用的氮很少。随着后期肥料的添加，产量会增加，但流失的氮含量也会增加。有研究模拟了这一关系并指出：即使大量使用肉牛粪便（每年每公顷 600 千克氮，超过土壤协会允许量的 3 倍），在这片土地上种植玉米也需要 25 年才能达到最高产量。[22]因为土壤中没有足够的氮积累，所以如果少施一点肥料，作物就永远不能达到最大产量。但由于大部分氮在植物无法吸收时被继续施放，损失也会相应增加。有一个基本原则应该适用于所有的农业：只在植物需要的时候提供养分，其他时候要确保它们被锁好。

那些使用动物粪肥的人认为，这种耕作方式就是大自然的运作方式：动物排泄到土地上，植物吸收其中的养分，长成熟后再作为食物供给动物，这样的循环就会无限地持续下去。但是很少有自然界的系统会像农业系统一样运作。当欧洲人第一次到达非洲和美洲时，他们遇到了大量的野生食草动物，尽管这很可能只是当地居民为了压制食肉动物而营造的假象。古生物学证据表明，在人类开始与大型肉食动物竞争并猎杀它们之前，这些动物的数量在任何生态系统中都比现在要多且集中。[23, 24] 因此在自然界中，动物粪便很少会以像农业系统中的速度沉积下来。

在像我们这样的国家，现在从事种植的大部分地方要么是森林，要么是林间牧场（牧场植物混杂着树木、灌木、草和花），这些地方的矿物往往比作物使用的矿物循环更慢，更容易保存。自然系统会损失一些养分，但远远少于农田。自然系统中的氮主要通过细菌和雷击来进行补充，其他矿物质则是由岩石风化作用产生的。

与传统或主流的有机作物种植者不同，托利不施肥，他相信自己的做法也没有造成养分流失。不同于有机农业，他不需要关闭营养循环，因为他从一开始就没有启动这个循环。他所做的似乎与基本原理一致，就是诱导土壤中的微生物在植物需要矿物质的时候输送矿物质，而在不需要矿物质的时候锁住它们。① 通过平衡土壤中的碳和氮（对细菌和真菌的行为起着重要作用），他似乎创造了一个可以自我调节的系统。

正如他向我解释的那样，他的系统让"植物选择它需要什么来满足自己的生长需求"。这可能意味着在微观层面上，在健康的土壤中，作物可以自我调节与根际细菌的关系，利用它们发出的化学信号来控制微生物的活动。再根据它们的需求，准确地释放支持它们不同生长阶段所需的营养物质。

托利的成功使我们不得不思考肥力到底意味着什么。它们不仅是土壤

---

① 释放和保持营养物质的科学术语是矿化（mineralization）和固定化（immobilization）。——作者注

中含有的营养物质，也是一种功能：一种它们是否能在适当的时候为植物所用，并在植物不需要它们的时候安全地固定下来的功能。换句话说，肥力代表了一个正常运转的生态系统的特性。

我发现托利深受其他有机作物种植者的尊敬，他被很多农场聘请为顾问。当看到别人的耕作系统时，他首先问的问题之一是：它使用了多少"鬼亩"[①]（ghost acre）。在他的影响下，这个概念一直萦绕在我的脑海中。"鬼亩"指的是农场赖以生存的另一个片土地。怀伊河谷的养鸡户们的"鬼亩"位于巴西和阿根廷，因为他们购买的饲料来自那里。从别处购买粪肥的农民也是在从别人的土地上进口肥料。托利计算出，如果他是一个主流的有机作物种植者，并使用动物粪便作为肥料，那么他的土地将会有一个比他自己种植的土地大两倍到三倍的鬼亩。

他还质疑人们使用的绿色材料的数量。"非明挖"（no-dig）系统在一些小型规模种植者中很受欢迎，他们引入了大量的肥料，或绿色堆肥，或废料和木屑，把它们堆在不经耕作的土地上。这确实能抑制杂草生长，并在几年内产生巨大的产量提升。但托利已经遇到一些情况，那些尝试了非明挖系统的种植者叫他去帮忙分析他们土地产量突然下降的原因。

"经过这样操作的土地的磷酸盐和钾的累积高到了荒谬的程度，这会导致大问题。我称之为土壤的肥胖问题。过度施肥会减少真菌和细菌的活动，至少在某些类型的土壤上是这样。你不能只累积碳，你还要消耗它。否则土壤就会变成无法生长作物的泥炭沼泽。所以这些使用'非明挖'的种植者最终还是不得不挖地。

"另一个问题是这些营养物质从何而来？这是一个关于职业道德的问题：你应该占多大的份额？你可能会把这种植物材料称为'废料'，但它

[①]　这个概念最初是由格奥尔格·伯格斯特罗姆（Georg Borgstrom）提出的。——作者注

仍然是靠别的土地的肥力支撑而供养生长起来的。当你给土壤施肥时，你应该问自己：这是必要的吗？你负担得起后果吗？这是道德的吗？我引起了大家对这个问题的注意，这引起了很多麻烦，惹毛了很多人。但问题是，如果不惹怒别人，不引起思考，一切都不会改变。你应该懂的。"

托利还是没能摆脱鬼亩。虽然他正在逐步想办法，但他的一些木屑仍然是来自其他人的花园。他用的大部分种子都是买来的，他计算出种植这些种子需要半公顷多一点的土地。但在其他方面，他自给自足，尽量不产生鬼亩。

在接下来的一年里，我又来了托利这里几次，跟着他在田野和花园里转来转去，或者坐在他的小房子里，仔细研究着电子表格。他巧妙地以自己的旧车间作为掩饰，瞒过了规划部门。"我们侥幸逃脱了 40 年，然后该死的委员会不知道什么时候就把我们抓起来了，不是吗？"

颇具讽刺意味的是，作为一个农民，他建造了一个巨大的钢谷仓，还不需要申请环境许可证：只要它是被设计用来容纳牲畜而不是人的，并且距离人类居住地至少 400 米远。他很好地利用了这个小空间，把小小的浴室塞在楼梯下面，厨房在楼梯旁边的一个角落里。所有的供暖都来自他在农场里自己锯的木头。不知怎么的，屋子虽小但并不让人觉得局促。这感觉就像一个古老的船舱，他甚至真的在自己的后院建造了一艘令人惊叹的木制帆船——"奈达"号（The Naida）。一篇著名的文章记录了这一壮举：《从被大风吹倒的橡树到奈达号》（The Naida, starting with the oak trees thrown down in a great gale）。[25] 但他并没有多少时间航行，在我跟着他的那一年里，他只休息了两天。

我们聊天的时候，他时不时会敲击计算器。"在学校的时候，我的数学很差，我分到了落后班。我们被要求用纸板模型来做三角函数。但现在我爱上了它。经营一个农场需要大量的数学运算。"托利的成就之一就是让一切问题都变得可见。除了帮助揭露鬼亩的问题，他还是英国第一批计算自己碳足迹的农民之一。与那些声称正在拯救地球的牧场主们的狂妄发言相比，他的计算并不引人注目但做得细致入微。

托利严谨的叙述向我们展示了要想平衡一个正在运转的农场的碳预算是多么困难。[①]虽然含水土壤中的碳（例如盐沼、泥炭沼泽、红树林和海草床下的碳）是稳定的，只要栖息地没有被破坏或被排干，树木也可以相当可靠地储存碳，但农业土壤中的碳往往不那么稳定，而且更难测量。[26]一整年的明显碳增长可能会被另一半循环消耗的碳所抵消。微小的增加或减少是难以评估的：[27]可察觉的最小变化约为 5%。[28]因此，在大多数情况下，至少要经过 10 年才能衡量整体碳的增减。[29, 30]保存碳的程度因土壤而异，[31]而一个处于工作状态的农场，几乎从定义上来说，就是一个产生温室气体的温床。

"我非常乐意尽量保持低碳足迹。我的商店周围所有的硬件都是回收的，它们来自被拆除的建筑和道路上的废弃建材。这家商店使用的大部分都是回收的木材。细木工和板条箱来自农场两棵不得不被砍掉的老树。通过种植绿篱和在土壤中建造有机物，我们封存了相当多的碳。

"对于碳平衡最大的挑战是花钱。如果我们买了一件新设备，它会在很长一段时间内影响我们的碳预算。有些时候我们节约的碳比消耗的还要多，但一旦你开始铺设混凝土或购买机械，影响就会非常大。去年我买了一把机力耙，而要还清它带来的碳债务则需要数年时间。"

许多农场表面上的碳节约都是虚假核算的产物。当有机物质融入土壤时，就提高了土壤的碳含量。但是，如果这些材料是从其他地方的鬼亩进口来的——以肥料、动物饲料或绿色废物的形式——农场就是在拆东墙补

---

① 他使用一种名为"农场碳工具包"（Farm Carbon Toolkit）的核算工具。——作者注

西墙：把碳排放从一个地方转移到另一个地方。[32, 33]

像所有的复合系统一样，土壤也在寻求平衡。它的碳氮比往往稳定在12 : 1[34]左右。如果你添加了太多的碳和氮，由于微生物与矿物质之间复杂的相互作用，[35]对植物来说这些物质就会变得不那么容易获得和利用。如果你试图通过添加更多的氮来平衡额外的碳，那可能会造成一氧化二氮的释放，从而抹杀任何农场对改善气候影响所做出的努力。[36]

有些人声称，我们可以通过在土壤中添加生物炭（biochar）来摆脱这种平衡的限制。生物炭是细粒木炭，可由林业辅料、绿色废弃物、污水和粪便制成。一旦被添加到土壤中，它似乎会保持稳定，而且它可以改善一些土壤的质地和肥力。[37]

考虑到几年前人们对这种神奇粉末有着极大的兴趣，你可能会想，那为什么生物炭还没有拯救地球呢？其实不难看出问题所在。在撰写本文时，我在英国所能找到的最便宜的生物炭原料价格为每吨 1300 英镑，[38]与农民们通常抱怨过于昂贵的农用石灰相比，生物炭的推荐用量更高。而我查询到的石灰的平均成本约为每吨 50 英镑。

生物炭不仅是一种昂贵的土壤改良剂，而且还是一种极奢侈的节约碳的手段——与保护森林或泥炭沼泽相比。它的价格可能有降低一点的空间，但生物炭所涉及的技术和所需原材料的数量并不适合现在数字产业所青睐的成本曲线。唯一廉价地获得生物炭的方法是自己从满是"好东西"的垃圾箱里制造。[39]但是，除非你的燃烧方法完全正确，否则你很可能会通过释放甲烷、一氧化二氮和黑炭来抵消任何可能的节省，而有毒的烟雾还会影响你的健康。[40]

从大气中清除碳的最安全、最有效的方法是减少我们耕作所需要的土地规模，将我们闲置的土地再野生化，恢复湿地和森林生态。[41, 42]这就是为什么托利的农场那样重要的原因之一：做到高产的同时为野生动物提供通道和栖息地。

托利告诉我："我这辈子从来没有在牌桌上下过注。可是每年我都会在这桩生意上押上几十万英镑。我总是拿天气作赌注，而且它发给我的牌我必须照单全收。很多事情都可能出错，但我通过种植大量的小规模作物来降低了风险。

"我每天五点起床，我必须不断地为我不想考虑的事情做出决定。我们必须不断对业务进行再投资，只是为了维持现状不变。我做这些不是为了钱，但我们必须为自己的生活方式买单。"

托利告诉我，他有资格领取一半的国家养老金，因为他没有缴纳全部的养老金，"这实际上使我的收入翻了一番"。这代表着他每周从农场获得的收入约为 70 英镑，这不是一笔丰厚的报酬，尽管他也通过做咨询顾问赚钱。"我几乎不用花钱。我不是商人。我的工资比我的员工要少得多，但我享受到的福利更多。我们住在这里只需要支付低廉的租金，因为朱利安（朱利安·罗斯爵士）认为，应该有人在这片土地上耕作。在大部分地方，商业租金比我每个月挣的还多。农业收入根本不够支付商业租金。"

因为农业补贴是按公顷支付的，而托利只耕种了 7 公顷土地，所以这些补贴只占他农业收入的 0.3%。这与大规模耕地和大型的畜牧业形成了鲜明的对比，其中许多农场是靠国家的支持来维持运营的。他通过客户的订购销售了 60% 的产品，将成箱的蔬菜和水果送到河对岸的本格伯恩（Pangbourne）、雷丁（Reading）和牛津。其余的则通过他的农家商店出售。"我的目标是给方圆 2 英里内的人提供食物，本格伯恩和惠特彻奇（Whitchurch）有大概 1000 户人家。我们可以保证供应其中一半家庭的基本蔬菜需求。"

他不会把菜卖给餐馆。"除非你是个受虐狂，否则我想不到有什么理由会让你想要直接和他们打交道。厨师们喜怒无常，员工流动率高。他们什么都想要昨天新采摘的，想要少量且洗净的。我不能纵容他们这些奇葩要求。而且他们扔掉了很多食物，这比在家做饭更浪费。我种的蔬菜可不是为了它们被扔进垃圾桶的。"

在大多数年份，需求和供给都是不匹配的。7 月中旬，农场的产量开始激增的时候，他一半的客户都去度假了。对于他的生意来讲，新冠疫情恰恰是发生过的最好的事情：疫情开始时，货架上空空如也，因此周围居民对他的农产品需求飙升。在英国多次封锁期间，他几乎垄断了当地市场。他的订购客户量增加了一倍，以至于他必须对每个人能从商店购买的数量进行限定，以确保每个人都能买到些东西。"这甚至让我们的收入达到了纳税等级，而这在以前是从未发生过的。"

农业科学在研究土壤化学方面投入了大量的精力。我们了解得越多，生物学似乎就越重要。我认为，发展一种先进的土壤科学是解决我们目前所面临的困境的一部分：我们迫切地需要用更少的耕种来生产更多的食物。这种新的农业科学将利用新兴的关于根际的知识和正在发展的土壤理论，设计出精确适用于全球多种土壤生态的具体有机的处理方法。

如果我们能像托利所做的那样，在各种土壤和气候条件下，知道如何调节和加强农作物与细菌和真菌之间的关系，就有可能大大减少对人工肥料和粪肥的依赖，同时还能提高作物的产量。换句话说，新的科学将带来一场绿色革命。科学的精确性可能有助于扭转全球标准农场的发展，因为任何地方的技术和材料都需要适应当地的生态环境。

世界各地的小规模种植者都在寻求这样的解决方案，并联合起来发起了一场全球农业生态运动。[43]但是他们缺乏大农场主所享有的政府支持和资金支持。[44]有研究表明，英国用了 7 年的时间，在传统农业项目上花费了约 60 亿英镑的外国援助，而对那些主要集中在发展或促进农业生态的项目则根本没有提供任何资金支持。[45]而且更是没有一分钱被花在了任何一种有机农业上，相反，所有的钱都被投入到私营企业所倡导的那种农业生产中。研究人员发现，这种情况属于典型的富裕国家援助支出。

一种新型农艺的全面发展需要投入数十亿美元。表面上看，这种花费肯定要比探索火星表面的投入要少。但人类想征服火星的目的之一就是要将火星改造成适合人类居住的地方。在我看来，确保地球上的幸福居民仍然可以享受着奢侈的氧气、屏蔽辐射、大气气压和 1 "克"的重力，使它仍然适宜居住，似乎是一个更紧迫和更可能实现的雄心壮志。

　　换句话说，我们需要一个"地球漫游者计划"[①] 来彻底探索我们自己星球的表面，我们对它的了解程度其实和对火星表面的了解一样贫乏。为这个项目工作的科学家们将寻求比目前更精确的分辨率来绘制地球农业土壤的地图，[46] 了解它们的各种生态，[47, 48] 研究出使用尽可能低的添加剂和尽可能小的影响来种植大量食物的方法。农化公司可能不会对这个项目感兴趣，这就可以解释为什么这种项目得到的资金和关注是如此之少，[49, 50] 因为政府对研究的资助往往是遵循商业利益前提的。我认为他们应该做的恰恰相反，应该投资探索那些不能被企业所垄断的技术，避免使某些企业主导全球的食品系统。

　　没有任何一种技术能完全避免资本的集中投资和集权控制，就算是托利这样的方法也可能会出问题。例如，农民可能会发现进口木屑比自己种植或使用当地废料更便宜或更方便。尽管托利在 7 年内使用的木材比一间鸡舍在一年内使用的取暖原料还少，但如果它突然成为一种流行的孕化剂，那么农户们对碎木片的需求可能会对世界森林造成难以承受的压力。在我看来，托利帮助制定的"无蓄有机农业"的标准应该包括严格限制农场可以进口的植物材料的数量，而目前这种制约还不存在。[51]

　　在一些出发点是好的农业公司和它们的客户中有一种趋势，认为绿色原料是无穷无尽的。生物乙醇和生物柴油可以替代我们现在使用的运输

---

①　不要把它与一家名为"地球漫游者"（Earth Rover）的公司销售的农业机器人混淆。——作者注

燃料。生物煤油可以减轻飞行造成污染的罪恶感。取暖用的油和煤可以用木头代替。一次性杯子可以用玉米淀粉制成，塑料袋可以用土豆制成。但其实一切都是有限的。我们所使用的一切，都是从别人或其他东西那里获得的。

所有这些替代品都被证明是灾难性的。生物乙醇和生物柴油在汽车和人类之间引发了一场致命的竞争，这些燃料的使用提高了食品价格，扩大了饥饿的蔓延，[52] 同时助长了对热带森林的破坏，因为属于热带森林的土地需要被用来种植油棕和其他工业作物。[53, 54] 生物煤油如果被广泛使用的话，将加剧这些灾难。玉米和马铃薯的种植要考虑到农药、化肥、灌溉用水和柴油的使用，以及这两种作物所引发的水土流失，事实证明，它们带来的危害可能比化石燃料制成的塑料的危害更大。[55] 除非我们的目的是完全摧毁世界上的森林和其他野生地区，否则无法走捷径。还是需要尽量减少对植物材料的使用。换句话说，我们不应该再把使用这些替代品当作缓解我们过度消耗碳氢化合物所产生罪恶感的手段了。

即使在像托利的农场这样的系统中，我们也应该尽可能地减少使用植物材料。托利估计，如果现在农业用地的 20% 被用来种树，就可以提供足够的原料来维持农业碳循环并提高土壤肥力。这听起来很多，但是，如果这 20% 有助于实现畜牧业的转型，它节省的土地的价值将远远超过它被使用所创造出的价值。种植这些树木，特别是各种各样的本地物种，可以为野生动物创造重要的通道和栖息地。

每次拜访托利，我都会从他的农家商店里买些蔬菜。这些蔬菜总是紧实且新鲜。即使在冬天，他商店里出售的蔬菜种类也足够组合创造出数百种菜肴。初夏的时候，我买了蚕豆、新土豆和小葱。蚕豆的豆荚上还铺着厚厚的白色绒毛，把藏在里面的小种子洗掉让人感觉还挺残忍的。我把它们煮了不到一分钟，皮就鼓起来了，然后淋上一点柠檬汁，吃起来口味清甜、口感厚实。我把土豆煮得软到可以从刀上滑落，然后把它们扔进了素食黄油里。

我一整年都在吃从托利的商店里买回的产品，我惊叹于这些农产品味道的浓厚。他既保证了生产数量又保证了生产质量。在夏末，我从他那买了三种西红柿，只是把它们简单地切碎，加一点盐、橄榄油和我种在窗台上的罗勒叶即可食用。味道浓烈微甜，我蒙着眼睛都能分辨出这些番茄的品种，因为它们每个的味道都太独特了。

秋天的时候，我买了一个内木库里南瓜（uchiki kuri squash）。那是一种鲜橙色的日本南瓜品种，它有着精致的颈部和完美的曲线，看起来就像被放在陶工的转盘上加工过一样。我把它连皮一起烤，直到它的表面鼓泡，颜色变成诱人的焦糖棕色，烤到一半的时候我加了一瓣蒜。等它冷却一点后，我把它和去壳的丁香、芝麻酱（tahini）、柠檬汁和胡椒粉混合在一起，搅和成一种光滑、甜美的糊状物，上面点缀着太妃色的南瓜皮和焦糖色的大蒜。

冬天的时候，我买了胡萝卜、羽衣甘蓝、韭葱和洋葱，根据休·弗恩利–惠汀斯托尔（Hugh Fearnley-Whittingstall）的食谱做了一道蔬菜浓汤（ribollita）。这是一种混合了意大利豆子和蔬菜的美味炖菜，听起来制作方法简单粗暴，但其实是一道需要精心料理的精致大餐。我在烹饪这道菜的时候，整个厨房里充满了香草油的强烈香气。我擦洗了那些粗壮的大胡萝卜，从羽衣甘蓝的茎上扯下它结实的叶片。我把浓汤盛进碗里，撒上吐司片和橄榄油。汤很浓稠，表面泛着光，但尝起来味道很轻淡，很香，有黄油味。即使是在这浓稠的炖菜里，每一种蔬菜的味道也都很突出。

我最近一次拜访托利是在 1 月底一个晴朗的日子里。低低的阳光洒在他铺满了纸的餐桌上，纸上一列列的数字都被照亮了。在他房子下面被水淹没的马场地上结了一层薄薄的冰，黑头鸥在周围盘旋和嚎叫。

我们谈论起他的种植系统被广泛采用的前景。

"已经有 3 位来自不同国家的农业部长访问过我的这个农场。"

"包括这个国家（英国）的吗？"

"不，当然不是。他们为什么要这样做呢？"

托利的电话响了。他讲了一会电话，然后站起身来说道："拖车的轮胎破了，所以我们没法运蔬菜了。这就是现实。你去参加一个会议，回来的时候脑子里会有很多很棒的想法。然后你仍旧不得不花上半天的时间去修补轮胎上的破洞。"

我跟着他来到地势较低的地方，爆胎的拖车就停在那里。清晨的阳光里有一只知更鸟正站在一棵老白蜡树上歌唱。

"今天天气真好。我在想我们该做点什么才能弥补这个损失。"

他熟练地把千斤顶固定在拖车下面，把扳手装上螺帽，每拧开一个螺帽时都会发出一声巨响。那声音在田野里回荡，把躲在树篱里的篱雀都吓了一跳。

"我买下这辆拖车已经有 35 年了。我给它装了新的侧板和地板，换了新的倾斜油缸和车胎。它已经脱胎换骨了。我把我拥有的每样东西都尽量用到极致。我的拖拉机也已经用了 33 年了，买它的时候我才 17 岁。现在呢，整整一代人在成长过程中都对机器一无所知。这真令人担忧。"

他拧下螺母，把拖车顶起来。

"像这样的事情会彻底毁了你的一天。整整一拖车的蔬菜都等着运到店里去呢。"

他把破了的车胎放到他的面包车后备厢里，我们开车来到一个小工业区。当外面的一切都在发生着变化时，这里似乎被遗忘了。在工作间外，一个面色微红的大个子男人坐在阳光下的椅子上，他穿着连体工作服，戴着一顶鲨鱼鼻子似的旧麂皮帽子，帽檐被摩擦得闪闪发亮。收音机里正放着英国广播公司（BBC）二台的节目。

"闲着呢？"我们下车时托利问。

"嗯，还好，也没一直坐这儿。"

他们谈了一会儿，谈到了这个工头为婚礼生意雇来的马和马车。

"你应该改行做葬礼，这样生意会更多。"

"但他们都说葬礼不好做。那样的话我必须在工作日也做才行，毕竟没人知道什么时候会有人去世。但婚礼都是在周末举行的。"

工头把帽子往上推了推，所以太阳正好照在他的脸上。

"你来得正好，我一直想问你那些大个儿的黑色蛞蝓的事。它们通常在冬天是没有的，对吧？"

"也不，"托利说道，"反季节的天气出现的时候也会有。"

"有些能有这么长。"工头比画着，"我想知道的是，它们是干什么的呀？"

"它们是干什么的？哦，它们非常有用，它们能清理一切。"

就在托利回答的时候，工头已经开始问下一个问题了："我奇怪的是那些狗舌草（ragwort）上的橙色和黑色的毛毛虫。它们是怎么到那儿的？"

托利朝我点点头："他会告诉你的。"

"它们是红裳灯蛾（cinnabar moth）的幼虫。"我觉得在这些务实的人面前，我就像那个班级里认真而令人讨厌的男孩，在同学们翻白眼的时候举起了手。

"飞蛾，是吗？你是说它们是从那里来的？"工头说着指了指远处。

"是的。"

"那么这些飞蛾也是带条纹的吗？"

"差不多的。"

"是橙色和黑色的吗？"

"不。是粉红色和灰色的。"

"啊！所以是飞蛾带来了毛毛虫？"

"是的。"

"那么黄蜂呢？它们是来干吗的？"

在回来的路上，托利说："我曾经幻想过使用马来作为交通工具。但我做了调查和研究。我计算出，目前我们为了给每个买蔬菜的家庭运送蔬菜每年要消耗 4.5 升柴油。包括拖拉机的移动、运输和其他一切。农业确实消耗了大量能源。那如果我们用马来代替呢？

"我们需要两匹马，但这意味着要用 17 英亩土地中的 4 英亩来给它们提供燕麦、草和干草作为饲料。用马匹的话，犁 1 英亩地需要 1 天的时间，需要走 16 英里，犁 10 英亩地就需要 10 天，但用拖拉机则只需要 1 天。而且如果下雨了，马也就没法工作了。用马匹运送蔬菜需要两天时间，而不是 4 小时。但另一方面，用马匹犁地对土壤比较好，不会压实土壤。

"两匹马也意味着需要更多的人来照顾它们和进行放牧。所以我们蔬菜的价格也会涨 3.5 倍。

"如果我们用牲畜生产的粪肥来当作肥料会出现类似的问题。我可以在这里养几头牛，或者 3 只羊。但家畜的问题就是它们占用了太多的土地。"

这正是我欣赏托利的许多地方之一：他会不断地进行调查和推测。他是一个天生的科学家，有着无止境的好奇心，质疑一切，挑战自己的想法，记录所有的数据。他曾对我说："我们正在做的事情看起来可能是可持续发展的，但要等到我们坚持做了 100 年之后才会知道到底是不是。"

我怀疑我是这个领域里唯一一个被那些声称"他们的农业多样化是世界上最好的系统"的人所激怒的。我看到那些怀有崇高理想的农民逐渐变成了叫卖的小商贩，他们有意识地忽视了自己行为的弊端和问题，夸大自己的优势，扭曲实际情况，屈从于自己的利益。而吸引我的正是那些像托利一样有自我纠正能力的人，他们能意识到自己行为中的缺陷，并寻求方法去解决它们。生活中最困难的事情之一，就是无论你遭遇了多少挫折，都要鼓起足够的自信继续前行。同时保持足够的自我怀疑，倾听批评，并在必要时改变方向。

他的方法并不完美，托利欣然承认这一点。像大多数蔬菜种植者一样，他使用了大量的灌溉用水。他需要用塑料套来罩住坑道，需要用袋子和小篮子来运送蔬菜和水果。[56] 他很想自己来发电，把他的柴油发电机换成电动的，但他目前负担不起这笔开销。

他努力使他的系统尽可能容易地被效仿，使用蚯蚓计数等简单的方法来提供粗略的标准，让其他种植者也开始采用他的技术。虽然他的设计可能是可复制的，但他本人不是。正如他告诉我的那样，这不仅是一份全职工作，这更是一份全职的生活。"有多少人做好准备过这种生活了？"

当他把拖车顶得更高，装上轮子时，我问他，我们不能只靠蔬菜和水果为生，他是否认为他的方法可以推广到所有作物的耕作之中？

"从技术上讲，是可以做到的。你必须设计一套三到四种作物的轮作模式，例如用豆类、麻类植物作为间作作物，也许还可以加入规模化种植的蔬菜。你可以把耕地作物和树木种植结合起来，使用植物篱农作（alley cropping）方式。① 这样的产量可能会比传统种植方式要低，但由于不需要牲畜，土地浪费会少得多。一些人已经开始尝试了。如果成功了，这将彻底改变农业的运作方式。"

他拧紧了最后一个螺丝。

他接着说："问题在于利润。农民能从中赚到钱吗？可用的耕地资源非常紧张，这就是为什么农民一直百分之百地利用着他们的耕地。采用这个系统意味着他们有三分之一的农场将不能种植粮食。如果让一个农民的三分之一可耕土地停产，他们就会破产。这就是问题所在，毕竟谷物的价格太低了。

"好了，任务完成了。我们去吃点什么吧。"

———————————

① 种植成排的树木，在树木之间种植一年生作物。——作者注

第 5 章
还能饱餐几顿

《谋杀河流记》（*Rivercide*）纪录片在怀伊河岸边直播的第二天，[1] 我正走在海伊镇（山谷里的一个集市小镇）时，一位衣冠整洁得体、70 岁左右的妇女向我搭话。

"我昨晚看了你的电影，"她说话的声音大得好像可以传到别的国家，"我大部分都同意。但你为什么不提出真正的解决方案？"

"真正的解决方案吗？"

"是的。每个人都应该把收入的 30% 花在购买食物上。"

"可是——"

"这就是问题所在，不是吗？食物的价格太便宜了，所以才会出问题。但你没有说出来。"

"唔——"

"所以拍这些是浪费时间。你的出发点是好的，但浪费时间。"

我还没来得及说什么，她就走了。

这是我经常能听到的观点：食物太便宜了。在某种程度上也的确如此。粮食太便宜了，无法为从事小规模农耕的农民提供足够的收入，而世界上一部分最受饥饿问题困扰的人口的就是这些农民。正如托利所指出的那样，农产品太便宜了，这对从事大规模种植的农户更有利。而成本又太低，无法反映农业对生态造成的损害，也就是经济学家所说的"外部性效应"（externalities）的未支付成本。但对穷人来说，问题不在于食物太便宜，而是在于好的食物太贵。不要说用收入的 30% 来购买食品了，世界上有 30 亿人即使把收入的 63% 花在食物上，也无法负担起健康饮食的成本。[2]

在讨论我们的主要作物（谷物、油籽和其他谷物）要如何种植这个关键问题之前，我认为有必要探索它们必须要满足的需求。在我看来，人们对于食品生产和消费经济学的了解和生物学一样少。由于农业危机既是一种健康和社会危机，也是一种环境危机，所以我们应该意识到：在解决一个问题的同时有着加剧另一个问题严重性的风险。

有时，环境保护和食物正义是站在同一战线的，有时又是对立的。为了解决这本书所探讨的关键问题——如何在不破坏我们的生命维持系统的情况下养活每个人——我们需要，也必须能够解决这个问题。在有环境限制的范围内，生产的食品必须是健康且让人们可以负担得起的。这是一个巨大的挑战。虽然富人应该把更多的收入花在食物上可能是真的，但要求每个人都应该这样做的主张是无知的，也是无情的。

我住的地方是个中等经济水平的社区，在一个大住宅区的边上。它本来是为汽车工厂的工人建造的，现在这个工厂大部分工作都自动化了。在这个位于英国最富裕城市之一的郊区，有着全英国最高的儿童贫困率。在离我们家半英里的地方，有个环绕着古老村庄的住宅区，它与城市融为一体。有许多教授曾经居住在这里，如今这里满是漂亮的石灰石和红砖建筑，居住着银行家、科技企业家和其他神秘的百万富翁。

如果你在一个周五的下午站在村庄的边界上，聚焦于把它与住宅区隔开的游乐场，你可能会注意到那些在社区中心的玻璃门前排着长队的人们。他们每个人都在那里待上几分钟，装满一包东西，然后离开。那里是食物银行。这个游乐场就像分割出了完全不同的两个世界。

我去拜访过那个食物银行，问这些人对"食物太便宜"的说法有什么看法。他们的反应从轻微的困惑——好像他们听错了——再到完全的怀疑。一些人叹气或摇摇头，一些人简洁有力地回应：

"如果食物太便宜，我就不会在这里了。"

"如果不是因为免费，我绝对住不起现在我住的地方。"

"现在什么东西都不便宜。"

"他们要赶走爱尔兰佬。"

当我在社区中心与他们交谈时，我的视线忍不住越过他们的肩膀，看到在游乐场的另一边——一排价值 300 万英镑的住宅。

我的食物银行之旅始于托利的农场。他告诉我，当他有卖不出去的蔬菜时——通常是季末的土豆和洋葱——会把它们捐给一个收集和分发多余食物的慈善机构。我决定跟随他们，去看看为什么在这样富裕的国家，仍旧有这么多人在挨饿，以及我们需要做出什么改变。我首先跟着托利的蔬菜来到了位于牛津郡的一个平平无奇的小镇——迪德科特镇（Didcot）郊区的一个仓库。在那里工作的是一群辍学生，他们受雇于当地的慈善机构索菲亚（Sofea），[3] 处理由英国最大的食物再分配机构——公平分享（FareShare）组织收集的货物。[4]

尽管这是一个小型仓库，但每天大量的货物进出对于从事后勤工作的人来说仍是很大的挑战。每天，原本会被浪费掉的食物都会从几十家企业运来此处。有时是装在托盘里，有时是装在手提袋里。当这些货物进入仓库时，会被记录在清单中，然后分类堆放好，以便于能够在需要时快速被找到。更新后的库存清单被发送到 100 多个慈善机构，然后它们会根据需要提交订单。由于有些食物已经接近保质期，所以工作人员必须在短时间内完成包括订购、装卸、摘选和发运的整个流程。

在高至天花板的钢架子上摆放着"环境食品"（ambient food）：这些产品可以被长时间保存，且不需要冷藏。这种罐头或者小包装的食物是很难得的，因为商店和制造商通常都不急于清理这种库存。当我去的时候，货架上摆满了东西，尽管都是些稀奇古怪的种类：蘑菇罐头、高汤块、面条、金枪鱼、辣椒酱、罐装即食拿铁、混合甜甜圈和早餐麦片。在新冠疫情暴发之初，商店都被抢购一空，几乎没有剩余的环境食品，因此公平分享组织不得不向政府施加压力，要求拨款购买。最后一批库存——罐装的番茄、烤豆、鹰嘴豆和甜玉米——现在已经不多了，没人知道接下来该怎样填满这些库存。

最忙的要数处理新鲜食材的员工。与其他库存相比，新鲜食材往往以更多种类以及更小规模的批次到达，而且它必须被更快地转移到目的地。在仓库我看到了比超市售卖规格大得多的一袋袋粗糙的欧洲防风草，不够直的胡萝卜，淡紫色的马铃薯：很明显，其歪扭成巴洛克式的形状满足不了商店的质量标准。洋葱被装在巨大的网袋里从包装工厂运来。

"这些是从生产线上掉下来的洋葱，"公平分享组织的阿黛尔告诉我，"工厂会为我们把这些掉下来的洋葱收集起来，然后打包。"

有一个装满梨的建筑工地袋子，几箱黄瓜、苹果、辣椒、西瓜、柠檬、红薯、猕猴桃、大头菜以及一箱波兰吐司和几百个鸡蛋。还有半托盘用玻璃纸包装成的花束。

"他们会把这些花和食物一起送出去。有什么理由不这么做呢？"

一个年轻人正在卸下满满一推车的椰奶粉。

阿黛尔说："我不知道这怎么来的，但这就是我们所有的椰奶粉了。"

在巨大的工业用冰柜里，放着成箱的萝卜、卷心菜、西兰花、蘑菇、花椰菜和菜豆。

"这些豆子对包装厂来说可能太长了。包装机对所选用的材料非常挑剔。如果蔬菜太大，袋子就会裂开。这些花椰菜也长得有点长了，但不影响味道，只是不符合包装规格。"

步入式冰箱里放满了香肠和肉片、因患了白内障而眼神呆滞的鱼、阔恩素肉汉堡（Quorn burger）、冷冻意面、蛋糕和馅饼。

"水果和肉总是缺货。"

这是食物银行普遍面临的一个重大问题。令低收入人群最难以负担的就是新鲜农产品，同时食物银行发现最难供应的也是这一类食物。这一方面是因为它们的保鲜期短，另一方面，正如我很快发现的那样，是因为很难从整个食物链中把它们单拎出来。

负责收集和分发订单的主管是一个 21 岁的瘦小女人——索菲，她的脸几乎全被口罩遮住了。她因为所有考试都不及格所以离开了学校。而现在，她管理着一个 6 人的团队。

"来这里工作之前，我无所事事，因为在学校的成绩太差，我也没法当学徒或接受任何形式的教育。我还是个社恐，如果坐在一群人中，其他人都在说话聊天，我就是那个什么话也说不出来的人。

"当我有机会真正开始工作后，一切都改变了。然后我逐渐开始明白，我可以被那些我认为不会接受我的人接受，并且他们还有可能会给我提供机会。"

在包装区，索菲遇到了后来成为她伴侣的那个年轻人，他们刚刚付了一套房子的首付。

公平分享组织平台的数据显示，常规食品在经过一系列完整的程序到达消费者的手里，购买这样一吨食品的平均价格是 1500 英镑左右。而盈余食物则可以以 210 英镑[5]一吨的价格被找到并分发到需要的人手中。这非常重要。但同时他们也意识到，通过减少食物浪费来解决农业危机的潜力其实被夸大了。

该慈善机构告诉我，虽然英国的食品行业每年会丢弃约 200 万吨垃圾，但估计只有 25 万吨可以被回收利用。[6]公平分享组织对这一数字提出了质疑——它认为，只要做一点创新，就可以诱导那些迄今为止仍难以触及的部分食物链交出它们的盈余。但事实是，总有些企业比慈善机构更有话语权。

对超市施加压力会相对容易，因为它们比较担心自己的公众形象。它们处理的盈余食物可以直接转移到像索菲亚这样的仓库，因为这些食物已经被包装好以供最终使用。但很多时候，超市送来的似乎并不是自己的产品。这些超市通常都与供应商之间存在着剥削关系，如果它们不满意供应商提供的产品，供应商就得不到报酬。所以这些超市往往会订购多于需要量的产品。[7, 8] 然后再借花献佛，把从供应商那多订购的产品充当盈余捐给慈善机构。

但是食物链上的加工商和包装厂与消费者没有直接关系，即使它们丢弃了大部分自己处理的食品，也不会对公司声誉造成什么损失。有时，在劳动效率和物质效率之间存在回报率的问题：一个公司防止食物浪费的成本可能比要挽救的食物本身的成本还要高。这也导致很多食物在被进行包装或食用之前就已经被放弃了。

公平分享组织做了一些干预措施。例如，它们发现，当香肠工厂从生产一种香肠切换到生产另一种香肠时［例如，从生产林肯郡（Lincolnshire）香肠切换到生产坎伯兰（Cumberland）香肠］，原先在工厂管道中的香肠肉就会被抽出来扔掉。于是公平分享组织说服了一家工厂将这种肉制成了普通香肠，并将其捐给慈善机构。它们还发现可以以极少的成本促使水果和蔬菜种植者们收割、包装和运送那些本该被犁入土壤的作物。

但多数情况下，没什么好办法。水果和蔬菜的不同寻常之处在于，它们在离开农场时都差不多是产品的最终形态了。同样的情况也不适用于粮食和牲畜——慈善机构还没准备好要接收一群需要被处理的活猪。在发达国家，我们大部分的食物浪费都发生在食物链的另一端：[9] 食物被眼大肚子小的人剩了一半或还没被吃掉就丢弃了。[10, 11] 这些食物不能被重新分配，这种损失只能通过道德劝说来减少，但这显然是很困难的。

因此，当有人声称，世界上大约有三分之一的食物被浪费掉了，[12] 要是可以把这些食物节省下来，几乎可以养活现今地球上所有挨饿的人，同时还能节约大片的农田和大量的化肥、农药和水，这时请不要相信他们，因为大部分的食物是无法被回收再利用的。[13, 14]

甚至科学家有时也会犯这样的错误。他们所做的一些计算假设，例如任何减少食物浪费所减轻的环境影响都是一种净节省。[15] 但实际上，在较贫穷的国家，由于运输的缓慢、不可靠，运输途中的高温等引起的腐烂、虫害或淤青，以致大量的食物都损失了。因此，所谓"更多更好的道路、更多的冷藏设施[16] 和更好的包装"等解决方案，可能会抵消为改善环境所做出的努力。

例如，改善现有农业地区的道路，可能会导致农业生产更加集中在那些交通便利的地方，同时修建公路往往是破坏生态的主要因素。而且有了更方便的道路往往会激发人们在以前难以涉足的地区开拓新农田的热情。在亚马孙盆地和刚果盆地，这一过程被轻描淡写地描述为"改善基础设施"，正在逐渐瓦解热带雨林的生态。[17] 科学家将森林砍伐描述为具有高度的"空间传染性"：换句话说，农业边界的任何扩张都会引发进一步的扩张，这主要是通过铺设道路而实现的。[18] 距离公路的远近和森林火灾的次数之间有着密切的关系，[19] 道路和捕猎野生动物之间也有类似的关系。[20] 这种认为改善基础设施就能减少对环境的影响的假设是令人不安的。

与改变饮食习惯所能节省的钱相比，我们通过减少食物损失所能节省的钱都是微不足道的。一篇论文比较了减少一半食物浪费而减少的温室气体与通过转向植物性饮食而减少的温室气体，这两者的效果差异是巨大的：在 5% 到 80% 之间。[21] 然而，在我看来，人们花在劝说他人去吃他们售卖的东西上做出的努力，似乎比花在改变他们吃什么东西上付出的努力更多。其实这两种努力都没什么太大作用。但考虑到人们听取劝告的耐心是有限的，也许我们应该把重点放在能够带来最大改变的那种劝告上。

这些不是在贬低公平分享组织及其合作伙伴所提供的服务。该慈善机构认为，食物再分配本身至关重要，同时也是实现其他目标的一种手段：将人们聚集在一起，建立社区，帮助人们满足一系列需求。当我询问与公平分享组织合作的项目有哪些好例子时，他们提到了离我家半英里远的食物银行和青年俱乐部。而且我其实认识那个经营者，她曾是我的工作搭档，当时她负责该住宅区的社区发展工作。于是，经过 60 英里的路程，在拜访过托利的农场和位于迪德科特的一个仓库后，这趟探索之旅又把我带回了家门口。

弗兰·加德纳（Fran Gardner）现年 69 岁，看起来非常健康有活力。她有着棕色的皮肤和灰色的短发，一双忧郁的大眼睛，清瘦的面庞和充满力量的双手。她有过一段很不一样的经历，在那之后她意识到了食物所蕴含的无与伦比的社会力量，于是来到了这里。

"我很早就结婚了，几年后又离婚了。然后我不想再继续以前的生活。我飞到了纽约，参加了一个小型巴士环美之旅。我是里面唯一会做饭的人，所以我用 4 个煤气灶给同伴们做了 6 周的饭。当我们到达洛杉矶时，巴士司机介绍给我一份工作：在一辆捷运巴士上为 39 个人做饭。回到英国后，我被聘为一艘 95 英尺长的游艇上的厨师，而这艘游艇正准备驶往迈阿密。"

她以前从未乘过船，所以她刚一到英吉利海峡就开始晕船。一系列非凡的冒险就这样开始了。先是由于船长的一个可怕的错误，船在离开佛得角群岛一天后淡水就用完了。中途在大西洋上有偷渡者出现，并引发了一场大规模的争论，有一半的船员想把偷渡者扔到海里。接着一场可怕的大风击碎了船的配件，他们不得不在古巴登陆。在那里，船上的所有人都被当地士兵关押了 10 天，并要求他们支付赎金。

但弗兰是一个坚强的女人。她一年中的大部分时间都在迈阿密到巴哈马的航线上工作。回到英国后，她在苏塞克斯丘陵（Sussex Downs）租了一间小屋。她发现自己还是向往户外工作，因此，通过坚持不懈的努力，她成功地成为当地野鸡场的学徒饲养员，然后成为正式的猎场看守。当时，她是英国唯一的女饲养员。她对自己那时的工作内容的描述证实了我们在构建田园幻想时会很容易忽略乡村生活的另一面。

"杀戮是无情的。我每天都要杀掉狐狸、白鼬、黄鼠狼、兔子、鸽子。我不得不坐等着看狐狸幼崽出生的地方，然后放上氰化物。我看到的事情让我至今回想起来都感到恐惧。和我一起工作的饲养员是非常老派的那种人。他在野鸡围场周围的柱子上设置了木杆陷阱，以捕捉飞来捕食雏鸡的猫头鹰。它们的腿会被陷阱困住，悬在那里扑腾整夜，直到第二天早上他再把它们杀掉。当我对他的做法提出质疑时，他说：'它们妄图来捕食我的鸟，那我也以其鸟之道，还其鸟之身。'"

这些杀戮使她感到恶心，而且无论她多么努力工作，但因为性别问题也始终不能被完全接受。她觉得自己受够了。一个朋友向她介绍了电脑，于是她就迷上了信息技术（IT）。"我一直都是这样。我迷上了某样东西，就会为此付出一切。"后来她在一个学校教信息技术课，接着被一家小型慈善机构聘用。那里的首席执行官教会了她如何筹集资金。"于是这就成了下一个令我着迷的事情——赚钱，我也很在行了。"

在经历了几次职业转变后，她在牛津的玫瑰山（Rose Hill）找到了一份工作，为一家房屋协会做筹款工作。当时一位市议员指出，这片居民区里没有可供小学生放学后活动的地方。"于是，我在 2010 年筹集了一笔资金，成立了这个青年俱乐部。"

"这个俱乐部非常受欢迎，5 年后，我们的俱乐部已经有 150 个孩子了。我们需要的东西太多了。来这儿的很多孩子都吃不饱饭，你可以看到饥饿对他们行为的影响。如果他们饿着肚子，就会觉得自己很差劲，而这会导致一系列问题的出现。所以除了做运动、做游戏、听音乐、做手工，我们还提供给他们一顿热饭，可能是自制酱料的意大利面，或者比萨，还有水果和蔬菜。这甚至是他们中一些人一天里唯一的一顿餐。

"现在，我们对来这里的孩子做的第一件事就是给他们提供食物。食物是切入点。有些大一点的男孩来这里只是为了吃饭，吃完就走。但即使在这么短的时间内，你也可以和他们交谈，了解他们的情况。这就是食物的力量。它创造了原本不存在的联系。"

这让我想起了"陪伴"（companion）这个词的词源。它源自拉丁语 com panis，意为面包。

"一旦我们赢得了他们的信任，就可以开始进一步了解他们的生活。我们注意到那些明显饿坏了的孩子，会在口袋里塞满食物带回家。我们会留意他们身上的擦伤；留意那些被忽视的痕迹；留意那些衣服总是很脏，甚至从来没有换过衣服的孩子；留意那些头发已经好几个星期没洗过或梳理过的孩子。我们可能会注意到一个孩子被他害怕的'叔叔'接走。一个女孩告诉我们，她的一个朋友准备和一个中年男人私奔到伦敦去。如果不是因为我们提供的食物，没有人会知道这些。有困难的年轻人更愿意向我们倾诉，而不是去找警察，因为他们信任我们。"

青年俱乐部也会教孩子们烹饪，并向他们介绍新的食物种类。孩子们还可以自己动手在俱乐部提供的一块土地上种植蔬菜。"孩子们很喜欢自己种植食物，即使只是一点点，也会给他们带来巨大的成就感。"

"有一天，当我在迪德科特把食物从车上卸下来的时候，两个在小学厨房工作的女人和我聊了起来。她们问我这些都是什么。我告诉她们后，其中一人说：'我希望我们能买得起那样的食物。'通过交谈我发现，她们俩都有全职工作，她们的伴侣也是，但生活还是很艰难。他们拿着最低工资，没钱养活孩子。接着她们告诉我还有很多人是像她们一样的。这附近的租金是个天文数字，通常要占到他们全家收入的 60%。

"所以这两位女士建立了食物银行，并为我们经营了前 4 年。后来，这里的规模逐渐扩大。

"现在每周有 70 人通过食物银行来获取食物。我们不能在这里解决所有基本问题，只是在有限的预算范围内，尽我们所能去帮助他们。我们做的只是把大拇指伸进堤坝，但已经可以窥见整个堤坝的墙正在崩塌。"

她告诉我，人们别无选择只能求助于食品银行的主要原因之一，是政府制定的一项残酷而不必要的规定：如果你陷入困境，那么你必须要等到 5 周后才能从政府那里获得经济援助。[22]

"饥饿问题一直存在。有位妇女有一个 6 周大的婴儿，她家的橱柜里什么都没有。但离谱的是她得等 5 周才能得到帮助。另一名妇女连续 3 天家里没有煤气和电。有些人有严重的学习障碍或精神问题，他们身无分文，只能自谋生路。

"如果想得太多我会崩溃的。但我能做的一件事就是用我所有的技能和热情来写那些资助申请，因为你需要投入激情去游说才能弄到钱。"

就在她说话的时候，食物银行今天的第一批顾客来了。他们中的大多数人都愿意和我交谈，尽管只有少数人愿意让我说出他们的名字，而且没有人愿意在食物银行门口逗留太久。但我在访问中听到的所有故事，似乎都证实了一个定律：不管你的不幸出现在哪一环节，很快你都会完成这个苦难循环。你可能会因为失业、感情破裂、被赶出家门、精神或身体出现健康危机、债务无法偿还而穷困潦倒。[23]但最终，当你陷入困境后，所有这些灾难就都可能会经历一遍。许多富裕国家的人几乎难以想象饥饿问题居然现在就真的在发生着。

一位女士跟我形容了她的生活是如何分崩离析的：

"我曾经是一家公司时尚部门的经理。我一直努力工作，但后来我失业了，一切开始变得一团糟。现在我有焦虑症和抑郁症，还有吸毒问题。我没有任何家人和朋友了。所以，到了人生的这个阶段，我感觉自己生活在伸手不见五指的黑暗里，这真的很难。

"我为什么到这儿来？事情都有先后顺序。你必须支付账单，不是吗？否则他们会找上门的。你还得有个栖身之所。所以如果你什么都买不起，那你也不会购买食物的。来到这里，就少了一个问题要处理。然后你就可以开始考虑如何支付账单了。

"这是救命稻草。这是一个没人瞧不起我的地方。我来这里不用感到尴尬。而在其他任何地方，我都感觉很糟。"

一个男人在跟我讲述他的危机是如何开始的时候哭了起来：

"我全职在家照顾我残疾的女儿。后来我和我的伴侣分手了，所以我不得不离开我们的家。我最后住进了临时住房。从那以后，我的情况真的糟透了。上个月我度过了一段艰难的时光，因为要偿还欠款。我是靠他们给我的食物活下来的。对我来说，一切都变了。这是非常困难的。"

他告诉我他患有无法控制的 1 型糖尿病，需要每两小时就吃一次东西，否则会有严重的低血糖发作。"在过去的 18 个月里，我因为低血糖症去了 3 次医院。当我一无所有的时候，这里的食物帮了我。说实话，我不知道没有它我该怎么办。"

"也许情况会糟得多，糟得多，我只能说这么多。我在努力重新振作起来，他们做的这些事情真的为我提供了很多帮助，我怎么赞扬这些人都不为过。"

一位 40 多岁的妇女告诉我，她"无论多么艰难，总能应付过去。但没有食物银行我挺不过去"。

"我被袭击了，我的眼睛被毁了。医生做了几次手术试图挽救它，但都没有奏效。现在他们给我安了一个玻璃的假眼球。我的情况很糟糕。你知道的，我需要挣扎着维系一切。我要重新开始，重整旗鼓。"

一个男人告诉我，他竭尽所能地工作，但他是一个单亲父亲，挣的钱不足以养活他和他女儿。

"当我第一次开始使用食物银行时，我觉得非常丢脸。这是一种耻辱。我认识的人会对我指指点点，他们认为这相当于乞讨。一开始，我很在意，但现在不那么在意了，我已经习惯了。这是没办法的办法，不是吗？

"你是不是想知道，如果没有食物银行，我们会挨饿吗？我女儿不会，但我会。是的，它救了我们。"

每个故事都不同，但每个故事又都遵循着相似的轨迹。一名妇女在新冠疫情流行初期的恐慌性抢购期间开始挨饿，当时人们从她的代步车旁边挤过去，在她够到货架之前就把货架上的所有东西都抢光了。接着一切都变得更糟。另一名妇女是替她母亲来的，她母亲是盲人，靠少得可怜的社会福利硬撑着。还有一个女士则需要养活她的家人和邻居，否则他们很可能会饿死，而没有食物银行她是做不到这些的。

我还遇到了两个异常肥胖的人。这是一个让一些评论人士感到困惑的问题：如果一个人肥胖，那他一定是吃得太多了。他们为什么还需要免费食物呢？

这反映了人们对肥胖原因的误解。肥胖率在极端贫困人群中是最高的，[24, 25] 因为最便宜的食物是最致胖的。[26] 正如弗兰所说的那样："当人们身陷贫困囹圄，只能够买那些热量高的食物，通常都是那些很糟糕的食物——加工过的碳水化合物，高脂肪。并不是人们不想吃好东西，而是他们买不起。"

联合国粮农组织的数据显示，一份优质饮食的价格是含同样热量的仅仅能够填饱肚子的饮食的 5 倍。[27] 自相矛盾的是，肥胖常与营养不良共存。[28] 一些摄入过多热量的人往往会缺乏维生素、矿物质和纤维的摄入。

贫困加上社会地位低下而带来的压力、焦虑和抑郁，似乎使人们特别容易受到不良饮食的影响。[29, 30] 但发表在《柳叶刀》（The Lancet）上的一项调查结果出乎意料地显示，超过 90% 的政策制定者认为"个人动机"是"肥胖率上升的一个强烈或非常强烈的影响因素"。[31] 我听到过很多专家带着明显的鄙夷态度，激动地坚称：肥胖问题出在"意志力"上，人们"没有为自己的饮食负责"。对于为什么在像英国这样的国家，有近 2/3 的人口迅速地同时丧失了坚定选择健康饮食的"意志力"，[32] 我还没有看到任何提出这一主张的人给出令人信服的解释。

他们的解释忽略了日益加剧的贫困问题和收入不稳定问题，同时也忽略了时间的匮乏：弗兰告诉我，在这个社区里，有些人每天要做两份到三份工作，每天工作 12 小时。他们花了太多的时间为别人把食物端上桌，而他们自己却没有时间做饭。因此，他们依赖的是在该住宅区购物链中占据主导地位的餐厅的外卖食品。其实在大多数贫困社区，也没什么别的东西。

那些所谓的科学解释忽略了科学家和技术人员是如何通过添加糖、盐、脂肪和风味增强剂的精确组合来逐步调整垃圾食品的，以及它们是如何绕过我们控制食欲的自然机制的。[33, 34] 也忽略了广告商是如何利用心理学家和神经科学家来瞄准我们的弱点，并发明了巧妙说服我们购买不健康食品的方法的。[35] 这些食品公司还雇用了听话的科学家[36] 和智囊团[37]，声称体重是"个人责任"的问题。换句话说，在花费数十亿美元凌驾于我们的自制力之上后，他们指责我们未能锻炼自制力。肥胖是一种传染病，它的传染载体就是食品公司。

事实上，缺乏意志力的情况确实存在：政治家们的意志力在于改善财富分配，确保没有人被遗漏，以及约束那些掠夺我们的胃和思想的公司。或许，还可以让人们买得起更好的食物。

弗兰告诉我："我一直都不明白政府为什么不补贴水果和蔬菜价格，这就可以大大减少肥胖率。你去超市看看，4 个苹果要 2 英镑。如果你拿着最低工资，家里又有两三个孩子，你怎么负担得起呢？我们是想每周给每个孩子一袋水果带回家。但是一袋要花 3 英镑，要给十几个孩子，我们没有那么多钱。"

几乎所有与我交谈过的人都告诉我，他们非常喜欢烹饪。在社区中心一排排的盒子里有一些即食或半即食的食物——小袋香肠砂锅、海鲜鸭面、罐装肉酱牛肉和蔬菜汤、意大利面酱、烤豆。也有很多生的食材，有一包包的米、意大利面和一盒盒的鸡蛋（但我注意到确实没有椰奶粉）。有大袋的蔬菜：洋葱和土豆——它们有可能是来自托利的农场——玉米、小黄瓜、茄子、大白菜，还有一盘盘的紫色花椰菜、瑞典菜和韭菜，以便如果有人想多拿些的话。

我很好奇这些拿了食材的人会用它们做些什么。大多数人说，他们要么会在网上查找食谱，要么会自己发明一些菜谱。他们一边检查着放进包里的食材，一边跟我说，他们可能会用这些做一道咖喱菜或炖菜，也可能会用来炒菜或做汤。如果他们有烤箱，就可能会尝试做蔬菜烘焙。大家都很乐意烹饪新鲜的食材。

"我不是一个好厨师，"一位女士告诉我，"但拿到这个食材盒子就像参加'快手厨师挑战赛'（*Ready Steady Cook*）。你有了这些原料，就必须考虑用它们能做什么。有时候会有很不错的成果，像我用上周的食材做了鹰嘴豆和土豆咖喱，味道不错。"

另一位顾客说："你总是可以用你在这里得到的东西去创造一些食谱。我不会浪费任何东西。不管怎样，我会想办法去充分利用它的。"

"如果是孩子们不喜欢吃的东西，"一位女士告诉我，"我会把它们切得很小块，放在酱汁或炖菜里，这样他们就看不出来了。""里面有蘑菇吗，妈妈？""当然没有，亲爱的。"

我们都明白，就像一个活动组织说的，"我们不可能通过食物银行来摆脱饥饿问题"。[38]在一个富裕的国家里，食物银行是最后的、绝望的手段，是政治和经济严重失调的症状，[39]是财富分配严重不均的表现。慈善是政府失败时才会出现的事。然而，在世界上的许多地方，包括一些最富裕的国家，食物银行已变得必不可少。[40]在英国，政府数据显示，目前有将近

2% 的成年人依赖食物银行生存，[41] 否则许多人将面临严峻的饥饿问题。

盈余食物的再分配也是存在争议的。著名的厨师和社区组织者迪·伍兹（Dee Woods）指出，"多余的人以多余的食物为生"。[42] 她提出了一个重要的观点：如果受饥饿困扰的人被当作一种废物处理系统，用来减轻我们浪费食物的社会罪恶感，那将是很糟糕的。但由于慈善机构的预算如此紧张，盈余食物的成本远低于购买食品，这个理由目前仍很充分。没有一个关心贫穷和饥饿问题的人希望事情保持现状。但这些是结构性问题，需要结构性的解决方案。

正如我们无法通过食物银行来摆脱饥饿一样，我们也无法通过提高食品价格来解决农民面临的困境，除非我们准备好要看到更多的人挨饿。一项分析表明，[43] 2021 年的全球食品价格已经高于除 1974 年和 1975 年以外的前 60 年中的任何时候。环保主义者经常呼吁"外部性，内在化"（这是那些激动人心、振奋人心的口号之一）。这意味着，商品和服务的价格应该包含对人、地方和生物系统造成的损害的成本。著名的《柳叶刀》杂志研究指出："我们认为食品价格应该充分反映食品的真实成本。"[44]

但是，即使有可能量化对野生动物、土壤、水和大气造成破坏的成本——将它们完全用货币展现出来，并纳入食品价格（我认为这是一个完全不可能的命题），[45] 我们会愿意这样做吗？如果将我们的生命维持系统神奇地转化为美元和英镑后，我们会发现小麦的价格不再是每吨 200 美元，而是每吨 500 美元，这真的是我们希望的价格吗？如果是这样，将会有很多人挨饿。

现在越来越多的人开始认为，解决所有这些难题的答案是"食物主权"。它的主要理念为"获得健康和文化上合适的食物"的权利，以"生态无害"的方式进行种植，以及当地人控制"自己的粮食和农业系统"的能力。[46] 它旨在打破企业对食物链的控制、维护妇女在粮食生产中的权利、改善土地分配均衡问题和关注农村劳作人的生活条件、保障公平收入、制止强制性贸易协定和自然私有化。我承认，所有这些都是迈向更公平世界的必要步骤。但我认为有两个问题。

第一个问题是该运动的目标并没有提到"零"务农。在它的宣言[47]中没有提到限制农业活动占用的土地面积，换句话说，就是控制农业的扩张。当我向一些食物主权活动人士提出：那些挥霍土地的方式——生产少量肉类的大片地区——应该退出生产，回归自然。[48]他们强烈地反对我这个观点。然而，如果没有这样的限制，我很难想象出我们如何能阻止生存依赖于未受干扰的自然系统的野生动物多样性和丰富度的加速崩溃。这里有一个基本的观点冲突：该宣言声明"所有的……生物多样性"应该通过"生态可持续管理"得到保护，但任何一种农业的采掘管理似乎都对大多数物种构成了生存威胁。[49, 50]

有时，拥有耕种的权利与拥有一个繁荣星球的权利是不兼容的。假装这一冲突不存在就无法确保它能得到解决。

第二个问题是这种观点倾向于强调用本地粮食生产来取代长途贸易。[51]下面让我们来探讨一下这个问题。

这是一个重要且容易理解的目标：地方联络网为小型生产者创造了一个机会，使他们可以直接与消费者联系起来，而不会被中间商赚取大部分利润。他们建立了在国际食物链中经常缺失的信任感和责任感。与跨国贸易相比，地方食品经济更有可能让人们留在自己的土地上，有利于小规模和多样化的生产，并创造就业机会。

但我们应该抑制住把所有形式的地方生产都浪漫化的冲动，仅从文学作品中就可窥一斑。从描写从事小规模生产的农民富足自治生活的钦努阿·阿契贝（Chinua Achebe）的《分崩离析》（*Things Fall Apart*）和约翰·伯格（John Berger）的《猪的土地》（*Pig Earth*），到安东·契诃夫（Anton Chekhov）的《农民》（*Peasants*）和张戎（Jung Chang）的《野天鹅》(*Wild Swans*)中描绘的肮脏地狱，不一而足。并非传统农村文化的每一个方面都值得赞扬。想想那些生活在巴基斯坦和印度北部的部分农村地区的妇女待遇和地主权力，或者墨西哥某些地区的"卡西克主义"(caciquismo)，[1]或者美国南部一些州的农村社区中那些可憎的种族主义。答案是显而易见的。

食物主权运动在对抗传统的不公正和新形式的压迫方面发挥了至关重要的作用。它倡导反专制、反种族主义以及反对文化和宗教压迫，[52]提倡女性平权[53]和土地、财富、权力的再分配。[54]它对当地市场的重视在原则上与这些目标是一致的。追求公平和财富分配的发展空间在本地食物链中应该比在全球食物链中更大。

那么，是什么阻止了向本土化生产的过渡呢？对此有很多解释：土地所有权的集中、市场结构、大公司的政治权力、不公平的补贴、富裕国家以低于生产成本的价格倾销粮食，这些都打压了较贫穷国家的农民。所有这些都是正确的，巨大的不公阻止了过渡。但还有另一个更深层的问题，有一些基本的数字很少被提及和讨论。在大多数情况下，在靠近人口聚集的地方，根本没有足够面积的种植区。

《自然 – 食品》(*Nature Food*)期刊上的一篇论文试图探究世界上有多少人可以用距他们居住地 100 千米内的土地来种植养活他们的主要作物。[55]这项研究发现，在这一半径范围内种植的小麦、水稻、大麦、黑麦、豆类、小米和高粱只能养活世界上 25% 的人口。在 100 千米半径范围内种植的玉米和木薯则最多可以满足 16% 的人口温饱问题。从种植地到餐桌的全球平均最短距离是 2200 千米。至于那些依赖小麦和类似谷物的人来说，这个距离则是 3800 千米。在消费这些作物的全球人口中，有 25% 的人是被至少 5200 千米外种植的粮食喂饱的。

---

① 一个城市或区域由当地的党派或土豪来进行管理。——译者注

这是什么原因造成的呢？因为世界上大多数人都居住在大城市或人口稠密的山谷里，这些地方的腹地太小（而且往往太干、太热或太冷），无法养活作物。所以世界上的大部分粮食都生长在广阔、人烟稀少的土地上——例如加拿大的大草原、美国的平原、俄罗斯和乌克兰的大草原、巴西内陆——然后再运往人口稠密的地方。通过提高产量来缩短这些距离是有可能的，但十分有限，并会被我在本书第 2 章中讲过的条件约束。事实上，由于气候变化和其他灾害可能会使更多的地方越来越不适合耕种，所以贸易距离可能还需要进一步增加。

考虑到世界人口的分布和适合耕种地区的分布，放弃长途贸易将导致大规模饥荒的发生。你可以与政治、经济、市场结构和企业权力进行谈判，但你不能与这些实实在在的数字谈判，所以你只能妥协。

但是，就像在这个领域经常发生的那样，关于我们应该如何种植食物的激烈辩论常常发生在一个不考虑现实数据的真空环境中。在我们对地方主义最极端形式的幻想——城市农业的幻想中，这种不考虑实际情况的现象最为明显。

我相信，在城市里种植食物对人们的心理健康有很大的好处。如果没有我的果园，尤其是在英国多次因为新冠疫情的封锁期间，我不知道我该如何应对。城市农场、菜园和游击园圃（guerrilla gardens）[56] 使我们有一种与土地息息相通的感觉，使我们可以全身心地投入极具满足感的工作中去。但是，除了一两个例外（主要是封锁期间的古巴），城市农业只能满足很小一部分的需求。原因应该很明显：城市土地稀缺且昂贵。

这似乎并没有阻止一些人大肆宣扬它的潜力。例如，一份报告断言，"世界上大约 25% 的小型牲畜、水果和蔬菜消费"可以由城市农场和家庭菜园来提供。[57] 即使我们忽略了这样一个事实：在城市里饲养的牲畜必须吃其他地方种的粮食而制成的饲料，并且存在传播人畜共患疾病的高风险，而且在绝大多数城市里，也很难找到有条件的土地。城市只占据了地球表面 1% 的土地，而且其中的大部分有其他用途。当我向这篇报告的作者之一——也是我的一位老朋友，提出质疑时，他友好地回答了我，但他仍旧无法提供能够证实这一说法的有力证据。

有些人试图通过推广室内和垂直农业——在室内或多层的建筑中种植食物——来应对这一限制。当这个想法在 2010 年第一次流行起来的时候，就连对理财一窍不通的我都看得出来，这并不是一个划算的投资。我写了一篇文章警告说，巨大的内在成本（在土地和建筑上）和需要在人造光下种植作物的结合，使这种模式在经济上并不可取。[58] 城市里的垂直农场将不得不与农村里的水平农场展开竞争，后者的土地和基础设施成本更低，而且使用的是免费的阳光。即使在室内种植的作物生长得更好，它在承重结构上的投资与成本低得多的温室相比简直也毫无竞争力。

我不是说这不可能。我所在的城市里有一些打理得很整洁的欣欣向荣的农场，它们与人们的住宅融合得很好，并配备了昂贵的灯、泵和温度控制装置，种植着精确规格的作物。但每隔一段时间，它们的种植者就会被警察逮个正着，然后被戴上手铐带走。

不用说，我的文章并没有浇灭人们的热情。我带着怀疑的目光看着一家又一家的初创企业公布了它们不可能实现的计划书，从风险投资人那里筹集了数百万美元，然后倒闭。[59, 60] 每当这种情况发生时，经历磨炼的企业家们都解释说他们的项目是"超前于时代的"。[61] 但他们其实并不是超前于时代，而是领先于物理学罢了。这些失败并没有打击下一批投资者的热情，与他们相比，对于这种投资产生怀疑的我反倒像是某种金融天才。

在大多数行业里，当一种商业模式失败时，就没有下文了，因为资本会试图避免在同一个地方栽两次跟头。但是，几乎是独一无二的，在农业这个领域里，反复的失败似乎并没有威慑作用。乍一看，这可是堪比特百惠（Tupperware）的塔尔迪斯（Tardis）的特性 ① 的巨大谜团之一。但我认为这反映了两件事：大多数科技企业家对农业知之甚少，以及他们对食物生产可发展空间抱有坚定信念。

这并不意外，甚至《圣经》中的许多奇迹都与超自然的食物和饮品有关。在民间故事中，像魔法锅和魔法布丁也都是类似的主题。对于如何养活自己的问题，人们似乎有一种根深蒂固的、古老的欲望，希望找到不太可能的解决办法。但事实上对此没有奇迹，只有可行或不可行的想法，以及当它们与物质现实发生冲突时人们必须做出的妥协。

因此，在这本书聚焦主要矛盾的同时，我们也遇到了一些次要的但同样困难的困境。出于简单的数学原理，我们的大部分食物都必须在远离我们居住的地方种植，并进行多次转移。远距离贸易和大规模生产有利于跨国公司，也加速了全球标准农场的同质化。但这种整合削弱了全球食物体系的弹性，破坏了小农的生计，削弱了食物主权。无论如何，我们都需要阻止和扭转这种局面，但同时不能造成大规模的饥荒。食物必须便宜到足以养活贫困人口，但又要贵到足以养活种植生产食物的人。它需要以低成本进行种植，但不能偷工减料，破坏生态。

如果你在寻找简单的答案，那你可来错地方了。如果你想要奇迹，那我建议你去看其他的书。尽管这些问题是恶劣[62]且矛盾的，但我相信总会有一些令我们不禁发出惊叹的解决办法。

---

① 时间与空间的相对维度。——译者注

第 6 章
根系深埋

在什罗普郡（Shropshire）这个安静的角落，看上去好像刚发生了一场坦克战。当我们从车站前往蒂姆·阿什顿（Tim Ashton）的家时，他向我们解释了这里发生的事情。从二月到三月初接连发生了三场可怕的风暴，以及由此引发的打破了之前所有气象记录的大洪水，这些灾害摧毁了去年秋天播种的庄稼。现在是三月，我们经过的田地都在被农民们疯狂地翻耕和播种，希望现在播种能及时赶上生长季节。但是由于土壤太湿了，重型机械把土都压裂了。

"土地的主人"，蒂姆指着一块被车辙弄得伤痕累累的田地说，"也觉得在这样的条件下犁地很难堪，所以他都是在晚上开工的。"

几分钟后，他把车停在了通往他家的小路上，我们走进了他邻居的一块田地。

"让承包商帮他经营农场，这简直是一场灾难。我看他们一直在这里种玉米，从未间断过。我不记得在这块地里见过其他庄稼。"

这是一个令人很难忘却的景象：尽管田地还没被耕种（在英国玉米播种的时间较晚），风暴已经把光秃秃的土壤从土地上剥离，然后像过筛了一样风化成了矿物质形态。一堆堆红色的沙子填满了拖拉机压出的车辙。黑色的泥沙聚集在田地的底部。在一些地方——尤其是机器碾过的地方——深层土壤完全消失了，只剩下光秃秃的冰川砾石。被压实的洼地形成了恶臭的池塘，并被蓝藻菌（cyanobacteria）染成了钴绿色。

与世界上其他许多地方的土壤相比，英国的土壤往往相当经得起折腾。但在极端天气的"帮助"下，承包商还是成功地将一片高产的田地变成了残破的战场。

为了探索如何用更少的农业活动来生产更多的食物，我把我们吃的食物分为三类：蔬菜和水果，谷类食品，蛋白质和脂肪。[①] 通过托利，我找到了一些关于如何在保持高产量的同时减少种植蔬菜和水果对环境的影响的答案。我拜访蒂姆则是希望找到一个更具挑战性问题的答案：如何保障和改善生产谷物和其他谷物的耕地的健康。目前世界上有超过 50% 的饮食是由谷物作物直接提供的（这里的"直接"，我的意思是它不是作为动物饲料），如小麦、水稻和玉米。[1] 通过耕作、使用杀虫剂、除草剂和化肥，农耕不仅对地球生态造成了巨大影响，而且极易受到环境变化和系统失灵的影响。面对气候混乱和整个系统日益丧失的适应力，改变我们主要作物的种植方式应该是人类最紧迫的任务之一。

我们从谷物中获取了这么多的热量，到底是不是一件好事呢？就获得的营养来讲，均衡饮食也是有必要的。但是无论我们采用什么样的农业系统，它都需要提供人们吃得上、买得起的食物。如果将我们饮食的生态成本降至最低，这不仅意味着改变生产方式，还意味着改变它们的基本性质，那么这项任务就更艰巨了。基于人类和地球的健康，我可以提出一个绝佳论点：人类可以转换成以豆类、扁豆和坚果为主的饮食。但在特定的圈子

---

① 实际上，这些类别没有划分得很清晰。例如，我们也从谷物中获得一些蛋白质，而且谁能说准土豆到底是粮食还是蔬菜呢？——作者注

之外，这个想法目前不太可能获得太多关注。随着越来越多的人意识到全球标准化饮食对健康和环境的影响，如果政府改变补贴、税收和决定食品销售的规则，那么这种情况可能会改变。当我们越少依赖道德劝导时，这种转变就越大概率能成功。

将它与政府为减少温室气体排放所做的努力进行比较，我们就能看出差异。到目前为止，最成功的减排措施是那些消费者只需要付出最少努力的措施。比如我们现在仍是轻按开关，电灯就可以亮起，但改变之处在于现在的电力可能是由风力涡轮机和太阳能电池板来提供的，而不是来自煤炭和天然气。最困难的转变是说服人们改变自己的生活习惯：少开车多走路、多骑自行车或使用公共交通工具、少坐飞机、更换供暖系统、翻新房屋使其更节能。[2] 为了防止气候崩溃，所有这些都是我们必须要做到的，但许多政府对此望而却步，因为这些看似轻松的举措要比开发几乎不为人知的能源替代品更难实现。

因此，很大一部分转变需要发生在最困难的领域之一：主要作物的种植。它们的价格相对低廉，而且由于谷物易于储存和运输，所以它的竞争是全球范围的。更困难的是，这种转变往往需要在这些作物生长的环境条件变得更加恶劣的情况下发生。

蒂姆总是面带微笑，眼睛里闪着光，好像他有个笑话等不及要跟大家分享似的。他金发碧眼，33 岁，个子不高。走路又快又急，说话也一样。他热情，聪明，让人很难不喜欢。

他的房子在苏尔顿府（Soulton Hall），是我在这个国家里见过的最奇怪的建筑之一。这是一栋 17 世纪的方形平顶红砖建筑，有着石灰石外墙角和直棂窗，前门由柱子构成，上方悬挂着巨大的山形墙，上面装饰着古老的纹章。有一个巨大的方形烟囱，每个角落都有拱门和檐口。

蒂姆告诉我："我的朋友们都残忍地把它和巴特西电站相提并论。"

它是围绕着中世纪的核心主题，在一个撒克逊风格（Saxon）的庄园旧

163

址上建造的，该庄园的主人在 1017 年被克努特国王（King Cnut）杀害。这个村庄的庭院里有一座未经国王许可而修建的 12 世纪非法城堡的遗迹。

蒂姆把我介绍给他的父亲：一个精力充沛、微微驼背、小臂粗壮的老人。值得注意的是，作为什罗普郡庄园的主人，他有着浓重的兰开夏郡（Lancashire）口音。蒂姆告诉我，他的曾曾祖父是"维多利亚时代那些扭转了时局的传奇人物之一"。蒂姆的父亲刚开始是一个送信员，后来成为几家棉纺厂的老板。中年时，没日没夜的工作几乎要了他的命。于是他从兰开夏郡来到苏尔顿庄园休养，在这里，他爱上了这户人家的女儿。20 世纪 40 年代末，在依赖帝国强制贸易关系生存的棉纺厂倒闭之前，这家人一直都来往于兰开夏郡和苏尔顿府之间。

这片土地几乎和这所房子一样奇怪。他们拥有 500 英亩的土地——蒂姆称之为"一个大型的小农场"——这里蕴含的土壤种类比你在其他地方 1000 平方千米面积的土地上能看到的种类都要更广泛。在三叠纪的砂岩山脊之间，有些地方有冰川沉积的黏土条；另一些则是沙质、粉质和泥炭质土壤，其中一些一定是在冰川后的泥沼中积累起来的。在一块地里长得很好的作物可能在另一块地里就会很容易地枯萎死亡。在农场上方的悬崖处，年轻的查尔斯·达尔文在那里发现了他的第一批化石。

蒂姆就像是生活在 21 世纪的维多利亚时期的农民科学家，他利用最新的发现，自己进行实验以改进他的实际操作。在苏尔顿府等待我们的是他的合作者们：土壤生态学家西蒙·杰弗瑞（Simon Jeffery），他指导了蒂姆的硕士论文，还有农学家保罗·卡伍德（Paul Cawood）。他们两人的性格和外表都截然相反。保罗自信、喧闹、身体壮实，有一头浓密的深色头发，像个大男孩一样意气风发。而西蒙则安静、苗条，留着一头金色脏辫，举止谦和。但他们俩以及蒂姆的共同点是对土地及其用途的理解，在我看来，这是近乎天才的理解。我认为他们三位是真正的智者。

蒂姆拿起一把铁锹，我们跟着他来到了他的第一块田地。如果我在到达这之前没有看到其他土地的"惨状"，那这片地看起来就和其他耕地没什么两样。但今天，我仿佛来到了另一个世界。附近农场遭受的灾难仿佛和它擦肩而过，完全没有留下明显的损坏。蒂姆还没有播种春天的庄稼，地面上覆盖着去年收获的稻草、苔藓和蚯蚓粪，几株漏掉的油菜籽（oilseed）[1]种子在上面发了芽。但对这种差异最敏感的还是我那 46 码的脚。这里的土壤像橡胶垫子一样坚实而富有弹性，与他邻居那片被撕裂的玉米田以及我们从车站出发途中看到的"战场"形成了鲜明的对比。

为什么会有这样的差异呢？因为蒂姆不耕地。他是欧洲为数不多的采用"免耕"（no-till）[2]方式种植谷物的人之一（在美洲和亚洲这么做的人要多得多）。他正在试图克服托利在自己的体系中发现的问题：不断地耕作会破坏土壤。

蒂姆在这块地里耕了一条地，作为对照组。我通过脚感很快就找到了它：耕过的土壤像打发过的奶油一样柔软。当我走过它的时候，脚都陷进去了，土都能埋到脚踝。仔细看，我可以看到它的表面有浅浅的沙纹，雨水把它和淤泥分开了。它受到了我在玉米地里看到的风选效应（winnowing effect），但在规模上要小得多。

蒂姆把铁锹插进地里，从耕过的土地里挖出了一小团土，又从未耕过的土地里挖出了一小团土。他把它们并排放在一起，耕过的土立刻散开，而未耕过的土块却紧紧地黏在一起。我还能看到另一个不同：没散开的土里爬满了蚯蚓。除了在挖掘堆肥时，我从未见过这么多的蚯蚓。从小小的紫色和黄色的蚯蚓到巨大的粉红色沙蚕都有。相比之下，在耕过的土里则什么也没有，显得死气沉沉。

---

[1]　在世界其他地方被称为油菜籽（canola）。——作者注

[2]　免耕不等同于"非明挖"。非明挖技术主要用于蔬菜种植，包括在土壤表面堆砌有机物质。我在本书第 4 章中曾简要地讨论了非明挖的缺点。——作者注

西蒙解释说，与其说是油菜籽幼苗的根把它连接在一起，不如说是细菌、蠕虫和微小节肢动物分泌的聚合物，以及真菌分泌出的球体球蛋白分子，共同构成了孕育生命的聚集体。

"耕作撕裂了真菌菌丝，打破了聚集体。然后碳被细菌矿化，将其转化为二氧化碳，释放到空气中。接着土壤的细胞结构崩塌，孔隙被颗粒填满，于是土壤中可以通过的空气和水就更少了。这种土壤环境对生活在其中的生命不那么友好。"

西蒙告诉我，自从蒂姆停止耕作以来，这里的蚯蚓数量增加了 6 倍，它们的数量甚至比托利地里的还要多。

"这意味着土壤具有更好的渗水性，更好的透气性，更强韧的根系在其中生长。一条大蚯蚓可以钻到地下两米深处，植物根部就可以顺着它挖好的洞穴延伸。然后良性循环开始运作。蚯蚓为其他生物创造了栖息地，从而改善了土壤结构，而这同时也更利于蚯蚓在土壤中生存，以此循环。"

如果没有蚯蚓和许多其他生物保持了土壤的多孔性，水将几乎无法渗透。在一些地区，这个问题变得非常极端，甚至连雨水都直接从土壤表面上流走了：虽然表层 5 厘米的土壤已经水分饱和，但下面的土壤仍然非常干燥。正如农业研究者和教育家尼尔斯·科菲尔德（Niels Corfield）所指出的那样：生物所形成的聚集体或碎屑结构大大增加了土壤的内表面积。[3] 这些聚集体和碎屑结构的吸水能力很强，水会附着在它们的表面。

值得注意的是，即使在健康的土壤被风干的情况下，聚集体内部的相对湿度也保持在 98%。[4] 换句话说，它们好像不受环境干燥的影响：乍一看，这一特性就像是魔法。但这不是魔法，也不是偶然。其巨大的内表面积使这一切成为可能，这是生物结构的一个特征，因为土壤里的生命创造了适合它的环境——在这种情况下，是饱和的大气。就像土壤中的碳以生物黏合剂的形式得以保存一样，水分也被以生物薄膜困住水蒸气的方式进行了保存。水就是生命，生命也依赖于水。

"在我们耕种这片土地的第二天，"蒂姆说，"弹尾类物种[①]的多样性就下降了约 30%，数量减少了约 70%。如果我对雨林造成了这么大的伤害，人们会愤起抗议的。但是每年秋天我们都会唱歌来庆祝丰收。"

保罗给我看了一些如果他不指出我绝对不会注意到的东西：未耕作过的土团从顶部往下有一条 12 厘米长的裂缝，一条植物的根已经弯曲成直角，并沿着裂缝生长。

"直到 5 年前，这块地还在被耕种。这条线代表着犁能到达的最深点。耕作使这里形成了一个平面，有两个原因。其中一个原因是，在耕作过程中，土壤中颗粒最细小的那部分会被犁到最底层。这就像当你摇晃一罐豆子和米粒时一样，较小较轻的谷物会被摇到底部。当你反复这样做时，这些细小的颗粒就会形成硬层。穿过它需要消耗作物大量的能量，当植物的根系试图冲破它时，表皮会被磨破，容易被感染。因此，它们发现不去正面突破，另辟蹊径的效果会更好。但是当植物根系被困在土壤最上面的几英寸处时，它能接触到的营养物质就更少了，而且更容易受到干旱的影响。

"另一个问题是，耕作会使土壤变换角度（90°），使留在地表的秸秆沿着断裂的线被埋在地下，形成缺氧层。[②]然后稻草就会腐烂，[③]土壤酸度会因此升高。植物的根讨厌这么酸性的土，那就像在舔一块电池一样。"

最终，在几年不耕作之后，蒂姆田地里的蚯蚓和根系将会分裂坚硬的、酸性的磐层，破裂带将会消失。但这需要很长时间。破坏土壤很容易，但弥补起来很难。

保罗说："你耕地时破坏的不仅是碳循环，还会释放氮。这意味着你在植物生长的错误阶段释放了一种奇怪的生物学成分。秋天刚发芽的庄稼长

---

① 弹尾类物种是原始昆虫，有时亦称弹尾目，约有 3500 种。——编者注
② 缺氧层（anoxic）意味着没有氧气。——作者注
③ 腐烂（rot）有时用来表示厌氧分解（没有氧气参与）；而分解（decomposition）则相反，有时表示在有氧的情况下的分解。——作者注

得很快，看起来生机勃勃的，很健康。但在春天，当它应该达到巅峰时，就不是那么回事了。植物生长得太快，承受了太多压力。这时蚜虫就会来进行攻击。"

保罗又一遍强调了托利曾经告诉过我的话：蚜虫喜欢承受着压力的植物。"如果你的庄稼上有蚜虫，那就意味着它们出问题了，正在挣扎脱身。它们需要的是蛋白质，而不是碳水化合物，这就是它们分泌蜜汁的原因。[①] 逆境植物中的氨基酸含量更高，[②]那是蚜虫的天堂。你可以喷你想喷的，但如果你的植物不健康，那喷什么都没用了。[③]

"杀虫剂的半衰期很短，但是害虫成群而来，那你打算怎么做？每天都喷吗？你一旦开始，就无法停下，因为你也用杀虫剂杀死了所有的捕食者。你喷得越多，留下的抗药性害虫就越多。所以不要和蚜虫做斗争，你一定会输的。

"但一株营养良好、健康的植物不需要喷洒农药。它会在叶子上沉积硅酸盐来保护自己。蚜虫是不会碰它的。

"如果你选择免耕，那么到了秋天，你的庄稼看起来不会像书本上写的那样，"他继续说道，"它们不是直立的，而是趴在地上的。说实话，它们看起来没什么精神。其他农场的人会过来看笑话，你肯定也会没什么信心。但一到春天，它们就会支棱起来，形势完全逆转了。"

蒂姆告诉我，放弃耕作不仅让他做到几乎可以完全不使用杀虫剂（他已经 4 年没有使用过任何杀虫剂了），也减少了 15% 的化肥使用量，因为土壤变得更健康了，因侵蚀而流失的养分也更少了。随着有机物的积累，他希望自己需要往土壤添加的东西会越来越少。

"而且我的燃料使用量在改用免耕模式后已经急剧下降。卖柴油给我们

---

① 蚂蚁喜欢的黏糊糊的含糖分泌物。——作者注
② 蛋白质的组成部分。——作者注
③ 这一解释和一些作物科学家的观点相悖。——作者注

的人甚至打电话问我们是否换了供应商。"

保罗脑子里总是有这些数字。他告诉我：通常的耕作方式——使用犁、动力耙、组合钻机和滚轮——每年每公顷会消耗 29 升至 31 升柴油。但在免耕系统中，你只需要在土壤上进行两次操作。第一种方法是用一台拖拉机后面牵引着一个精巧的装置，有点像一台巨大的缝纫机，上面有几十根针，借此把种子埋到地下。第二种方法是碾压土壤，迫使杂草发芽（后面会有更多的相关知识）。这两种做法加起来每公顷只需要 4.5 升柴油。

蒂姆解释说："当农民使用大量的机械来耕地时，40% 或 50% 的作物种植成本都是预支的。所以当收获达不到预期时，他们就会大受打击。但如果我的作物被毁了，我的损失很少。我失去的只有我们自己生产的种子和少量的时间以及播种时消耗的柴油。"

他说："这样做会让我们有更多的时间把事情做好，压力也小了很多。如果秋天的条件不好，你可以在春天播种。需要照顾的土地少了，你自己也没那么累了。"

保罗补充说："总是需要使用拖拉机会给农民带来很大压力。如果他们需要做大量的操作，就必须充分利用好每一个播种时机。因此，农民经常会过早地开始耕作，破坏土壤。而且他们不得不耕种到最后一刻。标准系统就是鼓励最大限度地耕作，而不是优化条件以达到作物产量的最大化。是这个系统迫使人们拼命地耕作。"

"这个星期我就可以在不伤害土壤的情况下进行条播，"蒂姆说，"而耕作过的土地还得再等两个星期。在土壤表面如此潮湿的时候，强行犁地只会弄得一团糟。"

这使得蒂姆的系统对气候破坏具有双重抵抗力。他的土壤结构坚固、状态良好，不容易受到风暴的破坏，更能抵御干旱。如果极端天气毁了他的作物，他的经济损失也不会那么大，所以他的产业更有可能存活下来。

当他们交谈时，3 位智者一直在使用一个我以前从未听说过的短语：

土壤护面（soil armour）。我问他们这是什么意思。

"哦，对不起，"蒂姆说，"这是一个有点浪漫的术语，用来形容我们留在地表上的农作物残留物。当你不犁地时，所有割下的秸秆和其他植物材料都会留在地面上。如果你把它犁进地里，你就是在强迫土壤里的生命使用这些养分。但如果你把它们留在表面，微生物会消化它，蚯蚓可以在自己觉得合适的时候把这些残留物拉进洞穴。同时，它还能保护土壤不受日晒雨淋。"

"你不应该让太阳直射土壤。"西蒙说。

尽管这个改变很有用，但过渡的过程并不容易。蒂姆不得不购买新设备，并学会如何使用它们。他说："我们有过一些痛苦的经历，不得不出售一些资产。幸运的是，银行经理很善解人意。那段时间里，难以捉摸的天气一直在帮倒忙，所以我们花了 4 年时间才把毛利润恢复到我们想要的水平。"

现在，由于土壤健康状况的改善，蒂姆获得了比实施免耕以前更高的产量：多产出了 0.2 吨小麦。这意味着他每公顷能收获大约 7 吨小麦：对于什罗普郡的气候来说，这是相当可观的产量。^①蒂姆告诉我，因为他的成本降低了，所以即使少生产一些，也仍然能赚更多的钱。因此，在经历了种种坎坷后，这种转变开始取得成效。

蒂姆的成功在很大程度上要归功于他地里的蚯蚓。在像这样的系统中，蚯蚓似乎承担了犁地的工作，而且还是在没有破坏土壤的情况下进行的。它们通过在土壤中挖洞使土壤透气，并通过消化植物材料来为作物提供养分。平均而言，有蚯蚓的田地比没有蚯蚓的田地的产量要高 25%。[5] 换句话说，如果农民种植的所有作物都用来养活人类，那么地球上大约有 25% 人口的生存都应该归功于蚯蚓。

我们走过了几片在正常时期看起来很不起眼的田地，在现在这种非常时

---

① 但其实，在大多数情况下，温带地区的免耕农业的产量往往会略低于耕作农业。——作者注

期，它们依旧欣欣向荣。蒂姆向我展示了流经土地的小溪边生长着的自然栖息地：莎草、柳树和粗糙的草。两只美洲木鸭从其中冲出来，向下游快速游去。一只只蓝色的山雀在小树间飞来飞去。这样看来，不对靠近河流的土地进行耕作是有道理的。厚厚的植被吸收了从地里冲刷出来的化肥和农药，阻止它们进入河流。[6, 7] 河流周围是野生动物来往栖息地之间最好的通道，因为陆地和水的交界处往往是生态系统中资源最丰富的部分。[8]

我们发现自己又回到了去庄园的那条小路上。我们穿过蒂姆已经带我去过的邻居的玉米田。这儿与他的土地形成了鲜明的对比。

"依我的专业看法，"保罗说道，"这块地已经疲惫不堪了。"

那么，免耕是解决耕地带来的问题的完美解法吗？并不是。因为蒂姆不耕地，所以他比大多数传统耕作的农民更依赖除草剂。但这并不意味着他比其他农民用得更多，正相反，他通常用得更少。但他目前别无选择，只能用除草剂。他不能像托利那样通过犁地来消灭杂草和覆盖作物，所以他必须用化学方法去杀死它们。

他使用的是在大规模农耕中普遍使用的除草剂：草甘膦（glyphosate），常以农达（Roundup）公司的配方进行出售。多年来，这种化学物质一直被宣传为对除喷洒它的植物外的一切都无害。一般来说，它对其他生命形式的危害确实比它的竞争者们要小。但在它成为世界上最受欢迎的除草剂之后，科学家们开始揭露它对各种各样的生物造成的危害。例如，一项实验表明，草甘膦会影响蜜蜂的导航能力：以含有除草剂的糖为食的蜜蜂需要更长的时间才能找到家。[9] 另一项实验发现，它破坏了蜜蜂肠道中的菌群，蜂箱中存活的幼虫数量因此减少。[10]

据报道，草甘膦对许多淡水生物，包括青蛙、[11-13] 鱼、[14, 15] 小龙虾[16]，以及贻贝[17] 和浮游植物[18] 等海洋生物都是有毒的。但其中一些研究使用的草甘膦浓度要远远高于农民通常使用的浓度，因此实验结果可能和实际情况有出入。同时，磷酸盐污染似乎阻止了除草剂的成分在淡水中被迅速分解，[19] 从而加剧了除草剂的危害。草甘膦在海水中具有极强的持久性，[20] 海水中的盐分似乎也阻止了其被降解。但现在我们还不知道它从陆地流入海洋的累积效应会是什么样的。[21]

除草剂通过抑制植物产生的一种叫作 EPSPS[①] 的酶来起作用，没有这种酶，植物就不能生产许多必需的化学物质。[22] 令人担忧的是，许多细菌和真菌会产生相同种类的 EPSPS，草甘膦似乎以同样的方式在影响它们。[23]

其中有很多是生活在根际和动物肠道中的关键细菌。一些研究表明，草甘膦会破坏促进植物生长的微生物，[24, 25] 而另一些研究表明，喷洒后微生物群落在整体上似乎恢复得很快。[26] 有证据证明这种化学物质破坏了有益微生物和致病微生物之间的平衡，这就可以解释为什么至少有一种致命的作物疾病似乎在使用过除草剂的土壤中更为普遍。[27] 在大多数情况下，草甘膦在土壤中很快就会被真菌分解，但在某些地方，根据土壤类型的不同，草甘膦可以持续存在长达一年时间并在土壤中得到累积。[28]

你可能还记得我在本书第 3 章中提到过的土壤细菌的"固有抗性"：[29] 它们随时准备抵御有害的化学物质。这种耐药菌的奇怪作用之一，是接触一种毒素可以使细菌对其他毒素变得不那么敏感。[30] 一些研究表明，细菌在试图保护自己不受草甘膦的侵害时，会更好地保护自己不受抗生素的侵害。[31] 从原则上讲，这可能会加速抗生素耐药性的产生。在我们的肠道细菌中也会有类似的情况发生，细菌会发展出广泛的抗药性。

最近的一项研究表明，草甘膦对人体肠道中的微生物有一些微小的影响，可能会影响我们的免疫系统。[32] 一项调查发现，在德国，三分之一的被检测者的尿液中都有草甘膦或草甘膦分解成的一种化学物质的痕迹，尽

---

① 5-烯醇丙酮莽草酸-3-磷酸合酶（5-enolpyruvylshikimate-3-phosphate synthase）和它的朋友们。——作者注

管其含量不太可能对人体健康构成威胁。[33]但研究人员能够将这些残留物与人们吃过的特定食物联系起来。

无论如何，草甘膦在某些地方可能很快就会变得毫无用处，因为许多杂草现在都对草甘膦产生了抗药性。美国部分地区的大豆农民已经开始放弃免耕，因为只有通过犁地才能控制住那些超级杂草，免耕在那些地区已经不再适用。[34]

农药的开发和销售似乎都遵循同一个套路。在市场上被宣传为对除了它们要杀死的物种以外的所有动植物都安全。但只有在被广泛使用之后，我们才发现制造商对于他们所宣称的内容并没有进行足够的测试。

一个标准的可耕地农场可能会在一个作物周期内使用两到三次草甘膦，而蒂姆只使用一次。因为他不犁地，野草的种子就留在了田地的表面，很多都被鸟吃掉了。在庄稼进行条播后，他会用一个沉重的滚筒碾过地面来处理其余的问题。这个操作会将杂草的种子压进土壤上，从而唤醒它们（与土壤接触会触发种子的萌发）。它们会在作物发芽前的两三天发芽，这样蒂姆就有时间给它们喷洒除草剂，而又确保不会伤害到他的作物。

这项技术确保了这种化学物质进入人类食物链的可能性很小。他介绍说，他的方式使土地不那么容易受到一种杂草——大穗看麦娘（blackgrass）①的影响，这种杂草现在给欧洲的农民带来了巨大的问题。它喜欢不平整的土壤，所以在耕作过的土地上生长得尤为猖獗。

西蒙认为，草甘膦对土壤生物造成的破坏要比耕地造成的破坏小得多，这一点我们可以从蒂姆的土地里实施耕作和免耕的土地之间的蚯蚓数量的显著差异中看出。蒂姆农场里蚯蚓数量惊人的增长得到了来自世界各地的研究人员的肯定：尽管一项研究表明草甘膦对蚯蚓有害，[35]但耕作的影响似乎更糟。[36]耕作会把虫子切开，把它们暴露给捕食者，并破坏在稳定的

---

① 学名：*Alopecurus myosuroides*。——作者注

土壤中虫子世代相传的洞穴。[37]那些被割开的虫子是永远不会原谅犁地的那些机械的。

许多种类的动物的生命都因耕作而大大减少：食物网中的一些连接被切断了，蚯蚓、跳虫和螨虫的种类也更少了，幸存下来的动物一般都是体型更小、繁殖速度更快的物种。[38]有些群体则完全消失了。耕作对细菌有相同的影响：在免耕的田地里，细菌的数量比耕地里的多。[39]

但是，和往常一样，我们很难去比较不同种类的耕作方式对于环境的破坏和影响。我们如何权衡像蒂姆这样的农场的土壤保护与草甘膦可能对海洋生态系统造成的破坏？我们如何比较蚯蚓的价值和抗生素的价值？虽然有些人试图创建一个单一的用英镑或美元来表示的衡量标准，[40]但我认为这些影响是无法衡量的：你无法用一个有意义的事物去衡量另一个事物的意义。

这些问题能得到解决吗？在有些地方，人们会使用一种叫作压裂滚子（crimper roller）的机器来除杂草和覆盖作物，从而无须犁地或使用除草剂。[41]这是一种粗糙但有效的技术：一个巨大的机器会粉碎和磨损植物的茎，使它们暴露在霜冻和感染中。这项技术通常在加拿大和其他大陆农业区被使用，但英国已经不够冷了，除非地面冻得严严实实，否则你不能在冬天让这么重的机器压过你的田地，你那么做的话就是在摧毁土壤。就像蒂姆的一些邻居在使用其他机器时所做的那样，土地可能需要很多年才能恢复过来。而且如果没有厚厚的霜冻，那些顽强的植物即使受损也可能会存活下来。

但一种可以在任何气候下使用的新奇装置正在迅速地站稳脚跟：机器人除草机。这是一种全自动机器，可以昼夜在田地里来回走动，识别选定的杂草并逐个消灭它们。我认为最有前途的是那些使用电的设备，[42]而不是使用明火或除草剂，因为使用电似乎对环境的影响最小。和往常一样，它也有一个缺点：技术昂贵。但农民可能不需要购买他们自己的机器人，因为一些公司会出售服务，然后按公顷来收取除杂草费。[43]即便如此，相比起劳动力，这种方式还是更需要资金支持，资金充足的大型农场比资金匮乏的小型农场会更有优势。由此可见，每个答案都有对应的问题。

但如果蒂姆能负担得起这样的东西，有一天他可能会"找到一个最佳点，把免耕、更好的工程和新技术结合起来，向有机农业过渡。这才是未来的归属"。

蒂姆实施免耕的结果似乎比大多数农民的结果要好。平均而言，免耕会略微降低个体产量。[44]但在一些地方，它仍然可以大大提高总体收成。

这怎么可能呢？原因是它使从一种作物到下一种作物的轮转变得更快，这意味着，在巴西中部和世界上其他一些炎热的地区，在以前只能种植一种作物的地方现在每年可以种植两种作物。[45]而在印度、巴基斯坦和孟加拉国，免耕让农民可以在水稻（季风月份）和小麦（干旱季节）之间实现轮作，而土地也能免于遭受传统耕作制度所带来的破坏。[46]这种破坏在一定程度上是为了抑制杂草，否则水田里的杂草会长得比水稻还疯狂。要使这些土地恢复小麦所需的轻耕状态，需要数周的反复耕作，[47]这往往会造成大规模的土壤退化和侵蚀。为了在两个收获季节之间迅速处理秸秆和杂草，农民们通常会烧掉残留作物。滚滚浓烟涌入附近的城市，影响了数百万人的生命健康。[48]现在免耕则允许农民从一种作物转移到另一种作物，而无须担心洪水、湍急的水流冲刷地表或焚烧带来的危害。

免耕农业似乎能更好地保持土壤潮湿[49]，减少土壤侵蚀[50]和夯实。[51]但是，由于复杂的原因，它并没有帮助土壤更好地储存碳，[52]或防止肥料[53, 54]和农药流失。[55]一般来说，当人们像蒂姆那样耕作时——作物轮作，在冬天用收获作物覆盖土壤，在土壤表面留下稻草和死掉的杂草（土壤护面）——效果会更好。[56, 57]但是，正如保罗所说的，当农民们进行"喷洒和祈祷"——给土地喷洒除草剂，播撒种子，但其他程序照常进行，然后祈祷收成会变好——这样做的结果却往往会很糟糕。[58]没有任何一项技术是愚蠢的无用功。

免耕是否能够进一步使天平向小农户倾斜？蒂姆用的那种播种机非常贵。任何偏向资本而非劳动力的制度都倾向于集中型农业，但在玻利维亚，一台可以用动物拉动的播种机的成本不到 400 美元。[59]这对于小农户平均每天收入 4.3 美元[60]的国家仍然是相当昂贵的，但比标准机械要便宜很多倍，也可以几个农场平摊成本。它将耕作 1 公顷的时间从 12 天减少到 10 小时。

我在 7 月中旬一个奇怪的日子回到了蒂姆的农场，那时距离收获还有几个星期。当我们穿过田地的时候，麦鸡（lapwings）在田野上俯冲盘旋，叫声听起来就像橡胶狗玩具发出的吱吱声。这些鸡一定是在地里生了宝宝。

就在我上次造访后不久，春季的暴风雨和洪水接踵而至，一场严重的干旱扼杀了全国各地正在发芽的庄稼。如果我想评估这个系统对气候失调的适应能力，这是最好的机会。

由于恶劣的天气，蒂姆的轮作已经不同以往了。在过去，他先是种小麦，然后是覆盖作物，再然后是蚕豆。他先把蚕豆卖到北非，然后是小麦，最后是油菜籽。但在 21 世纪初，大宗商品经历超级周期——这意味着许多基本产品的价格持续上涨——吸引了许多农民只种小麦和油菜籽，以满足购买狂潮。害虫很喜欢他们这种做法，因为这可以让害虫们不受干扰地繁殖。由于农民们反复种植油菜籽，这无意中引发了一场跳甲虫（flea beetle）瘟疫，它们的幼虫钻入油菜籽的茎中，杀死了作物。几乎在同一时间，欧盟禁止使用新烟碱类杀虫剂，我认为这是正确的，因为它们对生态造成了可怕的影响。由于过度种植油菜籽，并依赖化学物质来杀死跳甲虫，这个系统几乎在一夜之间崩溃了。现在，这个国家的许多地区几乎不可能再种植油菜籽了。[61]这种影响也波及了其他无辜的农民。

所以蒂姆用亚麻籽代替了油菜籽。在他的田地里，稻穗上银色的奇怪球体闪闪发光，好像是飘浮在半空中。他是本国最早种植藜麦（quinoa）的农民之一。蒂姆告诉我，只要新的鹰嘴豆、扁豆、大豆和其他豆类品种在我们寒冷的气候下可以生长良好，他就会种。像许多优秀的农民一样，他迫切希望有新作物加入他的轮作：种植的品种越多，土壤就越健康，害虫就越少。[62, 63]

但今年受灾太频繁了，他不得不在同一块地里播种了 5 次，作物才生根。在一些地方，他不得不种完小麦之后继续种小麦，种完豆类之后继续种豆类。你可以看到其中的区别：如果连续种植了两年蚕豆，它们的茎和叶上就会布满褐色的锈斑（一种真菌）。如果是在覆盖作物之后种的豆子，这种病害几乎不会出现。但是，他所耕种的试验田和他其他豆田之间还是有很大差别的。耕种过的豆子垄上长满了杂草：红腿草（redleg）、千里光（groundsel）、五月草（mayweed），还有比作物更茂盛的白花藜（fat hen）。过于密集的杂草往往会抑制作物的生长，导致作物更少开花。但在蒂姆这儿，耕作过的土壤在干旱中变硬了，而未被破坏的土地则和以前一样，像舞池地板一样富有弹性。

蒂姆的小麦看起来很不错。这是一种名叫"天幕杀机"（skyfall）的全副武装的小麦变种，有着棱角分明的沉重的麦穗，每一粒谷物上都长出了锋利的刺。它的植株已经长得很高了（略高于我的膝盖），但仍然是绿色的，柔软的颗粒用手指轻松一捻就裂开。只需要等它们膨胀、变硬、变干，就可以收割了。终于有一种作物快要能够成功收获了。

蒂姆向我解释了他现在面临的困境。他把产品卖给一家面粉厂，这家面粉厂寻求"完全一致性"。意味着每个面包做出来品质都必须是一样的，所以每批谷物都必须符合规定。他们要求小麦蛋白质的含量超过 12%，降落数值（hagberg falling number）[①]超过 300，含水量为 15%。如果其中任何一点没有达标，就会被取消小麦碾磨的资格，而如果小麦被用作动物饲料，也就意味着更低的收购价格。他们从不让步，也不接受建议。

---

① 测量的是 α-淀粉酶（alpha-amylase）。——作者注

"我们想要多样性，他们想要整合。有野生动物不是加分项，土壤质量高没有加分，复杂的轮作也没有加分。只要便宜就行了。这个世界就是这样。"

蒂姆的小麦是通过乔利伍德烘焙法（chorleywood bake process）制作成面包的，这是英国一项奇怪的发明，已经传遍了世界各地。它的故事既是一个意外后果的经典案例，也给大家提了个醒：本地产的并不一定是最好的。

直到 20 世纪中叶，烘焙还是一种本地生意。在一些城市，几乎每个角落都有面包店。在这里，人们不仅买面包，而且就像在我住的那条街的尽头——整个家族为面包店工作了 170 年的面包师跟我说的那样，他们会在周日用烤面包的烤箱来做烤肉。

1932 年，一位名叫加菲尔德·韦斯顿（Garfield Weston）的加拿大企业家开始从他的祖国向英国出口小麦。由于气候更为有利，加拿大小麦的蛋白质含量比英国小麦要高，因此他很快就以更低的价格甩掉了他的竞争者们。蛋白质含量越高，面包的膨胀效果就越好，同样质量的面粉就能做出更多的面包。他创办的联合面包房公司简直要把小面包房逼上绝路。

到了 20 世纪 50 年代，一群英国面包师向总部设在乔利伍德镇的英国烘焙工业研究协会（British Baking Industries Research Association）提出了请求。这是存在于那个时代的一个机构——一个为了使民族工业更具竞争力而创建的国家机构。他们需要设计出一种使用英国小麦作为原材料的烘焙工艺，以足够低廉的价格去打败韦斯顿。[64] 到了 1961 年，该协会的确找到了一种既快捷又经济的方法，可以使用低蛋白面粉来制作面包。很快，我们就吃到了用英国小麦做的英国面包。但实际上我们唯一得到的就是本地生产的荣耀。

正如费利西蒂·劳伦斯（Felicity Lawrence）在她的优秀著作《标签上没写的》（Not on the Label）中所解释的那样：乔利伍德烘焙是很残酷的操作。[65] 与传统面包师所做的轻轻揉面然后让它发酵 3 小时不同，这个过程使用高速机械搅拌机在短短的 3 分钟内拉伸面团并延长其蛋白链。在那之后，面团正好在 54 分钟内就能发酵，21 分钟就能烤好面包。为做到这一点，需要添加两倍的酵母，以及化学氧化剂、硬化脂肪、额外的盐、酶和乳化剂，这些往往是由石油化学制品制成的。这种混合物生产了我们现在吃的绝大多数面包。这种方法制成的面包很少受到霉菌和腐烂的影响，需要很长时间才会变质，简直就是面包界的金刚不坏之身。即使文明早已崩溃，野狗在废墟中觅食，它们还能嗅出袋装的还有好几年保质期的乔利伍德面包。

不可避免的是，像这样高度自动化、资本密集型的流程更有利于大公司，而不是小型本地企业。在过去的几十年间，大多数剩下的小面包房都消失了，面包生产已经被大企业控制了。[66]

到今天，面包似乎已成为一种不健康食品的事实也不能完全归咎于这种创新。在北美，使用高蛋白谷物和类似的加工工序也同样有效地损害了这种主食的名声。大部分的破坏在残酷的搅拌、拉伸和添加化学添加剂开始之前就已经造成了，因为现在的面粉往往经过了研磨和精炼，去掉了大部分对健康至关重要的不易被消化的元素——纤维，以及许多矿物质、维生素、天然油脂和其他成分。[67, 68] 但是，至少在原则上，用加拿大的小麦比用英国的小麦更容易批量生产出便宜而健康的面包，因为我们英国的气候不适合生产制作大多数面包的谷物。所以，自力更生并不总是与食物安全站在同一边的。

实际上，像蒂姆这样的商业农场也难以支撑下去。像许多农民一样，他和他的父亲为了生存不得不进行多样化经营，把他们宏伟的房子和附属建筑变成了酒店、会议中心和婚礼场地。到目前为止，一切都很传统。但在我们检查完他的作物后，蒂姆带我去看了我所见过的最疯狂、最聪明的农场多样化经营的例子。这是每个现代农民都需要的：一座长墓。

那是一座设计于 5500 年前，但全新建造的新石器时代的纪念碑。新石器时代，是农业开始的时期，蒂姆的重建以一种迷人的方式结束了农业的循环。这可不是荒谬的异想天开，而是他农场经济的重要组成部分。从外面看，它像一个圆锥形的土堆，上面长着草。但当你低头穿过门口时，会看到它是围绕着三块巨大的黄色石头建造的，其中两块构成了入口，第三块则是门楣和屋顶的一部分。接着你会走进一个用小石块砌成的高高的圆顶房间，你会感觉到凉爽、安静、神圣。在房间的后面是一个长长的画廊，也是按照同样的原理建造的。前门与夏至日的旭日对齐，后门则与冬至日的旭日对齐。

"刚开始我不确定这个设计是否能建得如预期一样精确。我最焦虑的时候是迎来第一个夏至的检验时刻。我们看到太阳升起来了，阳光精准地直射进了门。"

墓室的墙壁内嵌着数百个小墙洞，那是放置骨灰瓮的壁龛，蒂姆的顾客有时会花费几千英镑，就为了能够安静地待在里面。甚至在完工之前，这些壁龛就开始逐渐被占据了。

蒂姆称他的长墓为"新新石器时代"。他以同样的方式来描述他的农业。

"在新石器时代，农民不会犁地，因为他们没有役畜。他们一定是用鹿角做的工具直接把种子播种到地里。我们花了五年半的时间才认识到我们做错了，并重新学习前人早已了如指掌这些事情。"

在我拜访后不久，严重的雷暴袭击了整个国家，打倒了正在成熟的庄稼，结束了人们记忆中最糟糕的农业年。和其他人一样，蒂姆遭受了巨大的打击。尽管人们有办法提高农业对气候混乱的适应能力，但没办法完全不受影响。

蒂姆正在供应主流的谷物市场，并试图在市场设定的极端限制下，尽量减少对自己的影响。但我所关注的一位农民伊恩·威尔金森（Ian Wilkinson）正在从另一个角度来看待这个问题：他正在寻求改变市场的方法。他实行一种农业生态学。农业生态学不仅意味着要更加小心翼翼地耕作，使用更少的化学品，更少地使用机械，更多地依赖自然系统，而且还意味着要改变农民和社会其他部分之间的关系。这意味着要建立一个不被种子和化学品公司、粮食大亨或超市主导的，而是独立和自组织的食物网络。[69, 70] 换句话说，要拥护食物主权。农民利用他们对土地精准的认知来寻找更微妙的生产食物的方法，[71, 72] 以及凭借他们对市场的精准定位来寻求更好的销售方法。

英国的大部分农田是至少在 1000 年前从原始森林中开垦出来的。[73] 但在英格兰中部伊恩农场所在的科茨沃尔德高原（Cotswold plateau）上，威奇伍德森林（Wychwood Forest）里的大树直到 19 世纪 60 年代才被砍伐。威奇伍德森林曾是撒克逊王们（Saxon kings）的猎场，只有 6 代人在这片土地上耕种过，但它们已经把地挖得差不多了。

这里的土壤层很薄，含石量与托利的土地相似，但正如这块侏罗纪岩石的名字——石灰质砂层（cornbrash）——所描述的那样，这里是种植谷物的理想之地。岩石最坚硬的部分是其中包含的化石：在田野中，它们往往是唯一剩下的那部分。因此，当我绕着伊恩·威尔金森的旋转场散步时，到处都能看到牡蛎、扇贝和腕足动物的碎片，感觉就像闯入了恐龙时代的海滩。

伊恩年近 60 岁，身材修长，身体灵活，面容坚毅，举止温和而坚定。他在一家名为科茨沃尔德种子（Cotswold Seeds）的私人公司工作了 30 年。在他和妻子塞琳（Celene）买断公司的股权后不久，公司的业绩就开始腾飞。

"随着利润的增长，塞琳和我想不出除了做这样的事情，我们还能拿这些钱做什么。"

伊恩说"像这样的事情"，但实际上他做的事情是独一无二的。他发起的农业及食品教育（FarmED）项目[74]不是为了赚钱，甚至他每年还需要从科茨沃尔德种子公司（Cotswold Seeds）里拿出 10 万英镑作为项目的运营成本。这是一个对照实验，比较了传统的谷物种植和新兴的农业生态种植法。这也是一个社区项目，一个教育中心和一个食品经济的缩影，所有这些都挤在这个 107 英亩的土地上。这花了他一大笔钱。

"光是买农场就很费劲。现在几乎所有地方的土地价格都是每英亩 1 万英镑。我们申请了大量的抵押贷款。"

这些数字有时让他夜不能寐，但他的确创造了美好的东西。就我想要进行的探索而言，这个项目是非常有成效的，因为他的实验直观地比较了种植可耕种作物的不同方法。

伊恩身上也有着和托利、弗兰和蒂姆同样的我欣赏的品质：他对自己所做的一切都很坦诚。在我看来，这就是成熟的定义。这与年龄无关，因为我见过成熟的 13 岁和不成熟的 80 岁。我相信这 4 个人告诉我的话，因为他们对于不好的一面也坦诚相告。在任何情况下，他们所使用的方法都是具有开放性和实验性的，也都接受了失败的教训。我想不出比这更迷人的品质了。

伊恩买下农场时，这里只种了一样东西：供应给喜力啤酒公司（Heineken Hrewing Company）的大麦。"只有农场主在工作。这地上长出来的任何东西你都吃不到。而且这种生意在经济上是不可行的。所以无论我们做什么，都必须是在此基础上的改进。"

在第一年，他依旧运行着旧的商业模式，看看它是如何运作的。种植大麦花费了他 11020 英镑，然后以 10960 英镑的价格卖给了喜力啤酒。这是个悲伤的结局。

接着他开始建立自己的系统。跟托利和蒂姆一样，伊恩从改善土壤开始。当他接手农场时，土壤仅被当作是提供植物生长的平台。没有人做任何努力来提高它的肥力，取而代之的是施加了大量的化肥。该农场土壤的有机质含量[①]（衡量土壤良好健康状况的一个指标）仅为 3%。伊恩打算将这一比例提高到 9% 或 10%。

他留了 1 公顷的土地，用商业种子和使用化学品的方式来种植谷物。这是一个对照组，可以用来与他应用新技术的实验组进行比较。他有 18 公

---

① 这意味含有碳氢键的分子。——作者注

顷的黏土地作为牧场，有 3 头牛在上面吃草。他在其中 1 块地里种植了传统果树。2 公顷的土地被拨出来作为社区农业规划，种植蔬菜。其余的 24 公顷都用来养土，然后种植谷物，这部分与种植酿造劣质啤酒的大麦几乎没有什么不同。

5 月中旬的一个又湿又冷的日子里，我们脚下的埃文洛德（Evenlode）河谷和从河谷上升起的广阔土地都被雨水遮住了，伊恩带我参观了他的系统。对照作物是一种现代的用于碾磨小麦粉的小麦，正生长得很是旺盛：从姜黄色的土壤中生长出了一簇簇浓密的、鲜亮的绿色。但他解释说，要达到这种状态需要用拖拉机进行 5 次操作：喷洒 3 次氮肥，1 次除草剂，杀死条播时长出的大穗看麦娘，喷洒 1 次杀菌剂（杀死可能伤害作物的锈菌）。和蒂姆一样，他也带着一把取样的铁锹，但在这儿挖土更费劲，刀片刮擦石头发出了痛苦的嘎吱声。他从这片化学沙漠挖出来的土团立即就裂开了。生长中的作物的根又小又浅。

伊恩告诉我，高原上作物生长的主要限制因素是土壤湿度。当这里的轻质土壤中的碳被耗尽时，它们只能保留很少的水分。碳，以微生物和土壤生物分泌出的聚合物支架的形式，构建了健康的土壤。健康的土壤可以保持水分，所以水需要碳。

在伊恩拥有农场的 7 年里，对照组的作物两次歉收：一次是干旱造成的，一次是雷暴造成的。那次雷暴也摧毁了蒂姆在什罗普郡的作物。

下一块地也是他在去年 10 月种的小麦，但你几乎认不出它们和刚才的是同一种植物。虽然植株的数量少一些，但它们的高度是对照组田里作物的两倍多高。这是一种传统的谷物品种，由我的一位老朋友——古植物学家和植物育种家约翰·莱茨（John Letts）——保存和繁育。现代小麦的培育是为了使作物产出更多的籽粒和更少的秸秆，它的最高长度约为 50 厘米。而古老品种的秸秆则可以长到 1 米以上。

　　伊恩先是混着种了 40 种古老的品种，这对于一块地里能种植的数量是惊人的。他告诉我，这将增加作物的适应力。不同的品种使用的资源可能略有不同，这可以减少植物之间的竞争。[75] 在之后的几年里，随着他对这种谷物进行了多次的重新播种，最适合这片土地的品种开始在混合种子中占主导地位。

　　他又把铁锹插进泥土里，金属又一次刮到了石头。这一撮土被小麦较长的根捆住了，没有刚才那撮那么松散。[76] 我能闻到其中的差别：在对照田挖出的土几乎没有气味，而这里的泥土则散发着浓厚的胡萝卜味。尽管测试结果不一致（单一田地的碳含量差异很大，因此结果往往不可靠），[77] 但伊恩估计，这片土壤的碳含量在 7 年内大致翻了一番。他告诉我，在对照组作物歉收的 2 年里，他的传统小麦田存活了下来。虽然植株更高，但并没有被恶劣的天气吹倒①，因为它们的根和茎更结实，植株的头也更轻。这种小麦是在不使用杀虫剂或化肥的情况下种植的。它不像植株较短的现代品种，古老的品种可以在不使用除草剂的情况下茁壮成长，因为较高的植物倾向于长得高过杂草并遮住其生长所必不可少的阳光。[78]

　　和托利一样，伊恩也使用长时间复杂的轮作来提高土壤的肥力。他将高原顶部的 24 公顷轻质土土地分成了 8 块，他的轮作就在这几块土地上展开。在头 4 年里，他种了一种草本牧草，也就是草和野花的混合物，其中有几种植物的根瘤中含有固氮细菌。伊恩解释说，草本牧草曾经是混合农业系统的重要组成部分。但是，由于人工氮的广泛使用，它们已经消失一个世纪了。然而，随着一批批前卫的农民试图恢复他们的土壤肥力，这种作物又开始流行起来。在科茨沃尔德种子公司，现在有 2000 名顾客购买他的混合牧草种子。

　　耕种完牧草之后，会有一年种小麦，然后种丁香，再后一年种燕麦，之后种野鸟吃的鸟食草（政府会给他一大笔补贴，让他种植这种种子）。在

---

① 恰当的说法是倒伏。——作者注

第 8 年，他将重新开始播种草本牧草。

与托利不同的是，他的农场里有动物。附近的一个农民把他的羊群中的一部分带到了伊恩的农场。处于过渡期的羊群并没有听起来那么令人兴奋。当可以进行放牧时，羊就从一个农场转移到另一个农场。伊恩会让它们在较短时间内穿过田地，他先是用电栅栏围起一块空地，让羊在里面待上 24 小时。这确保了动物只吃草和野花中最好的部分，所以植物可以在它们离开后迅速恢复。然后他会把羊群转移到下一个区域。

他解释说，通过吃植物的顶部，羊可以确保土壤覆盖物变厚并持续生长。它们在每个圈出来的小围场里短暂停留间，大约会吃掉 1/3 的植被，践踏 1/3，然后留下 1/3。这似乎有助于将碳还给土壤。

和托利一样，伊恩也打算在他的田地之间种植成排的树木，一部分是为了生产用于堆肥和动物床褥的木屑，一部分是为了给羊群提供庇护。然而，这么做是有代价的。在热带地区，荫凉可以保护一些农作物免受烈日的伤害。但在像英国这样很少受到过度阳光影响的国家，这些阴凉往往会成为作物接收阳光的阻碍。一项实验表明，为得到木屑而种植的小树会使种植在附近的谷类作物的产量减少大约一半。[79]伊恩告诉我，在种小麦之前，他会试着把这些树砍倒（在不杀死树木的情况下把它们砍倒在地），把树枝做成木屑。但考虑到整个系统轮作的复杂性，以及作物和木材周期的不同长度，我很难想象他要如何运作以确保时间上来得及。

4 年后，他犁了那片牧草。他形容从长满厚厚的草本植物根系的土壤中创建苗床的过程"非常残酷"：首先他用犁在上面耕作，然后用弹齿耙①，再然后是用动力耙，接着是用条播机，最后是用滚轮。但是，由于每 8 年里有 4 年土地是没有被耕过的，所以这种苛刻的对待并没有使之前所有的努力付之东流。至少在休耕期间积累的一些碳和土壤质量的

---

① 一种巨大的耙子。——作者注

改善还在。

我跟着伊恩在农场的其他地方转了一圈。菜农们正在从伊恩那里租到的地里干活。他们实行社区支持型农业（Community Supported Agriculture，CSA）计划。订购户就住在附近的村庄里，每人每月支付 35 英镑用来购买蔬菜和少量水果。他们中的一些人也会帮着种植。伊恩告诉我，这就是他试图鼓励的：建立一个当地的食品经济，在这种经济模式下，土地支持就业。而就业建立了一个信任网络：不需要任何品牌效应或营销活动来告诉因为消费者这些产品的好，因为消费者可以直观地看到甚至参与其中。

"每个教区都应该实行社区支持型农业。这对我们和他们都适用。我们可以通过这种模式来得到一些租金收入。但最重要的是，我们得到了劳动力。它吸引了更多的人来到农场，参与到我们所做的其他事情中来。"

他带我看了 3 头带着小牛的奶牛，这是他的土地上经营着的另一个微企业——一家奶牛场。其实在这 18 公顷的土地上很少能看到家畜。伊恩打算让它们在一年中的特定时间，差不多和轮作时间同步，跟随羊群一起放牧，进一步扩大它们的活动范围。他曾想过在农田里养些鸡和猪。但他后来考虑到，虽然鸡和猪的抓挠、翻根和排便（如果它们的数量非常少）或许能够提高土壤的质量，但这意味着违反了他的原则——除了对照田，他的农场不能有任何额外的投入。如果饲养鸡和猪，绝大多数它们所吃的饲料都需要在鬼亩里进行种植。尽管关于鸡和猪可以靠自由觅食来养活自己的说法有很多，但事实上，除非它们的数量很少或生产力很低，否则大部分食物都必须人为地提供给它们。

伊恩故意放纵他的树篱乱窜，鸟儿们很喜欢它们。当我在冬天回到他的农场时，金翅雀、朱顶雀和黄鹂在长长的、破烂的屋顶上飞来飞去，它们是被他种的鸟食草吸引来的。翌年 9 月，当我再次造访时，成群的八哥叽叽喳喳地叫个不停，一只雀鹰从高树间呼啸而过。

他拆除了旧的外屋，在那里建了两栋大而漂亮的楼房。尽管它们既通风良好又现代感强，但它们的大小和形状似乎是在向曾经矗立在这一带的巨大的牲口棚致敬。一个建筑里是办公室和一个大演讲厅，另一个是厨房和一个巨大的宴会厅。大厅中央立着一个用砖和石灰石砌成的圆顶烤面包炉，里面的木头正在冒着火光。我们坐在它周围的圆形吧台上，吃了一顿美味的午餐：蚕豆酱、香草土豆沙拉、腌南瓜和南瓜子沙拉。在这里工作的面包师马特肩上扛着一袋面粉走了进来，开始搅拌面团。

他解释说，他把自己种的粮食送到当地的磨坊里磨成粉。伊恩还没有种出足够多的小麦，所以马特必须从其他农场那里购买传统小麦。目前他每周只在这里烤一次面包。他需要整夜不睡，不停地往烤箱里塞面团。就像种植蔬菜的人一样，他要把做好的面包送到订购户手中。虽然他的酸面团面包可以轻易地要价到 5 英镑，但他故意将价格只保持在 3 英镑，以便有尽可能多的人能买到。当然，这种面包比蒂姆的乔利伍德面包贵得多，但这种简单缓慢的制作过程和更少的配料添加确保了他的面包更健康。

已经有大量的文章写了关于古老小麦品种和现代小麦品种之间的差异，但并非所有的文章都是正确的。事实上，在纤维、B 族维生素和植物化学物质如酚（phenols）和萜烯（terpenes）等重要成分上，或在面筋含量、淀粉组成或血糖负荷上，两者并没有显著差异。[80, 81] 在某个方面（一种叫作天冬酰胺的氨基酸的含量，当烘烤时，它会形成丙烯酰胺，这是种可能致癌的神经毒素），现代小麦似乎比老品种更健康。[82] 然而，现代小麦也往往含有较少的微量元素，特别是铁和锌。更大的问题在小麦的加工和面包的制作方式上，现代工业方法往往会去除或破坏其中健康的成分。[83-85]

加上马特的面包店，农场上经营的小企业数量达到了 5 家，分别经营：乳制品、绵羊、蜂蜜、蔬菜和面包。伊恩正在试图建立他所谓的"手工生物区域经济"圈。这个想法是为了缩短商业链，确保农民和他们供职的小企业可以从他们的产品中赚取更多的钱，并将当地人与土地连接起来。

伊恩告诉我："如果你有一个县规模的交易区，那么你就会拥有足够的消费者，让像我们这样的混合农业系统站稳脚跟。"

他的系统比被取代的传统系统的利润更高。

"我们不使用化肥或杀虫剂，所以不会在购买这些化学品上面花钱。种植成本为每英亩 12 英镑或 15 英镑，钻探成本也差不多。种子几乎不需要任何成本，因为我们现在使用的大部分种子都是自己种的。总成本大概是每英亩 60 英镑。一些面包店以每吨 600 英镑的价格来购买传统小麦粉。相比之下，传统小麦的价格约为每吨 150 英镑。所以像这样的农业模式应该是非常有经济前景的。"

伊恩的系统鼓舞了成千上万的人。隔三岔五就会有一车又一车的人来这里学习伊恩的技术、了解土壤知识、聆听清晨的鸟叫声、参加创建食品企业的研讨会、做饭、吃饭、讨论农业的发展。

坐在他自己建造的宏伟大厅里听他讲话，我被他和蒂姆·阿什顿在应对廉价面包带来的价格限制时所采取的不同策略打动了。蒂姆正在努力使他的生产与市场相匹配，同时在市场规定的范围内尽可能地多耕种。伊恩则正努力使市场与他的生产相匹配，使他能以自己想要的模式进行耕种。

伊恩的系统简洁而诱人，但存在一个问题。他告诉我：传统谷物每公顷的产量大约是他在对照组种植的现代小麦的一半。这已经够麻烦的了。但更糟糕的是，8 年里有 6 年他的农田根本没有任何产出，除非你算上羊群在田间移动时产下的少量羊羔（其他时候羊会被转移到其他农场里）。相比之下，托利的田地里有 5 年都有收获。

即使在气候不断恶化的情况下，伊恩对照组的小麦在 8 年间也只有两次歉收。就他得到的数据来说，在他的农田密集种植现代小麦每公顷可以生产 7 吨多一点的粮食。让我们假设现代小麦每 8 年会减产两次，这就意味着在 8 年的时间里，他的对照田将可提供大约 44 吨的粮食，当然这将付出很高的环境代价。相比之下，传统小麦在同一时期的产量仅略高于 7 吨。

我认为，如果其他环境问题能得到解决，我们可以接受 10% 甚至 20% 的小差距。但 6 倍的差异肯定不是什么好事。就土地利用而言，我认为这是农业中最重要的生态指标，他的小麦不再像谷物，而更像肉类。他种植 1 千克传统小麦所占的土地面积与生产 1 千克鸡肉所使用的土地面积非常接近。[86]

伊恩希望，随着土壤肥力的增强，他也许能在轮作中引入另一种经济作物。但这仍然会使他在 8 年中的 5 年里没有产出（除了能产几块羊排）。他告诉我，如果进一步缩短轮作时间，生产更多的粮食，就违背了他的初衷，因为那样将无法再增加土壤中的碳和肥力。

只看他的农场，他所做的一切都是有据可循的。他创造了一个有利可图的循环经济，生产优质的食物，尽管价格不是每个人都能负担得起。但由于他的系统产量太低，养活我们所需的粮食的土地扩张到了其他地方，在那里，古老的栖息地可能会被破坏，为农作物让路，或者本来可以再野生化的土地又继续被用作耕种。美好的东西并不一定是正确的，而同时正确的东西也并不都是美好的。

这些都不应被视为对农业生态学的批判。不可否认，它是具有革命性的。在印度南部的卡纳塔克邦（Karnataka），一种被称为"零预算自然农业"（Zero Budget Natural Farming）的战略使小农户摆脱了放贷人和银行的控制：用自然的方法和自己节省下来的种子来取代化学药品和购买的种子，他们种植的粮食几乎无须任何金钱上的投入。[87] 在马拉维的姆津巴（Mzimba）地区，由农民领导的研究小组做到了减少对化肥的需求，同时提高了产量，保护了土壤，增强了妇女的力量并改善了儿童的营养状况。[88]

要实现这一目标，农民需要明确并捍卫土地所有权，否则他们就不会有成功的信念来保护土壤、种树和耕种。[89] 虽然这些权利是良好农业生产的必要条件，但它们并不是保证，正如本书中的例子所证明的那样。我认为，在一些国家，问题恰恰在于农民拥有太多的权利和自由：他们有权在没有环境许可的情况下建造巨大的养鸡场；或者使用大片土地来生产少量食物；破坏土壤、污染河流和恐吓反对者。但在其他国家，他们拥有的土地又太少，很容易被资本驱逐。虽然大公司的权利受到国际条约的保障，但当地人的权益往往得不到保护，政府和企业甚至有时会串通一气把他们赶出自己的土地。[90]

农业生态学的原则之一就是平等。当土地价格为每英亩 1 万英镑（每公顷 2.5 万英镑）时，这种平等是很难实现的。值得注意的是，到目前为止，我所拜访的所有农民都依赖可以被视为"历史补贴"的东西。托利能够开发出他的系统，要感谢朱利安·罗斯爵士的慷慨，他向托利收取的地租要远低于市场价。蒂姆的产业能存活，是因为他和他的父亲像朱利安一样继承了财产，所以他们可以不用抵押土地来耕种。伊恩用别处赚来的钱买了他的农场。有钱的人有地，有地的人有权。有些人会像朱利安、蒂姆和伊恩那样，慷慨地使用它，为他人的福祉或崇高的理想而奋斗。但大多数人是不会这样做的。

有时遵循生态农业学的农业系统产量会比传统农业高，[91]特别是把当小农户从他们的土地收获的所有产品都算上时：[92]包括可能生长在谷类作物下面的带叶蔬菜，或可能生长在谷类作物间的豆类，[93]田地边缘长出来的坚果和水果，以及可能生长在稻田和灌溉渠道里的鱼、蟹和蜗牛。[94]在某些情况下，混合种植作物——如谷物、坚果和蔬菜——比单独种植谷物能够产出更多的粮食。[95, 96]

但是，推广农业生态学的人往往又都是盲目的。有一篇文章是由一位细心的作者写的，他激动地提到加利福尼亚的一个有机农场在 130 英亩的土地上种植了 5 万磅粮食（主要是古老的小麦品种）。[97]这意味着每英亩的产量不到半吨，是美国平均产量的 1/5（美国小麦产量本身就低于国际标准衡量），[98]英国产量的 1/16。正如我们不可能用牧草喂养的肉来养活全世界一样，我们也不可能靠低产量的农业生态学来养活全世界。对于每一个农业系统来说，我们都应该寻求两个特性：高产量和低影响。

蒂姆的系统和伊恩的系统都有很明显的优缺点。我觉得，两者都有助于理解我们应该寻找什么。我们需要足够便宜的健康食品，让每个人都吃得好，吃得起。同时我们也需要高产量，以确保农业可以养活全世界的人口，而无须肆意扩张进而毁掉这个星球。我们需要健康的土壤，它的肥力可以在不施肥或休耕的情况下持续提高。我们需要尽可能地停止使用除草剂和杀虫剂，并减少对灌溉的依赖。我们需要农场为野生动物提供栖息地和通道。我们选择的技术应该足够简单和便宜，让小农户也可以使用，这样资本就不会压倒劳动力。同时也应该具有足够的多样性，以扭转造成全球标准农场的危险同质化。

这听起来是个相当艰巨的任务，但我认为这是可以做到的。

当我正在研究这一章的内容时，门铃响了。这通常会让人心烦意乱，但当我看到那个人拿着的东西时，我立刻飞奔下楼，猛地打开了门。我收到了一个大纸板箱，里面装着的是可以使这一切变得更有可能的东西。我让小女儿打开它，因为这终究是属于她的。

当然她肯定更希望这里面是个手机，毕竟这里面的东西对一个 9 岁的孩子来说并不算是最令人兴奋的礼物。箱子里总共有 5 个袋子，其中 4 个装的是面粉，第五个装的是大米。但是，当我给她看了随包裹而来的那张了不起的照片，并向她解释了照片的含义时，她也开始变得兴奋了。

照片被印在一张薄薄的长条纸上，并折了起来。展开后，映入眼帘的是两株并排放着的植物，它们被从土壤中挖了出来，根部完好无损，在黑色背景下进行拍摄。两者都是草科植物的成员。我认出了左边的那个，一种现代的短茎小麦品种。它那苍白的根就像薄薄一层山羊胡子，略长过植株本身。

右边的植物是我以前没见过的。它比小麦更长、更浓密，它的穗子又长又薄。但最有趣的特征是隐藏在地下的：像是那种ZZ Top①会引以为豪的姜黄色的胡子，像羊毛一样结在一起，遮住了背景，并向下扭曲到了照片第三折的底部。[99]跟小麦一比，我估计它得有3米多长。

这是一种中间偃麦草②。这个名字有点误导人，因为它听起来和小麦没什么密切关系。这是一种野生植物，但照片中的标本是由一个名为"土地研究所"（Land Institute）[100]的非营利性组织经过几代选择性育种后得来的，该组织从位于堪萨斯州萨利纳（Salina）的基地给我寄来的这个盒子。由于中间偃麦草这个名字不太好记，所以研究所给这种植物起了一个新名字：克恩扎（Kernza）。那4个袋子里就装着用它的籽粒磨成的面粉。

用草籽制成的面粉本身并没有什么神奇之处。毕竟，我们吃的大部分谷物都来自这个科：小麦、水稻、玉米、燕麦、高粱、小米、黑麦和大麦都是草。一些企业将新的（或旧的）草籽引进市场，比如约翰·莱茨（John Letts）和其他人重新培育的传统小麦，或者斯佩尔特小麦（spelt）和单粒小麦（einkorn）。但让我对这种面粉感兴趣的是，它是一种与前面提到的所有草都有着根本不同的品种。那些作物都是一年生的，这意味着它们必须每年重新进行播种，但克恩扎是多年生的，这意味着种下它后可以持续数年生长，避免了每次收获时需要进行清理和播种。在我为这本书做研究时所探索的所有可能的农业科技和技术中，这是最令人兴奋的。

其实以一年生植物为主的大片地区在自然界中是十分罕见的。[101]一年生植物通常生长在灾难发生后的土地上，例如经历过火灾、洪水、滑坡或火山爆发后暴露出裸露的岩石或土壤。在这种情况下，它们只能存活到多年生植物回归并开始修复损坏的土地时，之后会因不堪重负而枯萎。

但也不难看出我们的祖先为什么会选择一年生植物。它们能在光秃秃

---

① 美国摇滚乐队。——译者注

② 学名：*Thinopyrum intermedium*。——作者注

的土地上定居，就证明它们已经进化到能够生长迅速，并将大量的能量投入种子上，而不是用在根系深入或长出浓密的叶子上，[102]所以它们会在新的土地封闭之前尽可能地扩散。也因此一年生植物的种子往往很大，也更容易发芽。[103]

问题是，在种植一年生植物时，我们必须保持土地处于它们喜欢的灾难性状态。这就是为什么每年我们都必须清除土壤中与之竞争的植物，翻翻土，到处钻洞并给土壤施加养分，使作物在几个月内完成从种子到成熟的过程。无论这些操作进行得多么小心翼翼，每年的粮食生产都依赖于维持一种生态灾难的状态来获得收成。[104]但是，如果我们种植的是多年生的粮食作物，那么就无须依赖于损坏生态系统来生产食物了。

在过去的 40 年里，土地研究所一直在世界各地寻找多年生的植物，以取代我们所种植的一年生植物。他们与其他研究小组一起评估了数千种作物，寻找具有[105]高产、同步生长（即所有的谷物都可以同时收获）、种子可保留（即谷物在收获之前一直留在作物上）①，以及种植和收割的便利性（特别是对小农户而言）特质的多年生作物。

一旦他们发现了有潜力的物种，研究人员就会开始选择性育种，以提高它们的产量，改善它们作为食物和农业产品的质量。起初，研究员们只是简单地选择、杂交和繁育那些产量最高的单株植物。现在他们使用了新技术②来加快这一过程。[106, 107]曾经需要几个世纪的繁育过程现在可以被压缩到几十年。

有时候，一株看起来有前途的植物却毫无成果，有时候一株看起来没希望的植物却会成功地生长起来。例如，土地研究所几乎没有考虑过一种多年生的向日葵——串叶松香草（silphium）会有潜力，因为在野外，它在每个花

---

① 这种理想的特性被称为耐碎性。——作者注
② 如基因测序，基因组预测和分子标记辅助育种。——作者注

头上只产生 15 粒到 20 粒种子。但是，通过选择培育比平均种子多几粒的植物，在 8 年之内，研究人员发现有的单个花头甚至可以收获 150 粒种子。[108]

虽然克恩扎——中间偃麦草——仍在开发中，但它是研究所试探性地推向市场的第一批作物之一。[109]到目前为止，这种植物被培育得每棵植株都可以携带和小麦一样多数量的种子，但每粒种子的重量只有小麦种子的四分之一。育种者希望在 30 年内它能够达到小麦的产量。

由于土地在一段时间内被作物粗大的根系束缚，并被大量的凋落物覆盖，所以像克恩扎这样的多年生谷物很可能减少侵蚀[110]并增加土壤中的碳含量。[111]一项估计表明，如果在全球范围内专门种植多年生作物，那么农业土壤将恢复自首次耕种以来损失的 1/4 到 2/3 的碳。[112]以多年生植物为主的生态系统，如森林和天然草地，比生长一年生作物的农田系统支持更丰富多样的土壤生命。[113-115]

多年生植物的长根从地下深处汲取养分时，它们就变成了自己的绿肥植物，自己轮作的草本牧草。所以土地不需要休耕。植物在土壤中停留的时间越长，它们与固定氮的细菌以及寻找其他营养物质的微生物和真菌的关系就越紧密。这意味着，种植多年生作物所需的肥料应该会更少。[116]一项研究估计，多年生系统可储存的雨水量是普通作物的 5 倍。[117]

当农民从种植一年生作物转为种植多年生作物时，杂草很可能会在头几年成为一个主要问题，[118]因为无法对土地进行耕作，而一般的除草剂又会杀死作物因此无法使用。但一旦多年生作物在一片土地里站稳脚跟后，它植株本身的高度就可以阻挡住阳光，再加上凋落物的覆盖，最终会共同作用，一起扼杀杂草。对多年生能源作物的试验表明，不需要进一步控制杂草。[119]据一些试验过的农民所说，克恩扎是"高度抑制杂草的"。[120]考虑到它在土壤表面形成了巨大的纤维团块，不难看出为什么大家会这样说。

因为很可能只在一开始需要除草，所以对农民来说，用机械来除草是最经济的：用机械（或者在非常小的农场里用手工工具）在一行行作物间锄草或割草，或者当技术成熟时，短暂地雇用一个机器人。土壤受到的干扰越少，杂草生根的机会就越少：在其他条件相同的情况下，多年生系统中的杂草应该更容易被控制。[121]当然，这些根深蒂固的多年生植物本身也可能会变成杂草，侵入其他农田，或在农民想要更换作物时顽固地存在。[122]对于每一种新培育的多年生植物来说，这都是需要攻克的众多问题之一。

一些文章认为，植物病害在多年生谷物种植中可能会成为一个更大的问题，因为它们可能会逐年扩散。[123]而另一些论文则认为，这是个小问题，与土壤细菌之间更紧密的联系会增强植物的免疫反应。[124]① 令人鼓舞的是，培育出克恩扎和其他谷物作物的野生植物似乎对攻击一年生作物的病毒具有很强的抵抗力。[125]

多年生植物的深根和坚韧的结构可以使它们更好地适应混乱的气候。我所提到的多年生向日葵经历了两次严重的干旱，其中一次干旱甚至完全摧毁了与它们一起生长的一年生向日葵。[126]这将使得它的成本大大降低了：一旦这些作物站稳脚跟，它们只需要很少的化肥，更少的灌溉，也许（我将在下面讨论）不需要杀虫剂，更少地使用机械。因为最贫困的农民通常在最贫瘠的土地上耕作，所以可能符合这些要求的多年生作物会比一年生作物更适合他们。[127]

当我打开第一袋面粉时还是有点担心的。万一它的味道很可怕呢？因为土地研究所把克恩扎碾磨成的是有点粗糙的全麦面粉，我把它和一种高筋的白色小麦粉对半混合，发现面团很好成型，揉一揉，很快就变得富有弹性，尽管它有一种奇怪的特性，大约五分钟后就会突然变黏。但面团后来发酵得很好。

在等待它烤熟的时候，我像一个满怀期待的父亲一样来回踱步。35 分

---

① 这一过程被称为"系统诱导抗病性"。——作者注

钟后，我敲了敲面包的底部，它发出了闷响。到目前为止一切顺利。待到冷却后，我把它切开，面包内部暄暄软软，味道棒极了！它有着浓郁而略带坚果味的口感，是我吃过的最好吃的面包之一。

在接下来的几天里，我用克恩扎粉又陆续做了卷饼、咸饼干和消化饼干①。使用它做出来的饼皮伸展得很漂亮，在锅里冒泡、膨胀，直到鼓成接近浑圆的球形，面团在烹饪的过程中始终保持柔软。它带有一点啤酒味，巧妙地抵消了我做的辣味炸豆和番茄酱的刺激味道。饼干酥酥脆脆的，面粉的坚果味被添加的海盐加强了，反过来又衬托出了我混合在面团里的南瓜子和核桃碎的味道。消化饼干轻薄干脆，特有的风味配上饼干上面点缀的糖粒所带来的甜味。我发现，其实无须把克恩扎和其他谷物相混合，它本身的味道就很好。

即使我们只从味道来评价这种作物，忽略它的生态优势，它也是非常值得推荐品种。作为这个国家第一批品尝它的人之一，我心中油然而生一种毫无理由的自豪感。土地研究所尝试了一件几乎一个世纪以来一直被阻挠的事情。例如，苏联曾在 20 世纪 30 年代尝试着培育一种多年生的谷物，这肯定是一个挑战，因为在当时控制基因遗传性状曾被官方谴责为资本主义的妄想。但看看克恩扎，这至少已经实现了一半。

第五个袋子里的大米来自该研究所启动的一个育种项目，由中国云南大学杰出的植物科学家胡凤益教授带领的团队进行的研究。他们将一种一年生的中国水稻品种与一种同属的非洲野生植物杂交，②从而培育出了一种多年生作物。它的产量已经与现代一年生的水稻品种相当，在某些情况下甚至产量更高。[128]这种品种有一个不太浪漫的名字：PR23。PR23 现在作

---

① 消化饼干（Digestive biscuit）是一种源自英国的微甜饼干。主要由糙棕色小麦面粉、糖、植物油、全麦谷物、膨胀剂和盐制成，不含任何以帮助消化的成分。——编者注

② 西非长药野生稻（*Oryza longistaminata*）。——作者注

为一种成熟的经济作物，在中国已经有 7000 公顷的种植面积。[129]

农民们对它的出现表现出了极大的热情：所有种子一上市立即被抢购一空。在山坡上生长的一年生水稻经常会造成毁灭性的土壤侵蚀。有时由于过度耕种，整个梯田都毁了。但 PR23 的长根有助于把土壤绑在一起，进而保护土壤。也许，它受欢迎的更直接原因是：中国许多地方的稻农都极度缺乏劳动力，许多可以从事艰苦体力劳动的年轻人都离开了农村。种植 PR23 的一些稻田现在已经收割了 6 次而无须重新播种。[130]

我把研究所寄来的大米煮了，发现它的口感、质地和我在中国超市里买到的一年生的短粒米没有什么区别。对于消费者来说，这种多年生的大米和普通大米就是一样的。现在，胡教授正尝试将 PR23 与其他品种进行杂交，以满足不同的做法和口味。绿色革命已经开始了。

土地研究所及其合作伙伴还正在研究许多其他的物种，包括大豆[131]、高粱和油菜籽。他们将普通小麦与克恩扎杂交，培育出了一种新的多年生作物，这种作物的产量已经达到一年生小麦年产量的 50% ~ 70%。[132]

这是一个关于新型农业系统的蓝图。

像克恩扎、多年生小麦或水稻这样的谷物可以在两台到三台联合收割机的宽度进行种植（或与小农户使用的收割技术相匹配即可）。每两条谷物带之间是一条多年生豆类作物带。豆类可以为固氮细菌提供住所，这些细菌又可以为植物施肥，并向土壤中释放硝酸盐。如果农民不每年翻地耕种，氮就会在土壤中累积，帮助养活附近的谷物。[133]这些扎根较深、生长时间较长的作物，应该有能力或渠道获取自己所需的大部分其他矿物质。在某些情况下，也许就真的不需要使用化肥了。

在每一块谷物和豆类（或者油菜籽和豆类）周围，都有一圈当地品种的多年生野花带，大约一米宽，就是托利地里的那种。野生传粉昆虫[134]和以农作物害虫为食的掠食性昆虫[135]在多年生野花丛中要比在一年生花丛中生存得更好。农民们通常会反对在作物中间保留多年生花圃的想法，[136]因为拖拉机必须绕开花圃工作，而且根据一项研究显示，大约需要 4 年的时间才能体会到它带来的全部效益。[137] 但在多年生的田地里，拖拉机的工作量更少，庄稼还留在地里，所以这些多年生野花可能会更受欢迎。开满花的河岸——可能还有庄稼本身——成了野生动物穿过田野的通道和踏板。

在一年生作物的系统中，只有最靠近花带的作物才能得到有益昆虫的庇护。[138, 139] 而在多年生植物的系统中，有益的昆虫和蜘蛛应该能够走得更远，因为高密度的植物为它们提供了中途的避难所。[140, 141] 如果托利的研究结果可以作为依据的话，那么证明自然捕食者是可以代替杀虫剂的。一项研究表明，在种植开花作物（如豆类或大多数油菜籽）时，杀虫剂对产量和利润的净影响是负的，因为杀死传粉昆虫造成的危害已超过了杀死害虫带来的收益。[142] 大农场主被大型制药公司骗了。

但是多年生作物并不是万灵药——应该说，没有什么是万灵药。它们不可能永远留在土壤里：随着这些作物在地里年份的增长，它们的产量可能会下降。因此，若干年后，农民们不得不将它们挖出，换成种植另一种植物。[143] 但多年生植物的轮作比一年生植物的轮作更少对土壤造成破坏。与所有系统一样，如果没有良好的政策约束，转向种植多年生谷物可能会引发反常和灾难性的后果。例如，因为它们可以生长在贫瘠的土地和不适合其他作物的地方，所以它们可能会被用来作为生物燃料。然后它们就又会成为破坏栖息地的有力推手。我们能吃多少是有限的，但我们能烧多少是无限的。

无论育种计划多么成功，多年生作物也不会被全世界所有地方的农民接受，因为人们通常不愿意放弃熟悉的种植策略。但这并不一定是坏事：我们需要各种各样的系统和技术。但不可否认，多年生作物的出现将为粮食生产系统引入多样性和弹性，并挑战全球标准农场的主导地位。通过保护土壤和减少机械、水、农药的使用，如果一切顺利，它们可以大大改善农业对环境的影响。更令人难以置信的是，领导这一关键转变的不是政府或多边机构，而是萨利纳一个农舍里的小型非营利组织。

从短期作物到长期作物的过渡，以及伴随而来的从短期到长期的思考，是我们迈向更美好世界的关键一步。但我们还有更长的路要走。在找到可以替代食用动物以获得蛋白质和脂肪来源之前，我们还无法停下探寻的脚步。

第 7 章
"零"农场

我不知道是被声音吵醒了，还是刚好从睡梦中醒来。但当我睁开眼睛时，声音的来源几乎占据了我的全部视野。由于一切都是横向的，我花了一段时间才发觉我正盯着一双亮闪闪的眼睛。之后我意识到这是一只野兔，它在我睡着的草地上吃草，离我的脸只有一米远。它坐起来，然后慢慢地爬上河岸，穿过郊区的小路，沿着另一侧的边缘，进入一个花园。我现在身处赫尔辛基的郊区，刚刚发生的这一幕像是一种预兆。但我不能剧透。

刚刚进行的采访使我筋疲力尽，于是我走到外面打了个盹，而其他工作人员则继续待在实验室里拍摄剪接镜头。[1] 我刚才的采访对象——帕西·瓦尼卡（Pasi Vainikka），是一位才华横溢的科学家，也是一位有远见的企业家。但不知道他有没有做过图灵测试，我怀疑他可能没法通过。有好几次，对于我热情的提问，他都是机械地回答："对。"我和他在拍摄间隙的交谈就像在不断试图打开一扇锁着的门。

当然，并不是每个开拓者都会戴着拿破仑帽发表激动人心的演讲。帕西正在研究的就是一种可能是有史以来最重要的环保技术。它不需要进行重大突破，也不需要新的仪器或材料，只需要对现有技术进行改进和效率提升即可。虽然他的实验室是一个由管道和电线、阀门和仪表、泵和螺旋桨组成的迷宫，但他只是简单地（或者只是看起来简单）在"酿造"。他使用的都是标准化设备，方法是在 20 世纪 60 年代由与美国国家航空航天局（NASA）合作的科学家研发出来的。[2, 3]他正在酝酿一场革命。

帕西的任务是尽可能廉价高效地繁殖我在本书第 1 章中讨论过的一种生物：土壤细菌。土壤中微生物的生存策略之一就是以各种惊人的方式来获取能量。帕西所使用的物种①既不从光合作用中获取能量，也不从其他生物产物中获取能量，而是从氢元素中获取能量。[4]它是一种氢氧化细菌。

我透过发酵罐的舷窗向里面看，帕西进行的酿造就像有东西在洗衣机里翻腾一样，看起来平平无奇：薄薄的黄色污泥被拍打到玻璃上。但当他提取了一些这种原始的汤状物放进试管，并把它放在加热鼓上时，这平平无奇的物质肉眼可见地变得可口了起来：它逐渐变成了一种金色的面粉，闻起来像炒鸡蛋。帕西解释说，这个物种会产生 β 类胡萝卜素，也就是一种可以使胡萝卜变色的分子。更重要的是，这种粉大约 60% 都是蛋白质，[5]都是可食用的。

纯粹出于虚荣心，我请他的团队给我做了一个煎饼：我想成为除了他的实验室成员第一个吃到由这些细菌做成的煎饼的人。实验室工作人员没有将这微生物"面粉"与鸡蛋混合以提高蛋白质含量，而是将它们与小麦粉混合以降低蛋白质的含量，否则做出来的就是煎蛋卷了。他们加入了一些燕麦牛奶给我做了个稀面糊。

我已经很久没有吃过用鸡蛋做的传统煎饼了。我试过用高克重面粉做的替代品，用大米和扁豆粉制成的薄饼，以及用小麦和玉米粉制成的韩国薄饼，但都不如我改为植物性饮食后不再吃煎饼的举措更令我满意。唯一的遗憾是缺少了蛋白质的摄入，而蛋白质也是让煎饼变得柔软湿润的秘密。

---

① 杀虫含铜菌（*Cupriavidus necator*）。——作者注

这些替代品中蛋白质含量最丰富的是高克面粉和鹰嘴豆粉，含量约为 20%，低于制作传统煎饼的西欧面糊（由小麦粉、鸡蛋和牛奶组成）。要不是我目睹了煎饼的制作过程，我简直不敢相信帕西的煎饼里竟然没加鸡蛋。更难以置信的是，它的主要成分居然是干燥的细菌尸体。而用它做出来的薄饼的味道浓郁、醇厚、饱腹感强，和我以前吃过的煎饼没什么两样。

这是一个小煎饼，却也是人类的一个巨大的转折点。我相信，它的出现标志着大多数农业终结的开始。在这薄薄的煎饼中，蕴藏着我们恢复地球生机的希望。

我之所以会这么说，是因为这种粮食的生产方式极大程度地减少了我们对土地的使用——这一最重要的环境影响因素。正是在这个问题上，我们与生物世界的关系有可能会发生根本性的转变，并有望重新拥有一个健康的地球。

农业科学专业副教授托马斯·林德（Tomas Linder）将一种类似帕西生产蛋白质的方法所需的土地面积与最高效的蛋白质农业生产方法——美国的大豆种植——进行了比较。[6]一般情况下，美国每年种植大豆的面积为 3650 万公顷，比意大利的国土面积还要大。培养细菌生产等量蛋白质所需的土地是 21000 公顷，相当于俄亥俄州克利夫兰市的面积。换句话说，培养细菌生产等量蛋白质所用的土地面积约是原来的 0.058%。

这还没完。我们仍然需要加工设备用来杀死和干燥细菌、分离成分、回收发酵桶中的废水。但这同样适用于大豆加工（在更大程度上，也适用于动物尸体）。帕西的酿造需要电力，主要是通过电解将水分解为氢和氧。正如他的公司名称"太阳能食品"（Solar Foods）一样，他选择了利用阳光作为能量来源。[7]这是一种需要大量使用土地的发电方式。即便如此，根据《工程生物学》（Engineering Biology）上的一篇论文显示，用太阳能电池板作为能源生产细菌蛋白质所需的土地仍是生产大豆蛋白所需的 1/30 至 1/60。[8]这篇论文认为，如果使用风力发电，这一比率甚至可以下降到

1/400 至 1/150。如果风力涡轮机建在近海，在那里往往需要使用更大的机器，但所需的土地（或海床）面积会变得更小。如果用第四代核反应堆来生产氢气，所需的空间甚至还会进一步缩小。

虽然农作物生长需要几个月的时间，但这些容器中的细菌数量每 3 小时就会增长 1 倍。因此，如果你确保给它们提供了良好的生长条件，你可以连续一年每天 8 次收获一半数量的细菌。[9]这项技术可以解放几乎所有目前用于生产蛋白质（无论是以植物还是动物的形式）的土地。这意味着我们的大部分食物供应都可以变得不再需要农场。

由于放牧占据了农业用地的 2/3，而用于喂养动物的谷物或用于提供人类蛋白质的作物生产又占了其余的大部分，所以这种技术会使土地节约达到不可想象的规模。我们可以从地球大片大片的土地上挽回我们造成的可怕影响，这些土地是由我们亲手开垦、围起来、用来放牧、进行对环境有害的农业活动的。原住民可以收回他们的土地。生态系统也有机会得到恢复。这种转变可能是我们阻止第六次生物大灭绝的最大希望。

刊登在《自然》杂志上的一项研究提出，如果在一些地区 15% 的土地上停止破坏性活动，就可以避免 60% 的物种灭绝，并可以减少从工业革命以来向大气中释放的所有二氧化碳总量的 30%。[10]但是，非农场食品的前景远不止于此：我们可以将现在用于耕种的大部分土地进行再野生化，同时保护剩下的野生环境。

除了土地，帕西的技术还对其他资源进行了节约利用。他正在设计可以直接从酿造物以外的大气中提取细菌需要的水和二氧化碳的方法，他的目标是从空气中变出食物。理论上来讲，细菌所需的氮也可以从空气中提取，[11]因为一些氢氧化物种可以直接利用它，[12]但太阳能食品公司使用的是和普通农民使用的一样的来源：人造氨。然而，与农业中使用的化肥不同，给细菌提供的矿物质几乎不会发生流失。因为这个系统是封闭的，水及其排出物可以被回收。[13]例如建造这座工厂需要大量的钢材，但由于生产过程高效，产量也高，其造成的影响将相对较小，可能会低于建造屠宰场和肉类加工厂对钢材的需求。

我做了个计算，如果其他一切保持不变，并且我们使用帕西的方法去生产人类所需的全部蛋白质，那么全球的电力需求将增加 11%。[①] 由于他的方法浪费的活性氮比农业生产要少得多，所以这 11% 的一部分将被生产氨和尿素所需能源的减少所弥补。即便如此，额外的电力仍会带来了巨大的材料成本：建造发电机、运输和储存电力所需的钢、铜、锂、钴、稀土和其他矿物。[14, 15] 但与此相比，我们应该考虑一下用于耕作、钻探、喷洒和收割、安置和运送牲畜、屠宰和加工肉类所需的设备和燃料的成本。[16] 由于种植蛋白质的农场的地理分布、基础设施的规模和负荷的转移都要远远大于培养微生物所需的，[17-19] 所以材料的总体用量肯定也会更少。

而且电力需求也不太可能维持在目前全球电力供应的 11%，因为人们正在探索不使用化石燃料的、更有效的制氢方法：固体氧化物电解法、高温蒸汽电解法[20] 和水的热化学裂解法[21]（使用集中太阳能发电厂[22, 23]或小型核反应堆）。[②][24] 更重要的是，其他方面也不太可能会保持不变。以清洁电力为基础的新能源系统的规模将与最高水平的需求相匹配：例如，

---

① 蛋白质的参考营养素摄入量（RNI），即获得充分营养所需的量：男性每天大概 55 克，女性每天大概 45 克。简单来说，我假设全球人口都是成年人，但实际上，儿童的 RNI 更低。另一方面，有些人认为参考营养素摄入量太低，因为不是所有的蛋白质都能达到同样的消化程度的。所以这可能会大致抵消。50 克 × 80 亿 × 365 天得出了我们每年对蛋白质的总需求量会达到 1460 亿千克。太阳能食品目前的耗电量是 10 千瓦时 / 千克细菌质量。蛋白质含量为 60%，即 16.7 千瓦时 / 千克蛋白质。所以总需电量是 2438 太瓦时。国际能源机构估计，全球耗电量为 22315 太瓦时。因此，用这些方法生产全世界所需的蛋白质将需要目前全球电力供应的 10.9%。——作者注

② 特别是高温气体冷却式反应堆（High-Temperature Gas-Cooled Reactors）。——作者注

在寒冷国家的仲冬时节，或在低纬度地区一年中最热的时候（即大规模使用空调的时候）。在一年中剩下的时间里以及高峰月份里对电力需求没那么高的时段，清洁能源系统所产生的电力将供大于求。这时候多出来的电力就可以用作确保精确发酵，而氢气可以在电力最充足，价格也便宜的时期进行生产。如果是这样的话，生产这种新型食品几乎不会给发电能力增加新的负担，也不会给材料生产增加负担。

随着制氢效率的提高，细菌蛋白质也将变得更便宜。目前，最大的资源成本是电力。[25]随着太阳能价格的下降，帕西认为他产品的成本在几年内会下降到与地球上最便宜的蛋白质来源（大豆）的价格持平。如果细菌蛋白质被广泛接受，人类历史上将第一次出现一种不是通过光合作用而生产的主食。

在研究微生物发酵为人类提供食物的潜力之前，我们有必要提醒自己：有人挨饿不是因为缺乏食物，而是因为许多人买不起食物。在全球范围内，我们生产的蛋白质总量已远远超过人类的所需量：我们生产了可供给人类每人每天 81 克的蛋白质，[26]尽管我们平均每天只需要 50 克至 60 克。[27]大量的植物蛋白被生产出来，但由于大部分植物蛋白在供给人类之前先作为饲料喂给了牲畜，因此有很多蛋白质被损失掉了。这进一步加剧了蛋白质消耗的分布不均。[28]富人的摄入往往远超过所需，而穷人的摄入则很少。[29, 30]

穷人不仅无法获得动物蛋白，由于气候破坏、栖息地破坏、河流、海洋和空气污染、水资源流失和土壤侵蚀，他们也受到了大量环境成本增加的严重影响。和往常一样，他们承受的痛苦最多，得到的却最少。我并不是建议只有穷人才吃微生物蛋白，但我相信它可以成为世界各地可持续饮食的基础。但很重要的一点是它同时也有助于让穷人免受饥饿。

尽管在不久的将来，国际市场上细菌蛋白的价格不太可能会低于最便宜的大豆蛋白太多，但它可能会成为更易获得的蛋白质来源。在许多贫穷国家，人们为获取蛋白质而不得不支付溢价，而由于大多数食品都无法在当地生产①，所以蛋白质往往需要在以美元计价的大宗商品市场上用弱势货币来进行购买。世界上那些最贫穷的国家也拥有可再生能源的巨大潜力。[31]所以只要有电力供应，微生物面粉就可以在世界上的任何地方以大致相同的成本进行生产。

公平的技术转让和分散生产至关重要，无论气候、土壤、货币、贸易条件、航线瓶颈和其他条件如何变化，这种蛋白质都可以被广泛而廉价地制造出来。由于制造细菌蛋白的工厂可以独立经营，所以不管工厂建在哪儿，大多数必要的原料都可以在当地获得。以这种方式生产食品可以阻碍经济和政治冲击的传播。换句话说，这种新型食品有望将模块化这一重要特性重新引入食物系统。

像帕西研究的这种技术也为我们在本书第 2 章中讨论过的其他棘手难题提供了解决方案。这使得重新引入我们现在的农业系统中经常缺乏的备份、冗余和缓冲变成可能。[32, 33]在极端情况下，如小行星撞击、大规模火山爆发或核冬天②——即在不能进行农业生产的情况发生时，它也可以给我们提供继续生产粮食的机会。[34, 35]但我主要关心的是如何避免那些看似进展缓慢，实则近在咫尺的气候和生态崩溃灾难。

那么，这些技术会制造出什么样的食物呢？一旦开发出它们的全部潜力，它的可能性就只会被我们的想象力限制。我们可以开发很多现有的富含蛋白质和脂肪的食物的替代产品，但我们不应止步于此。我们还可以开发新的菜系，创造出适合我们胃口的同时又有益身体健康的食物，这些食

---

① 我在本书第 5 章中解释过原因。——作者注
② 专家们认为核战争爆发后的大地会出现一段昏暗、寒冷、荒芜的时期。——译者注

物可能有着我们以前从未见过的质地和味道。我能想象出厨师和科学家一起创造出了许多新食物，例如吃起来像烤牛排但口感像扇贝的食物。或者他们可能会开发一种慕斯，像意式奶冻一样会在舌尖化掉，却有着伊比利亚火腿（*jamón ibérico*）般的味道。谁知道呢？就像农业的发明一样，非农场食品可以催化全新的饮食习惯，这在现在是无法想象的，有一天它可能会像面包和奶酪等农业产品一样为人们所熟知。

帕西的细菌可以产生所有 9 种人类必需的氨基酸。[36, 37] 尽管它们还需要进行更多的评估，[38] 但到目前为止，它们的消化率和营养质量被认为大致介于植物蛋白和动物蛋白之间。[39] 它的核酸（保存细胞的遗传信息）含量比其他食物都要高。我们在加工面粉时需要减少核酸含量，否则可能会导致痛风和肾结石等疾病。[40, 41] 虽然这种"面粉"不含麸质或乳制品蛋白，但它仍需要经过彻底检测其他可能的过敏原[42] 以及对肠道微生物的潜在影响。

帕西使用的原材料只是一个开始。与更复杂的生命形式相比，细菌具有惊人的延展性。即使在自然界中，它们也可以通过水平基因转移从根本上改变自己的基因组成。

如果基因工程的主要目的是将种子变成公司财产，或使植物对某个专利杀菌剂更具抵抗力，那我一定会抗议，因为这些用途增强了大企业的实力，带来的环境效益却很少。可是关于某些微生物的基因工程到目前为止却从来没有引发过争议。胰岛素，自 1978 年以来就一直以这种方式生产。而改造过的细菌和酵母菌现在仍至少占到药物生产的 99%。[43] 制作硬奶酪所需的凝乳酶以前是从还没断奶的小牛的第四个胃里提取的［这听起来像是《麦克白》（*Macbeth*）中制作"女巫汤"所使用的材料］，小牛的胃必须被切片和捣碎，并用化学方法提炼出凝乳酶。[44] 到现在仍然有些地方以这种方式来生产硬奶酪，通常是为了达到有机生产标准，所以不能使用新原料。[45] 但是现在大多数奶酪都是由基因工程改造的酵母和细菌参与制造的。[46]

正如我们会根据特定的特性来选择作物一样，帕西培养的那种细菌也可以通过培育以满足人们各种各样的口味和需求。比如说，一些种类的土壤细菌的基因组可以被编辑或改造以提供维生素 B_{12}。许多人，尤其是纯素食者和半素食者可能会面临身体缺乏维生素 B_{12} 的风险，除非他们特意吃含有这种维生素的食物。[47]①

我们也可以改造细菌，使其含有高浓度的微量元素，以帮助我们解决困扰约 20 亿人口的营养不良问题。[48]它们可以被改造成长链的 $\Omega-3$ 脂肪酸，鱼类就是因为含有这种营养物质而被大量捕捞的，这造成了毁灭性的生态影响。

如果这种新型食物可以被监管机构和消费者接受，帕西希望他的产品能作为一种通用配料出售。高蛋白面粉已经被用于制作面包、意大利面、奶昔和许多种类的快餐和即食食品，但它们也可以被用来供应蓬勃发展的肉类替代品市场，也许比植物蛋白更有效。植物性肉类对环境的影响已经远远低于它们所替代的动物肉：有文章表示，生产植物性肉类造成的温室气体平均排放量要比鸡肉少 34%，比牛肉少 93%。[49]因为我们直接食用了大豆和含有植物蛋白的其他谷物，而非用它们来喂养动物，所以生产植物性肉类可以比饲养肉鸡少使用 40% 的土地，比肉牛少 98% 的土地，同时还大大减少了水的消耗、污染、[50]化肥和农药的使用。[51]

微生物蛋白质的土地足迹和化学用途比大豆要小得多，这意味着那些负面影响会被进一步缩小。由于我们可以量身定制细菌以满足特定的蛋白质和脂肪需求，这确保了我们向使用肉类替代品的现实又迈进了一步。现在植物性肉类正因其长长的配料清单和复杂的加工过程被诟病，[52, 53]在未来，它的产量将会大幅减少。

———————————

① 优质维生素 B_{12} 的来源包括紫菜、酵母片和一些种类的酵母提取物，此外也来自一些植物性乳品，当然还有补充剂。——作者注

当我开始为写这本书做研究时，我想象着新蛋白质和脂肪将被用来制造人工培养（或以细胞为基础的）肉：这种肉在生物学上与动物肉相同，但是饲养它们的场所从农场变成了生物反应器。但是，随着我对培养肉和培养鱼（通过在基因支架上培养细胞来制造一些看起来、感觉起来、尝起来像牛排或金枪鱼的东西[54-58]）的了解越多，它们所涉及的超乎想象的复杂性就越令我怀疑这个愿景能否实现。如果不符合预期的成本曲线[59]，风险投资者们最初的热情将让位于挫折和幻灭。我很怀疑到目前为止对这些项目进行投资的投资者是否还有足够的耐心，以支撑他们等待将完成品推向市场所需经历的数百个步骤。

事实上，我认为我们会看到一种混合系统逐渐发展起来。[60]人造肉公司"Impossible Foods"通过培养一种转基因微生物而生产出的一种人造肉原料——大豆血红蛋白，用于生产能够"流血"的植物性汉堡肉。[61]其他一些公司正在利用3D打印技术来生产具有纤维结构的植物提取物，据一些尝过这种植物提取物的人说，它和肉块的肌肉结构非常相似，[62]同时又没有在生物反应器的基因支架上培养它们的复杂性和高昂成本。豌豆蛋白和椰子脂肪等成分可以被经过精确发酵而制成的蛋白质和脂肪稳步取代。这种发展是革命性的，但每一步又都简单而合乎逻辑。

在线上采访中，两位年轻的科学家向我解释了"脂肪问题"，他们是一家名为霍克斯顿农场（Hoxton Farms）[63]公司的创始人——埃德·斯蒂尔（Ed Steele）和马克斯·杰米利（Max Jamilly）。在动物肉块中，脂肪被封闭在细胞中——这就是肉多汁的奥秘，也是它风味的主要来源。动物脂肪被筋膜包裹住，确保在烹饪时可以保持其结构。但添加到肉类替代品中的植物脂肪是松散的，这就是为什么通常这些肉类替代品吃起来是油腻的而不是多汁的。它的大部分油脂在锅里融化了，甚至有时在超市货架上的时候就融化了。

这也是植物性肉类成分清单如此之长的主要原因：制造商试图弥补它

们所使用的油脂的不足，并掩盖其浓烈的味道。埃德和马克斯使用了与帕西类似的发酵过程，他们正在尝试构建的是一种比制造人造肉要简单得多的方法：将脂肪包裹起来。他们希望在五年内能将细胞脂肪作为植物性肉类的原料推向市场。等到他们成功的时候，我们就可以期待肉类替代品变得更健康（因为不再需要使用添加剂来解决植物油的问题）、更简单、更易实现。现在多数对未来的植物肉或微生物肉前景的攻击都是因为质量问题，但这就像警告人们因为曾发生过兴登堡空难，所以不要乘坐喷气式飞机一样荒谬。

在比·威尔逊（Bee Wilson）的优秀著作《我们的饮食方式》（*The Way We Eat Now*）中，讨论了鸡肉生产在全球大规模扩张的一些原因。[64] 她指出，这在一定程度上是由于工业化生产的鸡肉味道很淡，几乎不像肉。可以说它只是一种普通的白色蛋白质，可以添加调味料、酥皮或酱汁，创造出无穷无尽的快餐、即食食品、炖菜、咖喱和油炸食品。这句话似乎很直白，却掀开了这个产业遮羞布的一角。

我由此想到了每年约有 660 亿只鸡被屠宰[65]——几乎相当于地球上每个人 8 只鸡——来生产这种统一的蛋白质，以及绝大多数鸡所遭受的残酷对待：感官剥夺造成的拥挤、攻击和杀戮；现代禽类被培育出的极端体重会使它们的腿弯曲，迫使一些鸡身体不得不向前倾斜甚至身体只能贴着地面；感染疾病和寄生虫及其所需的药物；它们的野生动物祖先的生活方式多样而复杂，而现在它们的生活退化到了和机器差不多。这是世界上最肮脏的秘密之一。我们不想知道那些整洁的钢铁厂里发生了什么，也不想考虑作为人类的我们的日常饮食到底给别的物种带来了怎样的痛苦。

要想制造出普通的白色蛋白质不是一件难事。例如，阔恩素肉从真菌菌丝体中制造了一种的白色蛋白质，而且这种生产过程不会有动物受苦。通过新型的精确发酵，生产阔恩素肉将变得更容易，也更便宜。

但生产出更优良的植物或细菌替代品来完全取代人工养殖的肉或鱼的

可能性仍然很小，[66]更有可能发生的是这些替代品将会让人工养殖变得多余。新的微生物成分和 3D 打印技术可以使它们与传统鸡块、汉堡、烤鸡和其他加工肉类几乎无法区分。这也许将会给传统肉类行业带来巨大冲击。

由于利润有限，为动物身上的每一部分都找到市场是获利的关键，业内人士将这个问题称为"畜体平衡"（carcass balancing）。北美的牛肉生产就是这个问题的例证。由于美国对于牛肉的需求 62% 是绞牛肉（用于制作火腿、汉堡和大多数即食牛肉），所以被切碎的畜体比例已经上升到与之匹配的供应水平。[67]畜体的其余部分的价值因此下降，但肉牛仍然需要按照同一个标准来进行喂养，以确保市场需要的部位值得人们购买。这进一步挤压了利润率，使该行业极易受到威胁。在未来，部分绞牛肉市场将被植物或微生物替代品占领，也会使牛肉生产商的销售变得更加失衡，他们别无选择，只能用提高优质牛肉的价格来弥补。正如独立智库 RethinkX 所指出的那样，只需一个小小的冲击就能把这个岌岌可危的行业推入崩溃的旋涡。[68]

鸡肉和猪肉生产商也面临着类似的问题，尽管他们离真正面对这个问题还有一段距离，但其大部分利润也依赖于绞肉（制作鸡块、热狗等）。乳制品行业可能会比牛肉行业更不堪一击，这是因为牛奶的主要成分是水，而最有价值的部分——酪蛋白和乳清蛋白——只占其体积的 3.3%。[69]目前，有大约 1/3 的蛋白质中从牛奶中分离出来后被用作婴儿配方奶粉、甜点和其他加工食品的原料，或者卖给健美运动员。而利用微生物生产它们则很简单，已经有几家做这一项目的公司进入了市场。到目前为止，这些公司的主营产品主要集中在冰激凌和奶酪等有价值的产品上。[70, 71]这些产品的生产成本可以被降低。相比之下，奶牛生产牛奶的效率已经被完全开发到最高值了，这有助于解释许多奶牛场破罐子破摔的行为。如果我是做奶牛厂生意的，我现在就会退出以规避潜在的市场风险。

乍一看，蛋业好像不容易受影响。但现在约 30% 的鸡蛋是被卖给企业的，作为蛋糕和其他加工食品的原料。在许多情况下，这些食品制造商也同样希望能摆脱对鸡蛋的依赖，单独使用蛋白质。[①] 也许用不了多久，这些蛋白质就可以在大桶里以低成本进行生产了。

这种转变一开始会很缓慢，但接着就会加速。它们很可能会达到临界阈值，当超过这个阈值，现有的系统将会崩溃。换句话说，正如我在本书第 2 章中描述的复合系统的内部动力学可以引爆突然而危险的政权转变一样，它们也可以催化突然而有益的状态变化。[72] 诸如肉类替代品给畜体平衡带来的问题，或者人造牛奶蛋白给乳制品生产带来的危机等问题，可能都会迅速地侵蚀现有行业的利润——这些行业本就只有在公共补贴的帮助下才能生存。随着企业之间的相互学习，并在新流程之间发展协同作用，会加速新技术的传播。[73]

帕西版本的精确发酵只是我们的几十种选择之一，[74-76] 他培养的细菌种类也是我们的数千种候选者中的一种。它们产生的蛋白质和脂肪可以直接使用，也可以去喂养其他微生物以制造新的产品。甚至太阳能食品公司已经在同领域内有了几个竞争对手。

随着这些技术的成本变得越来越低廉，我相信总有一天，它们不仅会威胁到动物产品，还会威胁到一些最具破坏性的植物提取物，如棕榈油、橄榄油和椰子油。你可能会很惊讶，我是按照生产这些油对环境的破坏性由低到高依次列出的。现在一些农民会在晚上残暴地打掉树上的橄榄，因此导致了数百万只栖息在树枝上的鸟儿的死亡。[77] 而椰子的生产热潮正在席卷热带岛屿，其威胁甚至消灭了在其他地方无法生存的物种。[78] 所谓的先进的农业逻辑倾向于把一切出发点是好的东西都变成坏的。

---

① 卵白蛋白（ovalbumin），卵转铁蛋白（ovotransferrin）和卵类黏蛋白（ovomucoid）。——作者注

食品行业的创新者一直对于那些准备试验新产品的人（少数敢于冒险的开拓者）和市场上其他（想将自己的传统产品留在货架上）人之间产生的鸿沟有所恐惧。[79]消费者通常会对于新产品非常谨慎，这也是导致70%至80%的新食品线会失败的部分原因。[80]但也会产生一些反作用力，新产品的出现会迫使科学融合、规模经济和新技术进行自我强化。公平地说，我认为对于植物性肉类和植物性乳制品来说，所谓的"鸿沟"已经不存在了。也许有的公司会失败，但总体趋势是正向的。

我们在未来可能会见证一场技术伦理的转变，类似避孕药的出现所造成的影响。避孕药（以及其他科学的计生方法）的出现加速了女性的解放。[81]它使得人们对现状失去耐心，加速了已经开始发生的过渡。可以说，它的出现帮助人们推动了社会变革的良性循环，让曾经难以想象的事情迅速变成不可避免的现实。

随着肉类产品受到植物蛋白的挑战，而植物蛋白又受到微生物蛋白的挑战，随着非农场产品变得比竞品更便宜、更好、更健康，良好替代品的存在将加剧我们对牲畜的处理方式、对我们生命维持系统的破坏以及我们对畜牧业引起的流行病所产生的日益增长的不安。当我们有别的选择的时候，为什么还要吃这些通过残忍、危险、破坏生态系统的手段生产出来的食品。只有当错误有机会被改正时，才会变得令人难以忍受。到那时，各国政府会发现，削减补贴、减少环境影响和关注动物福利方面的规定变得更容易落实了，这会让畜牧业变得更加局促，迫使其加速转型。

社会和技术都有引爆点：不管现状好坏，大多数人都会支持维持现状。但当足够多的人开始改变他们的习惯或观点时，其他人就会察觉到风向已经改变，并转而跟上。纵观近代史，许多国家都有这样的快速转变，例如吸烟人群的显著减少。实验表明，当忠诚于某件事物的少数群体规模达到人口总量的大约25%时，很可能会越过一个临界阈值。[82]过了这个阈值，社会习俗就可能会突然改变，绝大多数人会改变自己的行为。

为了避免系统的环境崩溃，我们需要进行一系列的经济和社会变革。我们的生命可能依赖于触发科学家所说的级联体制转换：从一种平衡状态跳到另一种平衡状态，接着是有益的滞后效应，也就是永久的系统变化。我们曾试图通过关注细枝末节来解决我们的生存危机，比如改变牛的肠道微生物，让它们稍微少产生一些甲烷。[83]或者调整农业补贴，允许在一些小角落里种上树木。在农业领域，这种做法相当于通过禁止购买棉签来试图防止灾难性的植物灭绝，这些做法是"微消费主义的异想天开"。[84]在大多数时候，我们对人类有史以来所面临的最大危机的反应是狭隘和胆怯的。在正需要我们的思维开拓、繁复和全面的地方，它却遭遇了孤立、狭隘和放缓的对待。我们想知道，当危机的规模大到我们必须想办法去取代那些正把我们推向灾难的行业时，我们该如何行动。我们的挑战不是修补现有的模型，而是找出将它们推过临界点的反馈循环。

当我们开始探索精确发酵的巨大潜力后，我甚至怀疑这些新型食品对于动物产品的模仿都会变得越来越不重要。就像卡芒贝尔奶酪（Camembert）对于第一批捕捉活的原牛的人来说是无法想象的一样，我们发明的新食物，可能比肉类或肉类替代品更健康、更便宜、更美味。

你害怕吃细菌吗？如果是这样，我有个坏消息：其实你每顿饭都有吃到它们。事实上，你的消化系统、免疫系统和整体健康都依赖于食用它们，这也解释了（如果你不相信的话）价值数十亿美元的微生物补充剂行业的存在。

几千年来，我们吃的食物的质量和特性都取决于细菌的"污染"：奶酪、酸奶、发酵的鱼和蔬菜。活性酸奶在市面被溢价出售，活性意味着它们含有活性细菌，它们肯定比我吃的煎饼所用的那些已经死掉的细菌更令人反感。不仅如此，每个人体细胞都充满了这些微小的成分，其中一些会移动、拉伸和扭动，而这些成分曾经就是自由生活的细菌。所以在这场变革中，你要做的就是说服你自己。

在美食文化中，现代主义的尝试和对"正宗"民间美食的追求之间存在着一种奇怪的张力。对真实性的追求（从定义上讲，这是一种自我欺骗）可以用美食作家迈克尔·波伦（Michael Pollan）的一句格言来概括。我非常尊敬他，但我觉得他这条格言很难理解："不要吃你的曾曾曾祖母不认识的食物。"[85]

我不知道我的曾曾曾祖母认识的食物是什么样的。但我的祖母，出生于 1911 年，对现在的大多数人来说，她的年龄差不多就是你的曾祖母或曾曾祖母了。她是一个怀旧派美食家都会赞美的、坚强的、有技术的、有知识的农村女性，她与土地联系紧密，她做饭都是从自己亲手捕获或采摘原材料开始的。

她是个坚强且严厉的长辈，不能容忍脆弱和懒惰。当我和妹妹们去看她时，她坚持要我们 6 点起床，而且不管天气如何，吃完早饭后就到户外去。但在我的假期里最开心的就是和她在一起的时光。

她教我用皮毛和羽毛的碎片来做昆虫的小模型，用它们来骗她家屋后河里的鱼上钩。我们在河里钓鳟鱼和鲑鱼，在浅滩上跳舞。牛群在浅滩上慢吞吞地跳进河里喝水，给身体降温。我们把钓到的鳟鱼带回家，把它们切成片，炸了做晚餐。在 8 月和 9 月，我们会去采蘑菇，有些年份的蘑菇非常多，草地都铺满蘑菇变成白色了。我跟她学着如何看、听、感受大自然，还有给鸟和花起名字。

我曾跟着她拜访过她的朋友们，那是一群疯狂的老太太，住在狭窄的小船和小农庄里，过着优雅而贫穷的生活。其中一个有着一头乱糟糟的灰发，裙子是用麻绳扎起来的。她在屋里也穿着惠灵顿长靴，茶是装在旧果酱罐子里给我们端上来的，她的鸡咯咯地在厨房里进进出出，还有一头猪在她的花园里拱地。我们从她家离开时带走了几个鸡蛋和一个大鹅蛋，回家后我们把它们煮熟，第二天早上一起吃。我们还从巷子另一头的农场那里买了未经高温消毒的牛奶。

以下是我的祖母认识的食物：

培根

鸡蛋

茶

粥（在需要的时候，它可以代替普通硅酸盐水泥）

炖牛肉配板油汤圆

牧羊人派

红扁豆薏米炖菜

豌豆

土豆

自制的面包（面包扎实到一碰到水就会立刻沉底，连鸭子都吃不到）

黄油

橘子果酱

蔬菜（煮至与炖锅分不清你我）

腊舌

火腿罐头（有着堪比海水的含盐量）

车达奶酪

鳟鱼（河里捕的）

鳕鱼（一周前捕获的，"新鲜"出售）

猪油蛋糕（实物如其名）

岩皮饼（同样实物如其名）

西米露

双味糖（一边是酸的大黄口味，一边是甜甜的蛋挞口味）

苹果甜品

水果罐头

泡茶姜饼干

野生蘑菇（一年有三周能吃到）

黑莓（一年有两周能吃到）

自制的葡萄酒（可以用它轻松擦去门和窗框上的油漆）

基本上就是这些。

她的饮食可能比今天的全球标准化饮食还要健康一点。这些食物中含有大量纤维，糖不多。但它们也含有大量的盐、饱和脂肪和防腐剂，包括亚硝酸钠。缺少新鲜的水果和蔬菜。坦白说，其中的很多种甚至让人很恶心。如果我们只吃她认为是食物的东西，那对我来说将是一个多么悲惨的世界！

而我吃的所有东西对她来说几乎都是陌生的。早餐，我吃什锦麦片，里面加了燕麦牛奶、南瓜子和榛子。榛子可能是这里面她唯一能认出来的。

午餐我可能会吃我用克恩扎烤的咸饼干，配上自制的鹰嘴豆泥、冷冻豌豆和我自制的辣椒酱。我用罐装的鹰嘴豆、大蒜、芝麻酱、橄榄油和柠檬汁混在一起做成鹰嘴豆泥。在这些食材中，我祖母唯一能认出来的应该是柠檬汁，一般装在一个柠檬形状的黄色塑料瓶里，但她很少用到。她也许会知道橄榄油，但不是作为食物：她认识的橄榄油是在药店里售卖被用来软化耳垢的。她知道大蒜是什么，但她不喜欢，她认为大蒜是一种可怕的异国食物。

冷冻豌豆对她来说也是陌生的，当地杂货店有卖罐头豌豆。说到当地的杂货店，那里臭气熏天的冷冻室里有个黑暗而令人生畏的柜子，每层都存放着不同的东西，有鱼、牛肉和羊肉，但没有蔬菜。大部分时间都被一种现在年轻人听到了会很吃惊的东西占据——鲸肉。

它被分成一块一块的，用带血的包装袋包着，肉是灰紫色的。它不是供人食用的，而是喂给猫狗的。这提醒我们不要把过去的第一产业浪漫化。

就像我的祖母一样，我经常和我的伴侣从头开始准备晚餐。我最喜欢的是烹饪作家安娜·琼斯（Anna Jones）的食谱：绿胡椒柠檬草椰子汤。[86] 我对原本的菜谱做了一些调整，我的版本中包含了鲜姜、大蒜、小葱、香菜叶、姜黄粉、绿胡椒、椰奶、酸橙汁、日本酱油、柠檬草、栗子南瓜、豆腐、芥菜、亚洲紫菜（富含维生素 B_{12}）[87] 和糙米粉。这里我祖母唯一认识的食材是大葱。

换句话说，我吃的东西就没有几个是她能认出来的，但我的饮食比她的更健康。同时，也许你会觉得很不可思议，尽管我吃的食材种类更加广泛，但对环境的影响也更低（我最近发现需要放弃使用椰奶，并更换橄榄油的产地）。

我不知道有多少人会信奉迈克尔·波伦的话，但确实有很多人在照着他说的来做。我不知道有谁会想吃猪油蛋糕或腊舌，但确实有很多人想要品尝来自世界各地的美食，尝尝那些他们的曾曾曾祖母很可能会产生怀疑和厌恶的美食。他们所谓的保守主义与他们的生活方式毫无关系。

我对于这个新的农业挑战是认真的。我知道我这本书提出的这些建议会遭到强烈的抵制。尼克罗·马基雅维利（Niccolò Machiavelli）说过：

应该记住，没有什么比引领新事物更困难、更危险，或更不确定其成功的了。因为创新者的敌人是那些在旧准则下成功的人，而新秩序的捍卫者只能在不确定中缓慢前进。这种冷静部分来自对于对手的恐惧，因为他们有法律和自己站在一边，部分来自他人的怀疑，因为人只有在对新事物有了长期的经验之后才会愿意去相信。[88]

在欧盟国家和美国几个州，受到肉类行业游说和资助的立法者试图扼杀新生的以植物为原料的乳制品和肉类行业，部分方法是禁止"替代肉"以"肉"来命名。他们试图禁止用"汉堡"和"香肠"等，来指代非动物为原料的食物：[89-91] 纯素和素食产品必须以"素食盘"（dics）或"素食球"（pucks）或"植物蛋白管"（tubes）的形式命名出售。[92]他们坚持牛奶、奶油、黄油、奶酪和酸奶这些词只能用于哺乳动物产出的产品。[93]一些人甚至试图禁止传统食品以外的任何食品使用某些包装风格（如黄油块和牛奶纸盒[94]）。他们委婉地表示，这是保护消费者在选购时免受"困惑"。但是，考虑到植物性产品的卖点是，呃……，以植物为基础的，而制造商希望购买产品的客户知道这一点，所以也没什么理由会造成混淆吧。[95]

游说者知道言语是一种强大的武器。我们给事物命名和框定的方式决定了我们看待它们的方式。[96]如果立法者要坚持食物的字面意义，他们至少应该自始至终都这么做。如果素食热狗因为不含动物肉而不能叫这个名字，那么肉食热狗也应该因为不含狗肉而改名。肉末（minced meat）是肉，水果甜馅（mincemeat）不是，糖果（sweetmeat）也不是，尽管杂碎（sweetbread①）是。布法罗辣鸡翅（Buffalo wings②）显然也是胡说八道。牧羊人派的配料里也没有牧羊人，就像老婆饼里没有老婆，夫妻肺片里没有夫妻（现在通常也没有牛肺了）。更别提什么娃娃软糖（jelly babies）了。

肉类行业的这些举措得到了美食家和一些环保人士的支持，他们跟着一起谴责"假冒食品"。[97, 98]所以他们的意思是，在我们称为谷仓的肮脏工厂里，由一种被人工培养的有机体（鸡或猪）生产的肉，比另一种在干净得多的工厂里培养的有机体（细菌）更真？

在我看来，美食作家和活动家往往试图让人们改变自己的饮食习惯，却没有明显意识到这些饮食可能不会被普遍接受。我当然也希望每个人都可以靠绿叶蔬菜、野生草药、水果、坚果、豆类和生谷物为生，可以自己种植、采摘原料，也可以从当地供应商那里购买，然后拿回家里烹饪。但我意识到，对一部分人来说这个提议是不可能实现的美梦，对于另一些人

---

① 直译为甜面包。——译者注
② 直译为水牛鸡翅。——译者注

来说又是回到过去的噩梦。

且不说别的，世界上绝大多数的人根本负担不起这样的饮食：记住，目前一份健康的饮食的价格是一份仅仅足够填饱肚子的饮食的五倍。[99] 如果提倡自己饮食方式的美食作家同时也呼吁富人和穷人彻底分配财富，我可能会支持他们的倡议。但是，在不进行经济转型的情况下提出这样的转变，充满了挑拨和嘲讽的意味。

以前，用新鲜食材制作的丰富多样的饮食往往依赖于（在世界上的一些地区仍旧依赖于）妇女来进行烹饪，而且，很多人既穷又没时间，即使他们想这样做也做不到。根据消费市场信息研究公司欧睿（Euromonitor）的一项调查，25% 的美国人和英国人、30% 的法国人和近 40% 的德国人表示他们没时间做饭。[100] 在德国、英国和美国，只有大约 1/3 的受访者说他们"几乎每天"都做饭。18% 的英国人表示他们一个月做饭少于一次，或者从不做饭。现在英国的一些公寓甚至没有配备厨房。[101-103]

在较贫穷的国家，无法自己做饭的人口比例可能要更高。我曾在内罗毕郊区基贝拉（Kibera）短暂工作过，当时那里是非洲最大的贫民窟。在那里，许多人住在连睡觉的空间都没有的小茅屋里，更不用说做饭了，他们一日三餐都是吃街头小贩售卖的东西。最便宜的食物是吉热里（githeri）：用芸豆和粗糙的白玉米（在发达国家被用作牛饲料）一起放在炭炉上煮熟。这种炖物应该煮 2.5 小时左右，以释放它所含的营养物质。但燃料很贵，小贩往往不会煮那么久。这导致尽管基贝拉人的主食并不缺乏纤维，甚至还含有一些维生素和矿物质，但往往缺乏使吃进去的食物营养可吸收甚至仅仅是可消化所需的其他特性。也因此，基贝拉儿童住院的常见原因之一是直肠脱垂。

最重要的是，并没有人试图去调查看看如果每个人都按照美食作家和名厨们预制食谱来吃，为了生产这些食物所付出的代价，就单从土地面积来讲（更不用说生态影响了）是否值得。一个经典的例子是推广放牧肉。在这个领域，正如在其他领域一样，我们应该运用康德的定言命令：

你要仅仅按照你同时也能够愿意它成为一条普遍法则的那个准则去行动。[104]①

换句话说，我们应该问问自己："如果每个人都这样吃，这个世界会变成什么样？"

我们的目标应该从人们所处的现状着手，认识到现在饮食的局限性，并开发出更健康、更便宜、危害更小的让大众熟悉和公认的食品版本。[105]这意味着，转变为更少加工，含盐、糖和硬脂肪更少，而纤维、维生素和矿物质含量更多的外卖和即食食品。与玫瑰山社区中心的弗兰·加德纳一样，我认为英国政府也应该补贴水果和蔬菜的价格：这将是一种比政府向农民发放补贴更有效降低优质食品成本的方式。同时还可以帮助确保像托利那样的种植者获得公平的价格，让他们能过上体面的生活。我认为这些措施对人类和地球健康的贡献，要超过一百万个美食家的劝告。

这并不是说真正的问题应该被忽视。通过微生物发酵生产新食品不是一个完美的系统，没有什么是绝对的。在某些情况下，为了确保设备和培养基保持无菌，需要使用抗生素。这比畜牧业造成的浪费更少并可以被更好的控制；即便如此，它仍然需要受到严格地监管和持续地检查。

真正的危险是，这场革命的胜利果实可能会被大企业利用，从而创造出一个复制了全球标准农场某些缺陷和弱点的系统。[106]目前，生产蛋白质的公司正在进行巩固和发展。[107]我们这些关心人类营养和生态的人现在就应该参与到解决这些问题中：不是要放弃这些新食品，而是要确保它们被公平和公开地使用。[108]

---

① 摘自康德《道德形而上学奠基》杨云飞译本。——译者注

有两种有用的工具。首先是强有力的反托拉斯法（anti-trust laws）。反托拉斯法应该被应用于系统的每一部分，以防止少数大公司垄断该行业。由于企业的游说，近年来此类法律很少被援引。其结果都是很相似的，尤其是在数字、零售、传统食品和农业领域：这不利于竞争，但很少受到政府的责难。

我们不能让同样的事情发生在非农场食品上。大型肉类公司已经在强行介入以植物为基础的行业，[109, 110] 不清楚他们是想扩大还是遏制它。这些大企业的产品质量往往低于规模较小的初创企业生产的产品：毕竟，它们的目标不是取代加工肉类，而是创建一个平行市场。

第二种手段是对知识产权的限制。从微生物和其他来源开发新食品通常比制造新药物或新机器更容易、更便宜。因此，对于它们的产权保障会更弱。应该有"强制许可"的规定：允许较贫穷的国家使用这些技术，而不要求它们向产权所有人支付高额费用。有充分的证据表明，强制许可非但没有扼杀研发积极性，反而激发了创新。[111]

虽然对于某些生产方法申请专利可能存在争议，但不应为食品技术人员研究的分子、基因和生物体申请专利的理由很充分：地球上的生命属于所有人，而不单独属于某一个人。但我们在农业中看到的，[112] 仿佛他们只偏爱那些有权有势的大企业。

就像在所有科学领域一样，进步可能会受到专利流氓的阻碍：公司利用他们积累的产权向愿意与他们合作的开发者索取利润。[113] 新食品革命可能会因对整个技术类别的权利主张而陷入混乱。这种混乱在规律成簇间隔短回文重复（CRISPR）基因编辑方面已经发生了。[114] 在这个领域授予任何人任何专利都是狭隘和短视的。即使真的要授予专利，这个专利也应该与开发过程有关，而非生物学（换句话说，不应是授予基因、蛋白质、细胞、种子或整个生物体本身的专利）。

非农场食品应该是最大限度开源的。[115] 它是上天给整个世界的礼物，在我们最需要的时候出现了。在许多情况下（太阳能食品就是其中之一），它是在公立大学和社会公共资金的帮助下开发的。[116, 117] 我们不能浪费这些资金和心血。

这些技术的广泛传播带来了一个新的机会。由于我在本书第 5 章解释过的原因，用当地的农业来养活全世界是不现实的，但用当地的非农场食品来满足全世界对蛋白质和脂肪的需求是有可能的。如果我们防止新的发酵技术被大公司据为己有，这种技术就可以被当地企业用于服务当地市场。[118] 由于世界上一些最贫穷的国家拥有着丰富的环境能源——太阳光——他们可以以较低的成本生产这种新食品。微生物蛋白也许会使那些拥护食物主权和食物公正的人感到恐惧。但它其实可以比农业更有效地实现这两种主张。

这些都是由人类创造的系统，都是可以被改进的。我们应该坚持：这些新兴技术的所有权和利益应该广泛分布，这些新食品的价格应该降低，质量应该提高，它们应该得到严格的测试、监管和标识，它们应该为最需要的人所用。

反农业革命将具有极大的破坏性。不仅牲畜养殖户，工作在屠宰场和包装工厂的工人也将失去工作。但我认为，我们不应该为一个长期有着不光彩的记录——工伤、极低的工资和对工人的剥削——的行业消失而感到惋惜。[119, 120] 与英国残酷地关闭煤矿，使矿工失业、使他们的社区崩溃形成对照的是，我们应该要求政府有效地支持那些需要到别处找工作的人。独立智库 RethinkX 提出了一个普遍性规则："保护人民，而不是公司或传统产业"。[121] 政府花在畜牧业上的大量补贴应该重新分配：帮助人们留在这个行业也应该帮助他们离开这个行业。

无论旧制度的捍卫者如何激烈地抵制，这种转变很可能会发生：它似乎拥有一种不可阻挡的经济逻辑。我们的任务是确保这一进程既迅速又公正。取代畜牧业和肉类加工业的新产业可能会需要雇用大量的人工。我们需要确保它们提供给工人们更好的工作。

它可能会让我们实现在我之前的一本书《荒野》（ *Feral* ）[122] 中提出的重新引入一些地球上的巨型动物的狂野设想。巨型动物群落（ megafauna ）是所有生态系统的默认状态。大象、犀牛和狮子曾经生活在欧洲、亚洲、非洲和美洲，还有许多其他的大型动物后来在世界各地都灭绝了。鲸、大鲨鱼和大金枪鱼在许多沿海海域是常见的动物。那些曾经主宰地球的庞大而壮观的生物帮助维持了地球生物系统的稳定。[123-125] 起初是由于人类的狩猎，然后是农耕和捕捞，大型动物不是被人类消灭就是因人类的活动而数量锐减。这一过程似乎只能朝着一个方向发展。直到最近，我们发现，改变我们摄入的蛋白质和脂肪的来源，就有可能大规模地重新放生野生动物，我们甚至可以在每一块大陆上都创造出塞伦盖蒂草原。[126] 与最初的塞伦盖蒂不同，这些生态系统能够而且应该继续为今天生活在那里的人们提供丰富的生活环境，他们可以在以自然为基础的新型经济中蓬勃发展。[127]

随着森林、大草原、稀树大草原、湿地、红树林、海带林和海底生态的恢复，它们将大规模地吸收二氧化碳。当然，即使是如此大规模的野生生态恢复，也无法抵消我们的工业排放[128]，还需要与有效脱碳同时进行，但这些生态恢复可以帮助从大气中吸收足够的碳，防止地球陷入进一步的灾难。[129-131] 事实上，如果不大规模地恢复生态，阻止气候恶化是不可能的。[132]

自新石器时代以来，托微生物蛋白质和脂肪的福，我们第一次有机会在改变我们的食物系统的同时，改变我们与整个生物世界的关系，将大量的土地可以从集约和粗放农业中解放出来。灭绝时代可能会被重生时代取代。

使我们能够从农业——人类有史以来具破坏性的破坏地球的活动——中解放出来的，竟然是从土壤中发现的一种微生物开始，这真是既讽刺又现实。

第 8 章
新农业革命

是什么一直在阻止我们去关注那些需要改变的事情？我们为什么要忽视、容忍甚至为那些我们本应强烈反对的、对环境造成了破坏和社会排斥的行为辩护呢？为什么那些呼吁改变食品生产方式的人要受到如此强烈的谴责？显而易见，这些都是出于人的本能，食物和我们的身份认同感是紧密交织在一起的。但多年来，作为一名环保活动者，从环保角度来看，我渐渐得出了一个令人震惊的结论：对地球生命最大的威胁之一是诗歌。

公元前 7 世纪，希腊诗人赫西奥德（Hesiod）描写的黄金时代早已远去，在那个时代，人类"像神一样生活"。他们在自己的土地上安居乐业，健康强壮，无忧无虑，享受盛宴，因为大地给他们带来了丰硕的果实。世界上的其他一些地方也有类似的古老传说。

黄金时代的神话通常被视为荒谬的幻想，但我对此存疑。现有数据表明，我们从事狩猎和采集的祖先比我们这些传承者们更高大、更强壮、更健康。[1-3] 从当代的研究中我们得知，采猎者祖先们的工作时间没有现代农民这么长[4]，他们的工作和其他人每天做的苦差事几乎没有什么关系，甚至称不上辛苦。[5] 采猎者祖先们往往把更多的时间花在欢宴作乐上，或者更准确地说，把时间花在有助于社交的谈笑、唱歌和跳舞上。[6]

　　作为一个与海洋相连的维奥蒂亚州（Boeotia）居民，赫西奥德可能听过旅行者们讲述的关于采猎者仍然生活在已知世界边缘的故事。如果是这样的话，他可能会知道，与他自己国家的劳动者相比，那些人更加高大、健壮、悠闲。回到黄金时代是不可能的，因为在他那个时代，光靠狩猎和采集的食物是无法养活维奥蒂亚的人口的，更无力养活今天的我们。一项分析表明，养活一个采猎者需要 10 平方千米至 50 平方千米的土地，而 10 平方千米的现代化的、高产的农业就可以养活 4000 人。[7] 发达国家的人们直到 20 世纪中叶才达到了我们远祖的身高（就更不要谈体力了）。现在我们寿命比以前更长，但同时我们也比祖先更容易患龋齿。[8]

　　公元前 3 世纪，诗人忒奥克里托斯（Theocritus）以一种完全虚构的形式重新讲述了黄金时代的神话。他笔下那些享乐的人们——像神一样生活着的——是牧羊人和牧牛人。而真正的牧民通常会从天亮一直工作到天黑，才不会像他描写的那样，似乎整天什么也不做，只是悠闲地唱唱歌、吹吹笛子，并会因单相思而优雅地死去。从繁忙的亚历山大港回望他的家乡西西里岛，他谱写的短诗充满了同性爱的氛围，[9] 把牧人的生活塑造得天真而纯洁。他奠定的这种传统，后来被称为田园诗歌。

　　接着，这一主题被其他希腊诗人采用，然后在公元前 1 世纪被维吉尔发扬光大。他的诗歌设定在一个不同的乌托邦里，伯罗奔尼撒半岛的岩石核心——阿卡迪亚（Arcadia）。就像忒奥克里托斯的西西里岛一样，这里既真实又充满幻想。在那里，在潘（Pan）放荡而空灵的境界里，诗人和他的朋友们都变成了牧羊人，在一个和谐、宁静和有着性承诺的梦幻世界里找回了他们失去的纯真。与希腊的田园牧歌相比，他的诗更倾向于具有政治色彩的寓言，但同时强化了这样一种观念：牧羊人的生活是美德和简朴的典范，与侵蚀城市的腐败形成了鲜明对比。阿卡迪亚的牧羊人成为理想的统治者，统治着理想的土地。

　　维吉尔的第四首田园诗写于公元前 40 年前后，在很大程度上预示了中世纪前后的故事。[10] 它说的是"这个男孩的诞生 / 意味着黑铁时代的终结，黄金种族将诞生"。他的"光辉时代"开始了，将我们从"恐惧"中解脱出来。这个男孩将"统治这个父辈通过征服得来和平的世界"，在那里羊不用害怕狮子。一些人受到公元 4 世纪君士坦丁大帝（Constantine the Great）的影响，将维吉尔视为先知。

　　神圣和世俗的传统在文艺复兴时期融合得非常好，首先是通过但丁、彼特拉克和薄伽丘的作品，然后是通过意大利和西班牙的诗人和剧作家，如雅格布・桑纳扎罗（Jacopo Sannazaro）、巴蒂斯塔・瓜里尼（Battista Guarini）、伊莎贝拉・安德烈尼（Isabella Andreini）、加尔西拉索・德・拉・维加（Garcilaso de la Vega）和乔治・德・蒙泰马约尔（Jorge de Montemayor）。他们发展并丰富了这种创作风格，通常是讽喻或讽刺文学，往往具有很高的当代研究价值。到了 16 世纪末，在埃德蒙・斯宾塞（Edmund Spenser）的《牧人月历》（*The Shepheardes Calender*）[11] 出版后，这种形式开始在英国流行起来。菲利浦・西德尼爵士（Sir Philip Sidney）、他的妹妹玛丽・赫伯特（Mary Herbert）、托马斯・洛奇（Thomas Lodge）、克里斯托弗・马洛（Christopher Marlowe），还有其他数十位作家都开始尝试这种风格。他们把阿卡迪亚、伊甸园和黄金时代结合在一起，创造了一个理想的世界。但十分矛盾的是，在这个理想世界中，现有的权力结构仍得到了维护和颂扬。好领导成为好牧人，好臣民成为好羊。正如基思・托马斯（Keith Thomas）在他的书《人类与自然世界》（*Man and the Natural World*）中所指出的那样，"忠诚、温顺、服从、体贴主人的动物是所有雇员的榜样。"[12]

　　但对这些古老主题的处理也可能是具有讽刺性和自我反思的。莎士比亚的《皆大欢喜》（*As You Like It*）以其特有的矛盾心理去接近田园诗歌，又以这种传统的比喻来讽刺了那些在黄金世界里虚度光阴的人们。逃到亚登森林后，公爵声称乡下"比充满猜忌的宫廷更安全"。在这里，他的生活

"远离尘嚣"，他说"树木的谈话，溪中的流水便是大好的文章，一石之微，也暗寓着教训 ①"。这个幻想的具象化代表就是老牧羊人科林（这个名字一定是在向忒奥克里托斯和维吉尔都颂扬的神话牧羊人科里登致敬）。在剧中他唱的就是古老的田园牧歌——讲述他与年轻的牧人西尔维斯（Silvius）之间没有结果的爱情。

但是年轻牧羊人诗意般的命运被罗莎琳达用一句简短的话摧毁了："人们一代一代地死去，他们的尸体都给蛆虫吃了，可是决不会为爱情而死的。"科林和弄臣试金石之间的言语决斗也表现出，我们别妄想从宫廷曲折的文字游戏中和田园质朴的陈词滥调中得到什么深刻见解。于是，当公爵的身份恢复后，他和他的手下们兴高采烈地从亚登森林或者说世外桃源回到宫廷的阴谋和权力的游戏中。

这一传统在将死去的诗人比作阿卡迪亚牧羊人的挽歌中又延续了几个世纪。[13, 14]但在 1783 年，乔治·克雷布（George Crabbe）对乡村现实主义的强烈呼吁——《乡村》（*The Village*）一书——给了这种浪漫的幻想以致命一击。[15]他认为：当诗人们躺在柔软的沙发上"吟诵着流畅的诗句，歌颂着乡村之美或对那些美景的描写进行反复'演练'时"，真实的乡村生活，对于羊、牛和真正农场工人来说，却是痛苦的。他唤起了一种诗意的"资源诅咒"：正如财富会使被奴役的人们"加倍贫穷"一样，田园诗歌对乡村生活不真实的奢靡形容，也贬低并加剧了农村工人的贫困。他还向怀旧的美食家们传达了一条信息，这条信息在当时和现在都很中肯。你的曾曾曾祖母认得的食物很可能是：

普通而不健康的、朴素也不丰富的。你可能很向往，但真摆到你面前，你可能根本不屑去碰。

---

① 摘自《皆大欢喜》朱生豪译本。——译者注。

但到那时，田园诗歌的神话已经成为认知历史学家杰里米·伦特（Jeremy Lent）——我认为他是我们这个时代最伟大的思想家之一——所说的"根隐喻"（root metaphor）。[16] 根隐喻是一种在我们头脑中根深蒂固的观念，它在我们无意识的情况下塑造了我们的理解，影响了我们的偏好。他认为，根隐喻开辟了一条认知轨道，我们都在沿着这条轨道前行，就像在一片高高的草地上走出的小径。

当我们遇到一些与根隐喻一致的东西时，它可以产生一种慰藉："世界一切都好！"当我们遇到与根隐喻相冲突的东西时，就会引发困惑、愤怒和认知失调。田园诗歌是一个由城市文明自己臆想出来的故事：牧羊人和他们的羊都是善良而纯洁的，而城市是卑贱而腐败的。为什么我们看到在暴风雪中放羊的牧羊人会觉得那比在暴风雪中跋涉的上班族更浪漫？也许是因为诗人的牧群在草地上踩出了这样一条小径，让我们避开了需要对于乡村生活的真正认知。

到了 20 世纪和 21 世纪，这个古老的神话通过两种重要媒体的传播而获得重生：电视节目和儿童书籍。

给小朋友看的书里几乎都在讲述一个相同的故事：在一个农家院子里，也许有一个脸颊红润的农夫，动物们在院子里互相交谈，或与读者交谈。[17] 在大多数情况下，有一头牛、一头猪、一匹马、一只鸡、一条狗和一只猫生活在一起，就像一家人一样。当然，书中没有任何关于动物为什么会被饲养在农场，它们过着怎样的生活，或者它们如何以及为什么会死亡的暗示。在我们刚刚建立认知时，被灌输的概念就是：畜牧场是一个舒适和安全的地方，是一个没有压力和冲突的无害的世界。

宠物农场和农场游戏使这种故事更加具象化，加深了大多数人对畜牧业的这种印象。我们在第一次有意识学到的东西会比我们后来学到的任何东西都更加深刻，而且更难忘掉：即使是关于工业化农业的残酷新闻和图像也无法取代我们头脑中对于农场的最初印象。作为成年人，我们会下意识地寻找我们小时候认知里舒适和安全的地方，并将它们与善良美好联系在一起。当有人挑战我们对于农业的这种神话概念时，我们将很容易变得愤怒和不安。

我经常听到农民们抱怨说，如果大众对他们的产业了解得更多，就会更同情他们。我怀疑事实恰恰相反。我认为，我们对动物养殖的良性认知，只是因为对相关内容极为无知。这种无知或许有助于解释：根据一项调查显示，有47%的人希望关闭屠宰场，而肉类是超过90%的美国公民日常饮食的重要部分。[18][19] W. H. 奥登（W. H. Auden）的反田园诗《阿卡迪亚的牧人》（Et in Arcadia Ego）给我们描绘了现实的乡村生活，我们却不敢去看。[20]

我们小时候对于虚幻的田园风光的印象，在成年后被黄金时段的电视节目强化。在英国，每周至少有一次，通常是在周日晚上的高峰时段，疲惫的城市人可以跟随电视节目沉浸在畜牧业的田园幻想中。几十年来，关于产羔、牧羊犬试验和健壮的牧羊人拯救走失羊群的节目占据了节目表的大部分时间：如果英国广播公司对羊群再热衷一点，可能都要触及法律底线了。而且随着我们的城市生活变得更加狂躁和复杂，这些影片似乎变得更加受欢迎了。

许多乡村主题的节目都是由从事放牧的农民来主持的，这似乎是一种资质。这就好像你必须是一个石油钻井工人才有资格谈论气候恶化一样。在这场朴实无华的复兴运动中，以田园为主题的所有传统寓言、典故和讽刺都被抛弃了。田园诗歌的描绘被当成了现实。一位读者写信给我，说一位经常在电视上被偶像化的养羊农户长期以来一直在违规倾倒泥浆、焚烧废物和恐吓邻居。好像养羊的人只要知道一件事——如何站在山上意味深长地凝视远方——就可以被称为英雄一样。

这些节目从来没有告诉过你的是，农民真正的谋生方式并不是放羊。从经济角度来说，羊群就是摆设，甚至还不如摆设。在威尔士，许多恬静愉快的乡村牧羊生活片段被拍摄下来。但实际上，农民每生产1千克羊肉便会损失33便士（大约为1.3元）。[21] 在英格兰，放牧牛羊的低地农场每年的收入为负 1.63 万英镑，而高地农场则为负 1.66 万英镑。[22] 农场的真正业务是在电脑上完成的——填写补贴表格：在英国，畜牧业农场主的收入完全依赖政府从纳税人那里拿到的钱。[23, 24] 但没人想看电视上播这个。

在英国，谈论养羊可能比实际去养羊赚得更多。但这些节目之所以受欢迎且有利可图，正是因为它们贩卖的是人们逃避现实的幻想。

美国也有类似的故事，只不过他们的英雄是放牛而不是放羊。在我看来，牛仔故事也是田园牧歌的一种，我们逃避复杂的生活，沉浸在一种所有思想和行为都简单化的幻想之中。正如伟大的经济学家埃里克·霍布斯鲍姆（Eric Hobsbawm）所说的那样，西部荒野故事创造了一种对立，一面是自然与自由，另一面是文明与社会约束。[25] 牛仔是逃离城市生活的逃犯，在荒野中寻求庇护，与他的马、他的枪和他的牛做伴。

有时他会遇到另一个流浪者，一起坐在星空下的火堆旁，就像忒奥克里托斯的牧羊人一样，他们可能会讲一些荒诞的故事，演奏一些简单的乐器［在电影《断背山》（Brokeback Mountain）出现之前，他们做的也仅限于此］。关于西部荒野的文学和电影创造了一个有着无尽的前景和机会的神话，一个想象中的边界，它向太平洋蔓延，无边无际。仿佛一旦生活在那里的原住民被消灭，西部就成了美国白人的世外桃源。

这个神话也很难消失。内华达州的"宣誓者"（Oath Keepers）和爱达荷州的"百分之三"（Three Percenters）民兵组织帮助并领导了 2021 年 1 月对美国国会大厦的袭击，他们以捍卫田园理想为借口来对抗州政府和联邦当局，将自己确立为一股政治力量。[26] 牧场主克莱文·邦迪（Cliven Bundy）非法放牧到了内华达州邦克维尔（Bunkerville）附近的公共土地上，破坏了当地脆弱的沙漠生态系统，在他被命令将牛群赶出后，这些配备了半自动武器的民兵建立了他们所谓的"自由营地"（Liberty Camp）来保护他。他们在高速公路上的武装对抗中，迫使联邦探员做出让步。接着他们跟踪、骚扰并威胁要绑架官员，这使得一些人不得不逃离该地区，躲进安全屋。尽管他们犯下的罪行在其他情况下会被视为恐怖主义，但这些准军事组织成员逃脱了惩罚，甚至很少有人被起诉或逮捕。邦迪的反抗行动体现了西方神话的力量是如此强大，没有任何当权者敢对他们采取行动。他们在内华达州的逍遥法外很可能助长了后来他们袭击国会大厦时的信心。

这是一个极端的例子，但说明了田园诗歌是如何一步步走进现实世界的。我们这些对政治感兴趣的人倾向于强调游说团体的经济实力。但这么多年来，我逐渐认识到，在像英国这样的国家，在经济力量和文化力量的较量中，文化力量通常会取得胜利。政府有时会对石油和矿业公司、制药巨头甚至银行采取行动，[27]却不敢动养殖户，即使这些人的所作所为已经造成了巨大的环境危害。相反，政府还会给他们发放补贴。

世界各国政府每年在农业补贴上的支出在5000亿美元到6000亿美元之间。[28, 29]与之形成对比的是，发达国家一直承诺每年会花费1000亿美元来帮助那些较贫穷国家缓解气候混乱造成的影响，但这一承诺尚未兑现。[30]政府在农业补贴上表现得如此慷慨的理由有很多，其中最常见的是说农业补贴降低了食品价格。但如果这是他们的目的，我很难想出比这更收效甚微的方法了。这些补贴中的一半都以"市场价格支持"[31]的形式出现，其最终结果是提高了食品价格。理论上讲，剩下的一半的确可以降低价格，但也是以一种复杂而无效的方式进行的。在另一种情况下，即使不是直接分配给价格补贴的钱，而是因补贴提高了土地价格时（在某些情况下确实如此），[32]也可能会间接地提高食品价格。如果政府真的希望食品——尤其是那些理想的健康食品——能变得更便宜，他们就会通过降价活动来进行补贴。

另一个借口是农业补贴会帮助农民走出了困境。但事实是，绝大多数的钱都被拥有农场规模最大、最富有的农民拿走了。例如，在欧盟，钱是按公顷来支付的：你拥有的土地越多，得到的补贴就越多。[33]这可以说是当今地球上最落后的公共支出形式，纳税人慷慨地将辛苦得来的收入捐赠给公爵、石油酋长、寡头、腐败的政客以及其他拥有大片土地的贵族和大亨。[34] 欧洲审计法院的一项调查发现，欧盟没有关于农业收入的有效数据，因此也不知道其补贴是否具有任何社会目的。[35]

在美国，10% 的农民——通常就是那些拥有最大规模农场、最富有的农民——得到了 77% 的补贴。[36] 一些被补贴者甚至可能从未踏上过他们在名义上拥有的土地一步。多年来，联邦政府还对黑人农民存在歧视，拒绝向他们支付农款，并迫使许多人退出农业产业，[37] 并冠冕堂皇地表示此举是试图鼓励更多"合适的农民"来参与农业生产。[38]

设立农村扶贫基金的理由很充分，农村的贫困问题往往比城市更严重，但很难理解为什么农场们主能享受到这种福利。就像没有理由为陷入困境的律师或水管工提供扶持资金一样，我们也没有理由把他们的职业作为公共慈善事业去扶持。许多农场工人的工资都很低，有些甚至一分都拿不到，[39] 肯定比剥削他们的人更适合接受这项公共福利。这笔钱应该按需分配，而不是根据职业来分配。

第三个借口是补贴有助于提高农业产量。许多补贴其实并没有这样的目的，结果恰恰相反。例如，在印度的旁遮普邦和哈里亚纳邦，农民们唯一可用的资助是用来在冬天种小麦，在夏天种水稻。[40] 虽然这些作物曾经极大地帮助他们提高了粮食产量。但如今，由于只有耕种这两种作物才可以领取补贴，农民不愿意将其他作物纳入轮作，而轮作可以改善土壤，减少用水，提高生计。在美国也有类似的影响，联邦政府的支持鼓励农民只专注于耕种几种作物。政府承诺的保障也给了农民忽视环境风险的理由，[41] 而这进一步加大了导致灾难性的歉收情况发生的可能。[42]

而其中最具误导性的借口是：这些资金补助帮助我们保护了生态环境。在大多数情况下，这些补贴导致了完全相反的状况发生。例如在欧盟，除非你的土地处于"可用于农业"状态，否则你不会收到钱。这并不意味着这片土地必须能生产食物：在一些国家，你可以在不提供一穗小麦或一升牛奶的情况下获得全额补贴，这意味着土地几乎是光秃秃的。如果它有所谓的"不合格的特征"，也就是我们称之为野生动物栖息地——如再生林地、未放牧的沼泽、池塘和芦苇床——的特征，那么它就不符合补贴的金主——欧盟的基本支付计划——的要求了。[43, 44] 可以这么说，破坏环境不是补贴制度的副作用，基本上就是白纸黑字写下的硬性要求。

2016 年，我在特兰西瓦尼亚（Transylvania）待了几周，探索了一些这个星球上最富饶的森林牧场：一片由鲜花盛开的草地、沼泽和树木组成的多样生物组合体。随着牲畜放牧的逐渐减少或完全消失，这些草地又恢复了生机。我看到了金莺、戴胜鸟、蜂鹰、红背伯劳和西方灰伯劳、小斑鹰、黑鹳、狍子、野猪和熊。布谷鸟非常常见，它们成群结队地飞来飞去。还有 9 个品种的欧洲啄木鸟都生活在我们居住的一个小山谷里；食蜂鸟、苍鹰、长脚秧鸡、鹌鹑、夜鹰、陆龟、树蛙、松貂、野猫、猞猁和狼也生活在那里。后来那里的农民开始意识到，他们可以通过把这些富饶的土地变成耕地而得到报酬，于是我眼睁睁地看着当地人们为了符合欧盟的规定，把这片美丽得令人惊叹的地方清理和烧毁殆尽。[45] 尽管欧盟委员会还没有费心去收集数据，但在整个欧盟范围内，数十万公顷本应留给大自然的土地很可能纯粹为了获取补贴而被改为了耕地。这种不正当的动机必然是世界上破坏环境最有力的驱动因素之一。

农业补贴的很大一部分是针对畜牧业农民的：在欧盟，这些补贴占农业预算的一半以上，约 300 亿欧元。[46] 如果没有这笔钱，很难想象大多数畜牧业——可以说是所有农业产业中破坏性最大的一部分——会如何生存下去。大规模畜牧业在任何地方都是一种经济幻想，要么依靠大量的公共资金扶持，要么依靠公众对大规模环境破坏的容忍，要么两者兼而有之。集约养殖场有时声称不接受农业补贴，但可能会收到其他名目的大笔赠款，比如木质颗粒燃料补贴，它使许多大型养鸡场摆脱了债务，但同时也破坏了森林和河流生态。如果政府想减少肉类生产造成的危害（就像他们有时声称的那样），那么他们其实不需要对畜牧业者征税，只需停止向他们投放补贴即可。

　　世界银行的一项分析发现，在世界最富裕的国家，只有 5% 的农业补贴与环境有关。[47]甚至这些钱的使用也常常导致弊大于利的结果。在欧盟，补贴制度的"第一支柱"——基本补贴——鼓励农民消灭他们土地上的野生动物，而"第二支柱"则向他们提供补贴以便把被破坏的生态恢复原状。但这部分补贴并不多。[48]而且如果恢复得太好，他们可能还会因此失去第一支柱的那部分补贴。在撰写本书时，英国的补贴制度仍然影响着欧洲计划，第二支柱的补贴款项提供了农民在贫瘠土地上饲养牲畜所获得的现金的 30%。[49]如果没有这些所谓的"绿色"基金，那么在我们这样的国家，栖息地和野生动物种群遭到破坏的最大原因——在贫瘠的土地上放牧牲畜——将不再那么猖獗，森林和其他丰富的栖息地将会得到恢复。给农民资金最主要的目的是摧毁高地生态系统，然后最小限度地提供恢复高地生态系统的补贴——在英国，这笔钱平均是每年 3.7 万英镑[50]——可以用来帮助再野化他们的土地。

　　这些宛若天上掉馅饼一样的钱阻止了一切农业改革的脚步。每隔几年，美国、欧盟、日本、韩国、印度等一些国家的政客们就会宣布他们打算大幅削减或收回他们发放的公共资金，但等到新政策通过成为法律后，要么只是流于表面做做样子，要么是用另一种反常行为来取而代之。[51]虽然作为纳税人我们是这些资金的提供者，但公众似乎对资金的使用没有任何发言权。只有农场那些游说者的声音被听到了，却并没有听到任何纳税人代表的声音。

　　英国脱欧为检验农业的文化力量提供了一个极好的机会。脱欧派人士不断抨击欧盟滥用纳税人的钱，他们以一些细枝末节的支出项目（其中一些后来被证明是虚构的）作为理由谴责欧盟，[52]但不知怎的，他们默契地忽略了一个明显的问题。当时，欧盟全部预算的 40% 都花在了农业补贴上，其中大部分是单纯地为了拥有土地而需要支付的费用。然而，脱欧派不愿碰这个话题。他们在极少的情况下会提到关于这些补贴的话题，但也只是在向英国农民保证他们的补贴不会减少。议会中两位最著名的脱欧派人士甚至建议提高补贴金额。[53, 54]

除了在畜牧业上砸钱，欧盟还有一项单独的预算用于向消费者推销畜牧农产品。3 年来，它们已经花费了 7100 万欧元来鼓励我们多吃肉。[55] 在平面广告中，一群看起来很酷的人对着一盘肉咧嘴笑："让我们成为一个皇家卫队的卫士吧！" 还有电视广告声称我们可以 "选择欧洲牛肉来支持可持续农业"。[56] 经过欧盟羊业思考小组（我想象是一群人盘腿坐在地板上，沉思着关于一条羊腿的事情）的深思熟虑，欧盟委员会决定 "吸引和转变年轻消费者"，让他们把吃羊肉作为 "日常蛋白质选择" 是至关重要的。[57]

甚至在我们投票离开了欧盟之后，这些资金的一部分还是花在了英国。在一些关于养羊以保护野生动物和提高吸收碳之类的很明显的虚假声明之后，[58] 欧盟在英国的宣传材料中写下了可怕的警告：

> 如果没有使用这片土地来养羊，这些被遗弃的草地将演变成供人类消费的贫瘠森林。同时这也将意味着这块土地只用于动物饲养，杜绝了用于其他活动的可能，例如旅游。[59]

我不知道这是什么意思，除非是说人们在树林里做爱会吓退游客。但我相信这笔公款花得 "值"。

真正的田园生活既不天真也不纯洁。一些地方的腐败程度甚至比城市还要严重，那里的政治由地主精英、世袭权力和顺从文化所主导。现在在许多国家，由农业造成的污染就是腐败的具体表现。在世界各地的许多河流中，你都能闻到政治的恶臭。如果我们用其他任何行业的标准来评判农业，我们会因为它们把河流湖泊变成露天下水道，以及导致地球上许多其他生命毁灭的恶劣行径而被激怒。但该行业所具有得天独厚的文化力量使其免受批评和监管。

我们赋予了农业一个其他产业所没有的无可争议的政治空间。当农场游说者在他们所在的区域竖起"禁止侵入"的牌子，坚称这与其他人无关时，我们就会谦恭地接受：他们养的牛是神圣的，他们养的羔羊是神圣的，然后默默地走开，尽管这些牛羊正是问题的关键。田园式的怀旧让我们不再去管理自己的道德想象力，削弱了我们的批判能力，阻止我们提出紧迫和令人为难的问题。但在全球生态面临灾难之际，我们不能再纵容这些行为了。

当我们沉浸在古老的神话中时，却忽视了科学告诉我们的那些令人振奋的故事，特别是关于我们赖以生存的土壤的故事。世界上有许多事情是哲学所不能解释的，我们应该用新的、有根据的启示来取代那些把我们拖入毁灭深渊的千篇一律的、毫无根据的寓言。这些新的启示可以解放我们的思想，让世界蓬勃发展。

我的朋友兼对手保罗·金斯诺斯（Paul Kingsnorth）在他颇具影响力的文章《定量分析师与诗人》（*The Quants & The Poets*）中提出，"绿色运动已经变成了数字的奴隶"。[60] 他使用了工商管理硕士（MBA）课程中有时会讲到的术语——"理性派"负责数字，"感性派"负责文字——并抱怨"绿色运动正被理性派们接管"。

我们生活在一个非常注重文字和简化的文化中……这种文化触发了一种环保运动，它由失意而又充满热情的人们发起。为了自己的声音能被听到，他们觉得有义务行动起来，并发出声音。

他认为，由诗人（感性派们）来主宰世界的时候到了。

他的观点放在某些情况下很有道理，但一涉及食物，则是完全相反的情况。至少在媒体和社交媒体上，这场辩论在很大程度上是在根本没有核验真实数字的情况下进行的：大众都被浪漫的诗歌蒙蔽了双眼。在很大程度上，我们在农业问题上比其他任何领域都更忠于美学，而非事实证据。我们被事物的外表诱惑，而忽视了它们的运作方式。但美的不代表是真相，真相往往也并不美丽。

在极少的情况下，人们也会提到数字，但那些数字往往是错误的，而且很少联系上下文，很少明确前提条件。所以我们面临的情况就是这样，一边是残酷的企业权力，另一边是田园式的幻想。

那么谁会站在他们中间呢？那些关心食物、关心人类、关心生物世界，同时又关心数字的人在哪里？这些人的确存在，但没有几个。是时候让我们沉迷于数字了！我们需要比较产量，比较土地用途，比较野生动物的多样性和丰富性，比较排放量、土壤侵蚀程度、污染、成本、投入、营养以及食物生产的各个方面。这些都是实实在在的问题，我们无法通过直觉来解决它们。解决这些问题只能通过大量的研究和量化工作，其中很多甚至我们还从未涉足过。

我能理解为什么人们对这个真相望而生畏。我们守护着从小就有的令人感到温暖而舒适的信仰，试图钻回我们自己想象出的世外桃源。而理性的数字则意味着大量辛苦的工作。在我开始写这本书之前，我必须学习足够多的土壤生态学知识，以获得学位。之后我读了五千多篇科学论文和一书架的书，但我还是觉得自己只触及了皮毛，还有很多东西要学。

我不知道所有这些问题的答案，也没有人知道。但我们至少应该努力建立新的伦理道德观，我们这个时代需要事实，而不是童话故事。所以我写的这本书也可以被看作是"理性派的复仇"。

我最喜欢的英国小说家乔治·艾略特（George Eliot）说过："我们都知道，怀疑主义永远不能被彻底运用，否则生活将陷入停滞。这是我们必须相信和做到的事。"[61] 我认为她说对了一半。我们必须要相信某些东西，并据此采取行动，但我们可以通过充分运用怀疑的眼光来建立起我们的信念。

我同意仅靠数字本身是不够的。保罗·金斯诺斯在这一点上的做法是正确的：我们也需要故事。我们需要故事来告诉我们，我们现在在哪里，我们如何来到这里，我们应该去哪里。我们尤其需要那些积极有效的故事来唤醒公众，例如那些复辟的故事。[62] 但我也确实看不出这样的故事为什么不能用数字来讲述。

那么，我想也许这会是一个关于食物带领我们走过这个世纪，并进入下一个世纪的新的复辟故事。

全球标准化农场的兴起、跨国公司、农业扩张、文化神话、耕作、有毒化学物和污染物等强大的力量使世界陷入了混乱。这种混乱威胁着我们的生命维持系统，迫使其他物种灭绝，并危害人类健康。这些强大的力量也被它们的内部动力（可能会出现崩溃和滞后）和它们所承受的压力（尤其是气候破坏和灌溉用水的损失）消耗。

能够与这些力量相抗衡的正是我们在这场危机中所需要的英雄。他们开创了一门新科学：土壤生态学。他们发现了利用土壤生命的新方法，开发了能以小影响生产高产量作物的方法，引发了一场无农场革命。在他们的帮助下，我们可以创造一个像新石器时代的转变一样重要的变革。我们可以避开迫在眉睫的环境灾难，扭转我们对生物世界造成的大部分破坏，同时确保每个人都能获得健康的饮食，可以与地球和平共处。

当然还有一些关键的小问题需要解决。我们应该努力保护小农户和农场工人的生计。这意味着，我们首先要发展一种新的农艺学，以"地球漫游者计划"为基础，对土壤进行精确测绘，掌握土壤生物学的先进知识，从而使人们对托利正在开发的那种可以提高土壤肥力的方法有新的认识，并了解如何进一步提高肥力。利用这些知识，农民和科学家一起合作，可以根据当地特有的条件，发展出精确和极简的有机处理方法。我们需要一支公共顾问团队，他们接受的培训不是如何销售农药和化肥，而是做相反的事情：帮助农民摆脱对商业种子和化学品的依赖，降低成本，并确保他们从自己生产的粮食中获得更大比例的回报。

我们必须找到我在本书第 5 章中提出过的问题的解决方法：出于显而易见的原因，我们的大部分食物都必须种植在远离我们居住的地方，那我们该如何防止跨国公司对食物链拥有越来越强大的控制权？答案可能在于重振公平的贸易运动。在这一运动中，购买大宗商品的公司将被迫从生产能力强的小农户那里采购商品。

我们需要帮助从事畜牧业的农民顺利完成农业模式的过渡，离开这个行业，[63] 给他们钱，让他们转向新的收入来源或新的就业形式。考虑到畜牧业糟糕的经济状况，创造比从事畜牧业更高收入和更多就业机会可能不是一件很难的事。一项针对荷兰再野化项目的研究发现：自从再野化项目启动，小企业大量涌现，它们为前来观看野生动物的游客们提供服务，该项目提供的工作岗位数量是被它取代的奶牛场的 6 倍。[64] "英国再野化"（Rewilding Britain）对英格兰 20 个再野化项目的分析发现，这些项目平均增加了 47% 的同等全职工作岗位。[65]

在早期阶段，有效的再野化需要我们投入大量的工作。[66, 67] 拆除篱笆，填埋排水沟，修复河道形态，恢复湿地生态，重建消失的物种，在那些植物不能自发再生的地方种下树木。由于肥料和粪肥的引入，土壤中会沉积过剩的营养物质。作为替代，我们可以通过数年的修剪和清除干草，以达到这个目的。但花钱让农民恢复生态环境，肯定比花钱让他们破坏生态环境来得好。

与那些依赖出售农产品为生的农民相比，不从事现金经济、自给自足的农民受新食品革命的影响可能更小。即便如此，来自国外的对农业的援助还是应该重新部署，从几乎完全专注于推广全球标准农场的做法转向帮助小农户来实施高产农业生态（如果新的研究取得了突破）。

政府应该资助多年生粮食作物的快速发展，以减少耕种对土壤的破坏以及对水和肥料的需求。荒谬的是，攻克这项关键技术的难题居然留给了一个资金有限的小型非营利组织。与此同时，他们应该帮助像蒂姆·阿什顿这样的农民找到保护土壤的新方法，同时尽量减少或完全禁止除草剂的使用。政府还应该帮助农民应用新兴的生物控制学，例如利用捕食者来控制害虫。它们应该有助于确保我们继续耕种的土地是野生动物的栖息地，在受保护的栖息地之间创造通道和踏板。作物应该作为人类的食物来种植，而不是用于生产动物饲料、燃料或生物塑料。在其他方面，政府应该让位，停止对微生物蛋白、植物性和人工培养食品的发展施加毫无意义的限制。相反，它们应该努力防止这些关键的新技术被少数公司或亿万富翁垄断。

关于食物未来发展的辩论往往会使人们在科技技术的使用上产生分歧。一些人认为，解决世界粮食问题的办法在于扩大绿色革命的范围。自 20 世纪 50 年代以来，绿色革命通过植物育种和农业化学品使用的结合，大大提高了主要谷物作物的产量。另一些人则认为，解决之道在于摒弃这种高科技方法，转而采用"自然"的方法，例如将牲畜和作物植物结合起来，用放牧的家畜取代集约化的畜牧业，恢复包含长休耕期的轮作系统。

但我认为，科技不应当作为这场革命的主要矛盾。我们应该青睐的系统是那些在提供高产量的同时对环境影响较小的系统。我们应该拒绝那些产量高但对环境影响巨大的系统，或者产量低的系统。低产量必然意味着更大的影响，因为农民们生产一定数量的粮食所需的土地面积会更大。正如我在本书第 3 章中所讨论的那样，土地的使用应该被视为最重要的环境问题。

很多反绿色革命运动的出发点是好的，所谓绿色革命往往需要大量使用化肥、杀虫剂和灌溉用水，更倾向于支持跨国公司而不是小农户和当地市场的需求。但这些运动本身也往往存在灾难性的缺陷。由于它们往往不考虑产量，所以无意识地促进了农业扩张：使用大片土地生产了少量粮食。无序的扩张会持续威胁着我们生命维持系统的生存。

关于技术，我们应该问的关键问题不是"它有多复杂"，而是"它掌握在谁的手里"。如果一项生产技术对环境的影响很小，而它的所有权是分散的或公共的，我们就应该准备好迎接它。顺便说一句，"公共"不一定意味着国有，它也可以意味着社区所有。如果我们意识到某种技术的所有权既集中又私有，那么就应该对这种模式发出挑战，因为"集中"有助于全球标准饮食和全球标准农场的发展，而这两者恰好都是我们要抵制的。一个系统在技术上是否成熟，就其本身而言是无关紧要的。

我们需要忽视迄今为止所有激烈的辩论，重新开始。那些辩论已经过时了，与我们面临的环境、社会和农业挑战不匹配了。我们需要发起一个新的食品和环境运动，准备好接受高产量、低影响的生产。这种新模式青睐的做法可能包括从使用木屑到通过精确发酵繁殖细菌的各种方式。

这场运动应该从承认一个令人不安但已被证实的事实开始，这个事实经常被掩盖在假象之下：农业，无论是集约型农业还是粗放型农业，都是破坏生态的主要原因。我们在考虑任何新系统之前都应该问自己三个基本问题："这能用更少的耕作提供更多的粮食吗？""谁拥有和控制它？""它生产的食物更健康、更便宜、更容易获得吗？"

由这些问题所引发的新农业革命需要一个宣言。它可能看起来像这样：

为了让人类和地球上的其他生物共同繁荣，我们应该：

成为食物计算者（food-numerate）

不再相信我们一直以来告诉自己的故事

限制我们用来养活世界人口的土地面积

尽量减少水和农药的使用

启动"地球漫步者"计划，精确绘制出世界土壤地图

用尽可能少的有机干预措施来提高土壤肥力

研究和发展高产农业生态

> 停止动物养殖
>
> 用精确发酵取代动物蛋白质和动物脂肪
>
> 打破跨国公司对食物链的控制
>
> 使全球食物系统多样化
>
> 利用我们对复合系统的理解来触发级联变化
>
> 对从农业生产中解放出来的土地进行再野生化

过去 40 年里一直有两种政治观念：一是政府应该无为而治，二是人们应该先考虑个人利益而非公共利益。潜台词就是在说政府应该是被动的——也就是在自我厌恶的状态下提倡的"躺平"文化。而新冠疫情的出现推翻了这种观念。过去还普遍认为公民不会对政府发出的信号做出反应，这也被验证为是错误的。在某些地区和国家（例如中国台湾、新西兰、肯尼亚、韩国和越南），政府发起的号召可以产生很大影响。当政府需要钱时，就能找到投资。人们也会响应政府的号召，积极行动起来。

我们为了控制病毒扩散做出的改变远比阻止环境崩溃所需的极端得多。我们为了防止新冠疫情的大规模传播，不能去工作、购物、运动、去酒吧和餐馆、开派对、玩游戏、听音乐会、度假——而这些都是对我们的生活和身份至关重要的活动。孩子们不能去上学，不能去旅行，我们在公共场合被要求遮住脸，需要频繁地给手消毒，保持社交距离，长时间地居家隔离。

相比起这些严苛的防控措施，任何合理的环保举措都不值一提。然而，在被上述那些苛刻的要求约束时，我们大多数人都是心甘情愿的。因为我们意识到了自己的公共责任并付诸行动。相比之下，改变一些我们日常食物的来源，轻微改变饮食习惯，减少农业占用的土地面积，停止那些对环境最具破坏性的做法，扩大受保护的范围——这些变化都是微不足道的。我们缺的不是做出这些改变的能力，而是缺少唤起这种意识的意愿。

如果各国政府能以紧迫性来衡量我们所面临的环境危机——它对人类

的威胁要比新冠疫情大得多。各国政府应该做的是：修改规章制度，同时向公众解释清楚应承担的公共责任。我们会行动起来，做出改变的。制度是死的，但人是活的，制度是可以被改变的。

我们是时候夺回对全球食物体系的控制权，推翻主导该体系的企业说客和特殊利益集团了；是时候创造一种全新的、丰富的、多产的、理想的有机农业，不再依赖牲畜，种植便宜、健康、人人都能获得的粮食了；是时候开发一种崭新的、以无农场食品为基础的、革命性的烹饪方法了；是时候把地球的大部分地区从我们造成的毁灭性影响中解救出来，扭转生态失调，恢复生态系统，也给我们自己一个更加繁荣的生存前景了。

我们现在可以设想大部分农业的终结，这是人类所带来过的最具破坏性的力量。我们也可以设想一个新时代的开始：在这个新的时代里，我们不再需要在欲望的祭坛上牺牲现实世界。我们可以解决我们所面临的最大困境：如何在保护地球的同时喂饱全世界。

第 9 章
冰圣

对于我们的果园来说，这是个好年份，整个授粉季节——4 月下旬到 5 月初——无论白天还是晚上都暖洋洋的。我第一次遇到这种情况，地上甚至都没结霜。蜜蜂和食蚜蝇蜂拥而至，当花瓣开始飘落，几乎每一朵花都逐渐开始膨胀成了果实。我提前告知我们果园组的其他成员，需要在 6 月留出几天时间来疏果，否则到最后我们就只能收获一大堆核桃大小的苹果。我还在 10 月份腾出了一个周末，准备专门去做苹果酒。

当我看到 5 月 12 日晚上有霜冻的预报时，我并不担心，因为苹果树最脆弱的时刻——开花的阶段——已经过去了。第二天我去了果园，看看仅剩的几朵花是不是都枯萎了。

到了果园，我整个人都懵了。每棵树上的每一颗果实都开始枯萎，果树的枝干也开始变黄变弱。我绕着果园转了一圈又一圈，确认我没有看错。当我意识到这是真的发生了什么的时候，我几乎要哭了出来。所有的成果都被毁了。后来，我发现霜冻比天气预报预测的要严重得多：这是一场异常的冰冻，严重程度使得"一旦开花结束，果实就安全了"的这条准则根本就不适用了。

我难以置信地摇着头，步履沉重地走向大门口。在路上，我遇到了我们的邻居斯图尔特，也就是把自己的那排树让给了我们的那个领导。他和另一位经验丰富的种植者迈克（Mike）正在琢磨着他们被毁的土豆，讨论着世界各地的老园丁们所共同关心的话题——天气变化。

"我真不敢相信，"我告诉他们，"我们失去了所有的果实。"

"好吧，"斯图尔特说，"只能怪自己忘记向冰圣祈祷了。"

"什么？"

"你查查看。"

我查了，发现5月11日、12日和13日分别是向圣马默图斯（Mamertus）、圣潘克拉斯（Pancras）和圣塞瓦修斯（Servatius）祈祷的冰圣日。在欧洲的一些地方，这3天被称为"黑刺李树的冬天"（blackthorn winter），因为据说当黑刺李树开花时，冬天就会回来进行最后的打击。根据《天气》（Weather）杂志上一篇关于"气象-农业-神学"的文章介绍，在英国，这一时期与由格陵兰岛上空的高压和大西洋上空微弱的气旋活动所引起的北风有关。[1]这篇文章里还写着，"在圣塞瓦修斯节前剪羊毛的人爱羊毛多过爱羊"，大概是因为在那之前给羊剃毛的话，羊群只能在晚霜中瑟瑟发抖。而在一些国家，特别是在东欧，对3位圣徒（他们的身份在每个国家都不尽相同）的祈愿普遍被认为是可以"阻止"天气变化的。

遗憾的是，在任何科学文献里我都没有找到对增强大西洋气旋强度最有效的祈祷或酒会的对照实验。我也不清楚为什么当16世纪从儒略历（Julian calendar）改为格里高利历（Gregorian calendar）时，冰圣日推迟了10天，天气也随之改变了。但坦白地说，考虑到我对又一次歉收的绝望，不管什么方法我都愿意尝试。

然而，在接下来的一个月里，我又回到了田地里，在草地上割草；捡起狐狸叼来的旧鞋子——天知道它是从哪里来的——把它扔在草地上；修剪树枝，为来年做准备。尽管有了这次的经历，我仍旧满怀期待，希望来年的运气能好点儿。

其实到目前为止，我作为环保运动人士的经历都不算太愉快。我们求助于人类传说中的生存本能，却发现它并不存在。我们收集证据，解释问题，提出解决方案，然后我们就像易卜生的戏剧《人民公敌》中的斯托克曼博士一样，得到的都是愤怒、否认和诽谤。

但是，曾经那些改变历史的变革也证明了，成功都是留给有准备的人的。这种变革可能是由完全不相关的力量意外引发的。有时，一整代人的作用就只是做好准备，发展论点，讲述故事，增强凝聚力，为继任者做好铺垫以确保他们能抓住转变的机会。

我认为，我们开始看到的那些露出苗头的技术变革、系统脆弱性和公众不安情绪的结合，足以引发一场技术伦理的转变——就像印刷机和避孕药所催化的变革那样——这可能会重塑我们人类与地球的关系。激发这种状态的改变是不可能通过祈祷来实现的，而是需要一小部分虔诚的人努力工作，再加上其余人的支持。我相信，我们很快就会迎来发生改变的时刻。

注释

第 1 章

［1］ The Orchard Project, 2013. *Winter Wassail 2013*. https://www.the orchardproject.org. uk/blog/winter-wassail-2013

［2］ Our World in Data, 2018. Calorie Supply by Food Group, 2017. https://ourworldindata. org/grapher/calorie-supply-by-food-group?cou ntry=GBR~CHN~SWE~USA~BRA~I ND~BGD

［3］ Tiehang Wu, Edward Ayres, Richard D. Bardgett et al., 2011. 'Molecular study of worldwide distribution and diversity of soil animals'. *Proceedings of the National Academy of Sciences*, vol. 108, no. 43, pp. 17720–5. https://doi.org/10.1073/ pnas.1103824108

［4］ David C. Coleman, Mac A. Callaham Jr and D. A. Crossley Jr, 2018. *Fundamentals of Soil Ecology*. Academic Press, Cambridge, MA. https://doi.org/10.1016/C2015-0- 04083-7

［5］ Tiehang Wu, Ayres, Bardgett et al., ibid.

［6］ Coleman, Callaham and Crossley, ibid.

［7］ Radnorshire Wildlife Trust. *Yellow Meadow Ant*. https://www.rwt wales.org/wildlife-explorer/invertebrates/ants/yellow-meadow-ant

［8］ Nick Baker, May 2020. Hidden Britain: Ant Woodlouse. BBC Wildlife. https://www. yumpu.com/news/en/issue/7785-bbc-wildlife-issue-052020/read?page=21

［9］ Coleman, Callaham and Crossley, ibid., p. 10.

［10］ Ibid.

［11］ A. Pascale et al., 2020. 'Modulation of the root microbiome by plant molecules: The basis for targeted disease suppression and plant growth promotion'. *Frontiers in Plant Science*, vol. 10, article 1741. https://doi. org/10.3389/fpls.2019.01741

［12］ Coleman, Callaham and Crossley, ibid.

［13］ David R. Montgomery and Anne Biklé, 2016. *The Hidden Half of Nature: The Microbial Roots of Life and Health*. W. W. Norton and Company, New York.

［14］ Merlin Sheldrake, 2020. *Entangled Life: How Fungi Make Our Worlds, Change Our Minds and Shape Our Futures*. Bodley Head, London.

［15］ Patrick Lavelle et al., 2016. 'Ecosystem Engineers in a Self-Organized Soil' *Soil Science*, March/April, vol. 181:3/4, pp. 91–109. https://doi. org/10.1097/SS.0000000000000155

［16］ Hongwei Liu et al., 2020. 'Microbiome-mediated stress resistance in plants'. *Trends in Plant Science*, vol. 25:8, pp. 733–43. https://doi.org/10.1016/j.tplants.2020.03.014

［17］ Lavelle et al., ibid.

［18］ Coleman, Callaham and Crossley, ibid., p. 50.

［19］ Dilfuza Egamberdieva et al., 2008. 'High incidence of plant growthstimulating bacteria associated with the rhizosphere of wheat grown on salinated soil in Uzbekistan'. *Environmental Microbiology*, vol. 10:1, pp. 1–9. https://doi.org/10.1111/j.1462-2920.2007.01424.x

［20］ Andrew L. Neal et al., 2020. 'Soil as an extended composite phenotype of the microbial metagenome'. *Scientific Reports*, vol. 10, article 10649. https://doi.org/10.1038/s41598-020-67631-0

［21］ Ioannis A. Stringlis et al., 2018. 'MYB72-dependent coumarin exudation shapes root microbiome assembly to promote plant health'. *Proceedings of the National Academy of Sciences*, vol. 115:22, article E5213–E5222. https://doi.org/10.1073/pnas.1722335115

［22］ Pascale et al., ibid.

［23］ Hongwei Liu et al., ibid.

［24］ Shamayim T. Ramírez-Puebla et al., 2012. 'Gut and root microbiota commonalities'. *Applied and Environmental Microbiology*, vol. 79:1, pp. 2–9. https://doi.org/10.1128/AEM.02553-12

［25］ Rodrigo Mendes and Jos M. Raaijmakers, 2015. 'Cross-kingdom similarities in microbiome functions'. *The ISME Journal*, 9, pp. 1,905–7. https://doi.org/10.1038/ismej.2015.7

［26］ Kateryna Zhalnina et al., 2018. 'Dynamic root exudate chemistry and microbial substrate preferences drive patterns in rhizosphere microbial community assembly'. *Nature Microbiology*, vol. 3, pp. 470–80. https://doi.org/10.1038/s41564-018-0129-3

［27］ Ed Yong, 2016. *I Contain Multitudes: The Microbes Within Us and a Grander View of Life*. Vintage, London.

［28］ Maureen Berg and Britt Koskella, 2018. 'Nutrient- and dose-dependent microbiome-mediated protection against a plant pathogen'. *Current Biology*, vol. 28:15, pp. 487–2492, e2483. https://doi.org/10.1016/j.cub.2018.05.085

［29］ Paulo José P. L. Teixeira et al., 2019. 'Beyond pathogens: Microbiota interactions with the plant immune system'. *Current Opinion in Microbiology*, vol. 49, June, pp. 7–17. https://doi.org/10.1016/j.mib.2019.08.003

［30］ Mathias J. E. E. E. Voges, 2019. 'Plant-derived coumarins shape the composition of an *Arabidopsis* synthetic root microbiome'. *Proceedings of the National Academy of Sciences*, vol. 11:25, pp. 12558–65.https://doi.org/10.1073/pnas.1820691116

[31] Stringlis et al., ibid.

[32] Viviane Cordovez et al., 2019. 'Ecology and evolution of plant microbiomes'. *Annual Review of Microbiology*, vol. 73:1, pp. 69–88. https://doi.org/10.1146/annurev-micro-090817-062524

[33] Hongwei Liu et al., ibid.

[34] Pascale et al., ibid.

[35] Stephen A. Rolfe, Joseph Griffiths and Jurriaan Ton, 2019. 'Crying out for help with root exudates: Adaptive mechanisms by which stressed plants assemble health-promoting soil microbiomes'. *Current Opinion in Microbiology*, vol. 49, pp. 73–82. https://doi.org/10.1016/j.mib.2019.10.003

[36] Sergio Rasmann et al., 2005. 'Recruitment of entomopathogenic nematodes by insect-damaged maize roots'. *Nature*, 434, pp. 732–7. https://doi.org/10.1038/nature03451

[37] D. R. Strong et al., 1996. 'Entomopathogenic nematodes: Natural enemies of root-feeding caterpillars on bush lupine'. *Oecologia*, vol. 108:1, pp. 167–73. https://doi.org/10.1007/BF00333228

[38] Pinar Avci et al., 2018. 'In-vivo monitoring of infectious diseases in living animals using bioluminescence imaging'. *Virulence*, vol. 9:1, pp. 28–63. https://doi.org/10.108 0/21505594.2017.1371897

[39] Geraldine Mulley et al., 2015. 'From insect to man: *Photorhabdus* sheds light on the emergence of human pathogenicity', *PLoSONE*, 10:12, e0144937. https://doi.org/10.1371/journal.pone.0144937

[40] Matt Soniak, 2012. 'Why some Civil War soldiers glowed in the dark'. 5 April 2012. Mental Floss.

[41] Montgomery and Biklé, ibid.

[42] E. J. N. Helfrich et al., 2018. 'Bipartite interactions, antibiotic production and biosynthetic potential of the *Arabidopsis* leaf microbiome'. *Nature Microbiology*, vol. 3, pp. 909–19. https://doi.org/10.1038/s41564-018-0200-0

[43] Coleman, Callaham and Crossley, ibid.

[44] Pascale et al., ibid.

[45] Thimmaraju Rudrappa et al., 2008. 'Root-secreted malic acid recruits beneficial soil bacteria'. *Plant Physiology*, 148:3, pp. 1547–56. https://doi.org/10.1104/pp.108.127613

[46] Montgomery and Biklé, ibid.

[47] Gabriele Berg et al., 2017. 'Plant microbial diversity is suggested as the key to future biocontrol and health trends'. *FEMS Microbiology Ecology*, vol. 93:5. https://doi.org/10.1093/femsec/fix050

[48] Charisse Petersen and June L. Round, 2014. 'Defining dysbiosis and its influence on

host immunity and disease'. *Cellular Microbiology*, vol. 16:7, pp. 1024–33. https://doi. org/10.1111/cmi.12308

［49］ Cordovez et al., ibid.

［50］ Rodrigo Mendes, Paolina Garbeva and Jos M. Raaijmakers, 2013. 'The rhizosphere microbiome: Significance of plant beneficial, plant pathogenic, and human pathogenic microorganisms'. *FEMS Microbiology Reviews*, vol. 37:5, pp. 634–63, https://doi. org/10.1111/15746976. 12028

［51］ Rodrigo Mendes and Jos M. Raaijmakers, 2015. 'Cross-kingdom similarities in microbiome functions'. *The ISME Journal*, 9, pp. 1905–7. https://doi.org/10.1038/ ismej.2015.7

［52］ Rodrigo Mendes et al., 2011. 'Deciphering the rhizosphere microbiome for disease-suppressive bacteria'. *Science*, vol. 332:6033, pp. 1097–100. DOI: 10.1126/ science.1203980

［53］ Niki Grigoropoulou, Kevin R. Butt and Christopher N. Lowe, 2008. 'Effects of adult *Lumbricus terrestris* on cocoons and hatchlings in Evans' boxes'. *Pedobiologia*, 51, pp. 343–9.

［54］ Susanne Wurst, Ilja Sonnemann and Johann G. Zaller, 2018. Soil Macro-Invertebrates: Their Impact on Plants and Associated Aboveground Communities in Temperate Regions. Aboveground–Belowground Community Ecology. Ecological Studies (Analysis and Synthesis), volume 234. Springer, Cham. pp 175-200. https://doi. org/10.1007/978-3-319-91614-9_8

［55］ M. Blouin et al., 2013. 'A Review of earthworm impact on soil function and ecosystem services'. *European Journal of Soil Science*, vol. 64:2, pp. 161–82. https://doi. org/10.1111/ejss.12025

［56］ Blouin et al., ibid.

［57］ Christian Feller et al., 2003. 'Charles Darwin, earthworms and the natural sciences: Various lessons from past to future'. *Agriculture, Ecosystems & Environment*, vol. 99:1–3, pp. 29–49. https://doi.org/10.1016/S0167-8809(03)00143-9

［58］ Coleman, Callaham and Crossley, ibid.

［59］ Jan Willem van Groenigen et al., 2014. 'Earthworms increase plant production: A meta-analysis'. *Scientific Reports*, vol. 4:6365. https://doi.org/10.1038/srep06365

［60］ Ruben Puga-Freitas et al., 2012. 'Signal molecules mediate the impact of the earthworm *Aporrectodea caliginosa* on growth, development and defence of the plant *Arabidopsis thaliana* '. *PLOS One*, vol. 7:12. e49504. https://doi.org/10.1371/journal. pone.0049504

［61］ Manuel Blouin et al., 2005. 'Belowground organism activities affect plant aboveground phenotype, inducing plant tolerance to parasites'. *Ecology Letters*, vol. 8:2, pp. 202–8. https://doi.org/10.1111/j. 1461-0248.2004.00711.x

［62］ Zhenggao Xiao et al., 2018. 'Earthworms affect plant growth and resistance against herbivores: A meta-analysis'. *Functional Ecology*, vol. 32:1, pp. 150–60. https://doi.org/10.1111/1365-2435.12969

［63］ Maria J. I. Briones, 2018. 'The serendipitous value of soil fauna in ecosystem functioning: The unexplained explained'. *Frontiers in Environmental Science*, vol. 6, article 149. https://doi.org/10.3389/fenvs.2018.00149

［64］ Andrew L. Neal et al., 2020. 'Soil as an extended composite phenotype of the microbial metagenome'. *Scientific Reports*, vol. 10, article 10649. https://doi.org/10.1038/s41598-020-67631-0

［65］ Ruben Puga-Freitas and Manuel Blouin, 2015. 'A review of the effects of soil organisms on plant hormone signalling pathways'. *Environmental and Experimental Botany*, vol. 114, pp. 104–16. https://doi.org/10.1016/j.envexpbot.2014.07.006

［66］ Neal et al., ibid.

［67］ Ibid.

［68］ Yakov Kuzyakov and Evgenia Blagodatskaya, 2015. 'Microbial hotspots and hot moments in soil: Concept & review'. *Soil Biology and Biochemistry*, vol. 83, pp. 184–99. https://doi.org/10.1016/j.soilbio.2015.01.025

［69］ G. E. Hutchinson, 1957. 'Concluding remarks'. *Cold Spring Harbor Symposia on Quantitative Biology*, vol. 22, pp. 415–27. https://www2.unil.ch/biomapper/Download/Hutchinson-CSHSymQunBio-1957.pdf

［70］ Robert K. Colwell and Thiago F. Rangel, 2009. 'Hutchinson's duality: The once and future niche'. *Proceedings of the National Academy of Sciences*, November, vol. 106, supplement 2, pp. 19651–8. https://doi.org/10.1073/pnas.0901650106

［71］ Samuel Pironon et al., 2017. 'The "Hutchinsonian niche" as an assemblage of demographic niches: Implications for species geographic ranges'. *Ecography*, vol. 41:7, pp. 1103–13. https//doi: 10.1111/ecog.03414

［72］ Kuzyakov and Blagodatskaya, ibid.

第 2 章

［1］ Philipp de Vrese, Stefan Hagemann and Martin Claussen, 2016. 'Asian irrigation, African rain: Remote impacts of irrigation'. *Geophysical Research Letters*, vol. 43:8, pp. 3737–45. https://doi.org/10.1002/2016GL068146

［2］ Dirk Helbing, 2013. 'Globally networked risks and how to respond'. *Nature*, vol. 497, pp. 51–9. https://doi.org/10.1038/nature12047

［3］ Robert K. Merton, 1936. 'The unanticipated consequences of purposive social action'. *American Sociological Review*, vol. 1:6, pp. 894–904. https://doi.org/10.2307/2084615

［4］ Andrew G. Haldane, 28 April 2009. 'Rethinking the financial network'. Bank of

England at the Financial Student Association, Amsterdam. https://www.bankofengland. co.uk/speech/2009/ rethinking- thefinancial-network

［5］　Tim G. Benton et al., 2017. *Environmental Tipping Points and Food System Dynamics: Main Report*. The Global Food Security programme, UK. https://dspace.stir.ac.uk/ bitstream/1893/24796/1/GFS_Tipping%20Points_Main%20Report.pdf

［6］　Ibid.

［7］　Timothy M. Lenton et al., 2019. 'Climate tipping points – too risky to bet against'. *Nature*, vol. 575, pp. 592–5. doi: https://doi.org/10.1038/d41586-019-03595-0

［8］　Timothy M. Lenton, 2020. 'Tipping positive change'. *Philosophical Transactions of the Royal Society B, Biological Sciences*, vol. 375:1794. https://doi.org/10.1098/ rstb.2019.0123

［9］　Benton et al., ibid.

［10］　Zeynep K. Hansen and Gary D. Libecap, 2004. 'Small farms, externalities, and the Dust Bowl of the 1930s'. *Journal of Political Economy*, vol. 112:3. https://doi. org/10.1086/383102

［11］　Ibid.

［12］　Lenton, ibid.

［13］　Stefano Battiston et al., 2016. 'Complexity theory and financial regulation'. *Science*, vol. 351:6275, pp. 818–19. https://doi.org/10.1126/science.aad029

［14］　Leonhard Horstmeyer et al., 2020. 'Predicting collapse of adaptive networked systems without knowing the network'. *Scientific Reports*, vol. 10, article 1223. https://doi. org/10.1038/s41598-020-57751-y

［15］　Battiston et al., ibid.

［16］　Haldane, ibid.

［17］　Miguel A. Centeno et al., 2015. 'The emergence of global systemic risk'. *Annual Review of Sociology*, vol. 41, pp. 65–85. https://doi.org/10.1146/annurev-soc-073014-112317

［18］　Flaviano Morone, Gino Del Ferraro and Hernán A. Makse, 2019. 'The k-core as a predictor of structural collapse in mutualistic ecosystems'. *Nature Physics*, vol. 15, pp. 95–102. https://doi.org/10.1038/s41567-018-0304-8

［19］　Paolo D'Odorico et al., 2018. 'The global food-energy-water nexus'. *Reviews of Geophysics*, vol. 56:3, pp. 456–531. https://doi.org/10.1029/2017RG000591

［20］　Chengyi Tu, Samir Suweis and Paolo D'Odorico, 2019. 'Impact of globalization on the resilience and sustainability of natural resources'. *Nature Sustainability*, vol. 2, pp. 283–9. https://doi.org/10.1038/s41893-019-0260-z

［21］　Dirk Helbing, 2013. 'Globally networked risks and how to respond'. *Nature*, vol. 497, pp. 51–9. https://doi.org/10.1038/nature12047

［22］　Charles D. Brummitt, Raissa M. D'Souza and E. A. Leicht, 2012. 'Suppressing cascades of load in interdependent networks'. *Proceedings of the National Academy of Sciences*, vol. 109:12, e680–e689. https://doi.org/10.1073/pnas.1110586109

[23] Sara Kammlade et al., 2017. *The Changing Global Diet*. International Center for Tropical Agriculture (CIAT). https://ciat.cgiar.org/thechanging-global-diet/

[24] Ibid.

[25] Colin K. Khoury et al., 2014. 'Increasing homogeneity in global food supplies and the implications for food security'. *Proceedings of the National Academy of Sciences*, vol. 111:11, pp. 4001–6. https://doi.org/10.1073/pnas.1313490111

[26] Bee Wilson, 2019. *The Way We Eat Now: How the Food Revolution Has Transformed Our Lives, Our Bodies, and Our World*. Basic Books, New York.

[27] D'Odorico et al., ibid.

[28] Christopher Bren d'Amour and Weston Anderson, 2020. 'International trade and the stability of food supplies in the global south'. *Environmental Research Letters*, vol. 15:7. https://doi.org/10.1088/1748-9326/ab832f

[29] Ryan Walton, J. O. Miller and Lance Champagne, 2019. *Simulating Maritime Chokepoint Disruption in the Global Food Supply*. Winter Simulation Conference, National Harbor, 8–11 December 2019, pp. 1708–18. https://doi.org/10.1109/WSC40007.2019.9004883

[30] Michael J. Puma et al., 2015. 'Assessing the evolving fragility of the global food system'. *Environmental Research Letters*, vol. 10:2. https://doi.org/10.1088/1748-9326/10/2/024007

[31] Walton, Miller and Champagne, ibid.

[32] FAO, 2009. *How to Feed the World in 2050*. Food and Agriculture Organization of the United Nations, 12 October 2009. http://www.fao.org/fileadmin/templates/wsfs/docs/expert_paper/How_to_Feed_the_World_in_2050.pdf

[33] Puma et al., ibid.

[34] Christopher Bren d'Amour et al., 2016. 'Teleconnected food supply shocks'. *Environmental Research Letters*, vol. 11:3. https://doi.org/10.1088/1748-9326/11/3/035007

[35] David Seekell et al., 2017. 'Resilience in the global food system'. *Environmental Research Letters*, vol. 12:2. https://doi.org/10.1088/1748-9326/aa5730

[36] Puma et al., ibid.

[37] M. Nyström et al., 2019. 'Anatomy and resilience of the global production ecosystem'. *Nature*, vol. 575, pp. 98–108. https://doi.org/10.1038/s41586-019-1712-3

[38] Chengyi Tu, Suweis and D'Odorico, ibid.

[39] Samir Suweis et al., 2015. 'Resilience and reactivity of global food security'. *Proceedings of the National Academy of Sciences*, vol. 112:22, pp. 6902–7. https://doi.org/10.1073/pnas.1507366112

［40］ D'Odorico et al., ibid.

［41］ Nyström et al., ibid.

［42］ Adam Smith, 1759. *The Theory of Moral Sentiments*. Part IV, 'Of the effect of utility upon the sentiment of approbation', p. 165. https://www.ibiblio.org/ml/libri/s/SmithA_MoralSentiments_p.pdf

［43］ FAO, 2006. *Building on Gender, Agrobiodiversity and Local Knowledge – A Training Manual*. Food and Agriculture Organization of the United Nations, 2006. http://www.fao.org/3/y5956e/Y5956E03.htm.

［44］ Ravi P. Singh et al., 2011. 'The emergence of Ug99 races of the stem rust fungus is a threat to world wheat production'. *Annual Review of Phytopathology*, vol. 49, pp. 465–81. https://doi.org/10.1146/annurev-phyto-072910-095423

［45］ Ian Heap and Stephen O. Duke, 2018. 'Overview of glyphosate-resist-ant weeds worldwide'. *Pest Management Science*, vol. 74:5, pp. 1040–9. https://doi.org/10.1002/ps.4760

［46］ Patricio Grassini, Kent M. Eskridge and Kenneth G. Cassman, 2013. 'Distinguishing between yield advances and yield plateaus in historical crop production trends'. *Nature Communications*, vol. 4, article 2918. https://doi.org/10.1038/ncomms3918

［47］ Ibid.

［48］ David Tilman et al., 2002. 'Agricultural sustainability and intensive production practices'. *Nature*, vol. 418, pp. 671–7. https://doi.org/10.1038/nature01014

［49］ Ibid.

［50］ Kenneth G. Cassman et al., 2003. 'Meeting cereal demand while protecting natural resources and improving environmental quality'. *Annual Review of Environment and Resources*, vol. 28. pp. 315–58. https://doi.org/10.1146/annurev.energy.28.040202.122858

［51］ Nyström et al., ibid.

［52］ Patrick Woodall and Tyler L. Shannon, 2018. 'Monopoly power corrodes choice and resiliency in the food system'. *The Antitrust Bulletin*, vol. 63:2, pp. 198–221. https://doi.org/10.1177/0003603X18770063

［53］ Sophia Murphy, David Burch and Jennifer Clapp, 2012. *Cereal Secrets: The World's Largest Grain Traders and Global Agriculture*. Oxfam Research Reports, August 2012. https://www-cdn.oxfam.org/s3fs- public/file_attachments/ rr- cereal- secrets- grain-traders- agriculture-30082012-en_4.pdf

［54］ Adam Putz, 2018. 'The ABCDs and M&A: Putting 90% of the global grain supply in fewer hands'. *Pitchbook*, 21 February. https://pitchbook. com/news/articles/ the- abcds-and- ma- putting- 90- of- the- global-food-supply-in-fewer-hands

［55］ Philip Howard and Mary Hendrickson, 2020. 'The state of concentration in global food and agriculture industries', in Hans Herren and Benedikt Haerlin, 2020. *Transformation of Our Food Systems: The Making of a Paradigm Shift.* IAASTD. https://philhoward. net/2020/09/27/ the- state- of- concentration- in- global- food- and- agriculture- industries

[56] Jennifer Clapp and Joseph Purugganan, 2020. 'Contextualizing corporate control in the agrifood and extractive sectors'. *Globalizations*, vol. 17:7, pp. 1265–75, https://doi.org /10.1080/14747731.2020.1783814

[57] Jennifer Clapp, 2018. 'Mega-mergers on the menu: Corporate concentration and the politics of sustainability in the global food system'. *Global Environmental Politics*, vol. 18:2, pp. 12–33. https://doi.org/10.1162/glep_a_00454

[58] Pat Mooney et al., 2017. *Too Big to Feed: Exploring the Impacts of Mega-Mergers, Concentration of Power in the Agri-Food Sector.* International Panel of Experts on Sustainable Food Systems (IPES-Food), October 2017. http://www.ipes-food.org/_img/ upload/files/Concentration_FullReport.pdf

[59] Susanne Gura and François Meienberg, 2013. *Agropoly – A Handful of Corporations Control World Food Production.* Berne Declaration (DB) & EcoNexus, Zurich. https:// www.econexus.info/sites/econexus/files/Agropoly_Econexus_BerneDeclaration.pdf

[60] Mooney et al., ibid.

[61] Clapp and Purugganan, ibid.

[62] Woodall and Shannon, ibid.

[63] Michael L. Katz, 2019. 'Multisided platforms, big data, and a little antitrust policy'. *Review of Industrial Organization*, vol. 54, pp. 695–716. https://doi.org/10.1007/ s11151-019-09683-9

[64] Laura Wellesley et al., 2017. 'Chokepoints in global food trade: Assessing the risk'. *Research in Transportation Business & Management*, vol. 25, pp. 15–28. https://doi. org/10.1016/j.rtbm.2017.07.007

[65] Bren d'Amour et al., ibid.

[66] Evan D. G. Fraser, Alexander Legwegoh and Krishna KC, 2015. 'Food stocks and grain reserves: Evaluating whether storing food creates resilient food systems'. *Journal of Environmental Studies and Sciences*, vol. 5, pp. 445–58. https://doi.org/10.1007/ s13412-015-0276-2

[67] Christophe Gouel, 2013. 'Optimal food price stabilisation policy'. *European Economic Review*, vol. 57, pp. 118–34. https://doi.org/10.1016/j.euroecorev.2012.10.003

[68] Fraser, Legwegoh and Krishna, ibid.

[69] Jennifer Clapp and S. Ryan Isakson, 2018. 'Risky returns: The implications of financialization in the food system'. *Development and Change*, vol. 49:2. pp. 437–60. https://doi.org/10.1111/dech.12376

[70] José Azar, Martin C. Schmalz and Isabel Tecu, 2018. 'Anticompetitive effects of common ownership'. *The Journal of Finance*, vol. 73:4, pp. 1513–65. https://doi.

org/10.1111/jofi.12698

[71] Dirk Helbing, 2013. 'Globally networked risks and how to respond'. *Nature*, vol. 497, pp. 51–9. https://doi.org/10.1038/nature12047

[72] *Chicago SRW Wheat – Volume, Futures and Options*. Daily Exchange Volume Chart. https://www.cmegroup.com/trading/agricultural/grainand-oilseed/wheat_quotes_volume_voi.html#tradeDate=20191216

[73] M. Graziano Ceddia, 2020. 'The super-rich and cropland expansion via direct investments in agriculture'. *Nature Sustainability*, vol. 3, pp. 312–18. https://doi.org/10.1038/s41893-020-0480-2

[74] Land Matrix. https://landmatrix.org

[75] Land Matrix. https://landmatrix.org/region/africa

[76] Ward Anseeuw and Giulia Maria Baldinelli, 2020. *Uneven Ground: Land Inequality at the Heart of Unequal Societies*. International Land Coalition & Oxfam. https://oi-files-d8-prod.s3.eu-west-2.amazonaws.com/ s3fs- public/ 2020- 11/ uneven- ground- land-inequality- unequal- societies.pdf

[77] Private Eye, 2015. *Selling England (and Wales) by the Pound*. https://www.private-eye.co.uk/registry

[78] Mario Herrero, 2017. 'Farming and the geography of nutrient production for human use: A transdisciplinary analysis'. *The Lancet Planetary Health*, vol. 1:1, pp. e33–e42. https://doi.org/10.1016/S2542-5196(17) 30007-4

[79] Nyström et al., ibid.

[80] Rong Wang, 2012. 'Flickering gives early warning signals of a critical transition to a eutrophic lake state'. *Nature*, vol. 492, pp. 419–22. https://doi.org/10.1038/nature11655

[81] Jon Greenman, Tim Benton and Joseph Travis, 2003. 'The amplification of environmental noise in population models: Causes and consequences'. *The American Naturalist*, vol. 161:2. https://doi.org/10.1086/345784

[82] Benton et al., ibid.

[83] Richard S. Cottrell et al., 2019. 'Food production shocks across land and sea'. *Nature Sustainability*, vol. 2, pp. 130–7. https://doi.org/10.1038/s41893-018-0210-1

[84] FAO, IFAD, UNICEF, WFP and WHO, 2020. *The State of Food Security and Nutrition in the World 2020: Transforming Food Systems for Affordable Healthy Diets*. Food and Agriculture Organization of the United Nations, Rome. https://doi.org/10.4060/ca9692en

[85] Jennifer Clapp, 2017. 'Food self-sufficiency: Making sense of it, and when it makes sense'. *Food Policy*, vol. 66, pp. 88–96. https://doi.org/10.1016/j.foodpol.2016.12.001

[86] Bren d'Amour et al., ibid.

[87] Tiziano Distefano, 2018. 'Shock transmission in the international food trade network'. *PLoS ONE*, vol. 13:8, e0200639. https://doi.org/10.1371/journal.pone.0200639

［88］ Frederick Kaufman, 2011. 'How Goldman Sachs created the food crisis'. https:// foreignpolicy.com/2011/04/27/ how- goldman- sachs- created- the-food-crisis

［89］ Angelika Beck, Benedikt Haerlin and Lea Richter, 2016. *Agriculture at a Crossroads: IAASTD Findings and Recommendations for Future Farming.* Foundation on Future Farming. https://www.globalagriculture.org/fileadmin/files/weltagrarbericht/ EnglishBrochure/BrochureIAASTD_en_web_small.pdf

［90］ Marianela Fader et al., 2013. 'Spatial decoupling of agricultural production and consumption: Quantifying dependences of countries on food imports due to domestic land and water constraints'. *Environmental Research Letters*, vol. 8:1. https://doi. org/10.1088/1748-9326/8/1/014046

［91］ Therea Falkendal et al, 2021. 'Grain export restrictions during COVID-19 risk food insecurity in many low- and middle-income countries'. *Nature Food*, vol. 2, pp. 11–14. https://doi.org/10.1038/s43016-020-00211-7

［92］ Franziska Gaupp, 2020. 'Extreme events in a globalized food system'. *One Earth*, vol. 2:6, pp. 518–21, https://doi.org/10.1016/j.oneear. 2020.06.001

［93］ Marcy Nicholson, 26 August 2021. 'Canada sees supply of main crops dropping 26% on drought impact'. Bloomberg News. https://www.bloomberg.com/news/articles/ 2021- 08- 26/ canada- sees- supply- of-main-crops-dropping-26-on-drought-impact

［94］ Baird Langenbrunner, 2021. 'Water, water not everywhere'. *Nature Climate Change*, vol. 11, p. 650. https://doi.org/10.1038/s41558-021-01111-9

［95］ Kanat Shaku, Akin Nazli and Will Conroy, 19 August 2021. 'Kazakhstan set to lose quarter of grain crop as drought hammers Eurasia'. Intellinews. https://www. intellinews.com/kazakhstan- set- to- lose- quarter- of-grain-crop-as-drought-hammers- eurasia-218502

［96］ France 24, 9 June 2021. 'Historic drought threatens Brazil's economy'. https://www. france24.com/en/ live- news/ 20210609- historic- drought- threatens-brazil-s-economy

［97］ Zhao Yimeng, 30 July 2021. 'Agriculture officials work to ensure food supply after floods Damage Crops'. *China Daily*. https://global.chinadaily.com.cn/a/202107/30/ WS6103a913a310efa1bd6658fb.html

［98］ Agnieszka de Sousa and Megan Durisin, 2 September 2021. 'Global food costs jump back near decade-high on harvest woes'. https://www.bloomberg.com/news/articles/ 2021- 09- 02/ global- food- prices-jump-back-near-decade-high-on-harvest-woes

［99］ Beck, Haerlin and Richter, ibid.

［100］ Max Roser, Hannah Ritchie and Esteban Ortiz-Ospina, 2013. *World Population Growth*. OurWorldInData.org. https://ourworldindata.org/world-population-growth

［101］ Nikos Alexandratos and Jelle Bruinsma, 2012. *World Agriculture Towards 2030/2050: The 2012 Revision.* Food and Agriculture Organization of the United Nations. https://www.researchgate.net/publication/270890453_World_Agriculture_

Towards_20302050_The_2012_Revision

［102］ These calculations, updated to take account of further declines in the human population growth rate, are explained at: George Monbiot, 19 November 2015. *Pregnant Silence*. https://www.monbiot.com/2015/11/19/pregnant-silence

［103］ David Tilman et al., 2011. 'Global food demand and the sustainable intensification of agriculture'. *Proceedings of the National Academy of Sciences*, vol. 108:50, 20260–4. https://doi.org/10.1073/pnas.1116437108

［104］ Beck, Haerlin and Richter, ibid.

［105］ Rob Cook, 23 October 2021. *World Cattle Inventory by Year*. https://beef2live.com/story-world-cattle-inventory-1960-2014-130-111523

［106］ Beck, Haerlin and Richter, ibid.

［107］ Nikos Alexandratos and Jelle Bruinsma, 2012. *World Agriculture Towards 2030/2050: The 2012 Revision*. Food and Agriculture Organization of the United Nations. https://www.researchgate.net/publication/270890453_World_Agriculture_Towards_20302050_The_2012_Revision

［108］ D'Odorico et al., ibid.

［109］ Henri de Ruiter, et al., 2017. 'Total global agricultural land footprint associated with UK food supply 1986–2011'. *Global Environmental Change*, vol. 43, pp. 72–81. https://doi.org/10.1016/j.gloenvcha. 2017.01.007

［110］ Department for Environment, Food and Rural Affairs, 2020, 8 October 2020. *Farming Statistics – Provisional Arable Crop Areas, Yields and Livestock Populations at 1 June 2020 United Kingdom*. https://assets. publishing.service.gov.uk/government/uploads/system/uploads/attachment_data/file/931104/structure-jun2020prov-UK-08oct20i.pdf

［111］ Emily S. Cassidy et al., 2013. 'Redefining agricultural yields: From tonnes to people nourished per hectare'. *Environmental Research Letters*, vol. 8:3, 034015. https://doi.org/10.1088/1748-9326/8/3/034015

［112］ Maria Cristina Rulli et al., 2016. 'The water-land-food nexus of firstgeneration biofuels'. *Scientific Reports*, vol. 6, article 22521. https://doi.org/10.1038/srep22521

［113］ Mitchell C. Hunter et al., 2017. 'Agriculture in 2050: Recalibrating targets for sustainable intensification'. *BioScience*, vol. 67:4, pp. 386–91. https://doi.org/10.1093/biosci/bix010

［114］ Deepak K. Ray et al., 2013. 'Yield trends are insufficient to double global crop production by 2050'. *PLoS ONE*, vol. 8:6, e66428. https://doi.org/10.1371/journal.pone.0066428

［115］ Colin Raymond, Tom Matthews and Radley M. Horton, 2020. 'The emergence of heat and humidity too severe for human tolerance'. *Science Advances*, vol. 6:19. https://doi.org/10.1126/sciadv.aaw1838

［116］ Ibid.

［117］ Nir Y. Krakauer, Benjamin I. Cook and Michael J. Puma, 2020. 'Effect of irrigation on humid heat extremes'. *Environmental Research Letters*, vol. 15:9. https://doi.org/10.1088/1748-9326/ab9ecf

［118］ Raymond, Matthews and Horton, ibid.

［119］ Luke J. Harrington and Friederike E. L. Otto, 2020. 'Reconciling theory with the reality of African heatwaves'. *Nature Climate Change*, vol. 10, pp. 796–8. https://doi.org/10.1038/s41558-020-0851-8

［120］ Chi Xu et al., 2020. 'Future of the human climate niche'. *Proceedings of the National Academy of Sciences*, May, vol. 117:21, pp. 11350–5. https://doi.org/10.1073/pnas.1910114117

［121］ UN Food and Agriculture Organization, 2018. 'Nigeria: Small family farms country fact sheet'. http://www.fao.org/3/i9930en/I9930EN.pdf

［122］ Nigerian Price, 2021. 'Tractor prices in Nigeria', September. https://nigerianprice.com/tractor-prices-in-nigeria

［123］ Vincent Ricciardi, 2018. 'How much of the world's food do smallholders produce?' *Global Food Security*, vol. 17, pp. 64–72. https://doi. org/10.1016/j.gfs.2018.05.002

［124］ Deepak K. Ray et al., 2019. 'Climate change has likely already affected global food production'. *PLoS ONE*, vol. 14:5, e0217148. https://doi.org/10.1371/journal.pone.0217148

［125］ Lindsey L. Sloat et al., 2020. 'Climate adaptation by crop migration'. *Nature Communications*, vol. 11, article 1243. https://doi.org/10.1038/s41467-020-15076-4

［126］ David Makowski et al., 2020. 'Quantitative synthesis of temperature, CO_2, rainfall, and adaptation effects on global crop fields'. *European Journal of Agronomy*, vol. 115. https://doi.org/10.1016/j.eja.2020.126041

［127］ Xuhui Wang et al., 2020. 'Emergent constraint on crop yield response to warmer temperature from field experiments'. *Nature Sustainability*, vol. 3, pp. 908–16. https://doi.org/10.1038/s41893-020-0569-7

［128］ M. Zampieri et al., 2019. 'When will current climate extremes affecting maize production become the norm?' *Earth's Future*, vol. 7, pp. 113–22. https://doi.org/10.1029/2018EF000995

［129］ Chuang Zhao et al., 2017. 'Temperature increase reduces global yields of major crops in four independent estimates'. *Proceedings of the National Academy of Sciences*, vol. 114:35, pp. 9326–31. https://doi. org/10.1073/pnas.1701762114

［130］ Rory G. J. Fitzpatrick et al., 2020. 'How a typical West African day in the future-climate compares with current-climate conditions in a convection-permitting and parameterised convection climate model'. *Climatic Change*, vol. 163, pp. 267–96. https://doi.org/10.1007/s10584-020-02881-5

［131］ Samuel S. Myers et al., 2014. 'Increasing CO_2 threatens human nutrition'. *Nature*, vol.

510, pp. 139–42. https://doi.org/10.1038/nature13179

[132] Robert H. Beach et al., 2019. 'Combining the effects of increased atmospheric carbon dioxide on protein, iron, and zinc availability and projected climate change on global diets: A modelling study'. *The Lancet Planetary Health*, vol. 3:7, e307–17. https://doi.org/10.1016/S2542-5196(19)30094-4

[133] J. I. Macdiarmid and S. Whybrow, 2019. 'Nutrition from a climate change perspective'. *Proceedings of the Nutrition Society*, vol. 78, pp. 380–7. https://doi.org/10.1017/S0029665118002896

[134] Ibid.

[135] Tim Spector, 2020. *Spoon-Fed : Why Almost Everything We've Been Told About Food Is Wrong*. Jonathan Cape, London.

[136] Elizabeth R. H. Moore et al., 2020. 'The mismatch between anthropogenic CO_2 emissions and their consequences for human zinc and protein sufficiency highlights important environmental justice issues'. *Challenges*, vol. 11:(1):4. https://doi.org/10.3390/challe11010004

[137] Matthew R. Smith and Samuel S. Myers, 2018. 'Impact of anthropogenic CO_2 emissions on global human nutrition'. *Nature Climate Change*, vol. 8, pp. 834–9. https://doi.org/10.1038/s41558-018-0253-3

[138] Danielle E. Medek, Joel Schwartz and Samuel S. Myers, 2017. 'Estimated effects of future atmospheric CO_2 concentrations on protein intake and the risk of protein deficiency by country and region'. *Environmental Health Perspectives*, vol. 125:8. https://doi.org/10.1289/EHP41

[139] M. R. Smith, C. D. Golden and S. S. Myers, 2017. 'Potential rise in iron deficiency due to future anthropogenic carbon dioxide emissions'. *GeoHealth*, vol. 1:6, pp. 248–57. https://doi.org/10.1002/2016GH000018

[140] Samuel S. Myers et al., 2017. 'Climate change and global food systems: Potential impacts on food security and undernutrition'. *Annual Review of Public Health*, vol. 38:1, pp. 259–77. https://doi.org/10.1146/annurev-publhealth-031816-044356

[141] M. R. Smith and S. S. Myers, 2019. 'Global health implications of nutrient changes in rice under high atmospheric carbon dioxide'. *GeoHealth*, vol. 3:7, pp. 190–200. https://doi.org/10.1029/2019GH000188

[142] Andrew S. Ross, 2019. 'A shifting climate for grains and flour'. Cereals & Grains Association, Cereal Foods World. https://www.cerealsgrains.org/publications/cfw/2019/September-October/Pages/CFW-64-5-0050.aspx

[143] Edward D. Perry, Jisang Yu and Jesse Tack, 2020. 'Using insurance data to quantify the multidimensional impacts of warming temperatures on yield risk'. *Nature Communications*, vol. 11, article 4542. https://doi.org/10.1038/s41467-020-17707-2

[144] Noah S. Diffenbaugh, 2020. 'Verification of extreme event attribution: Using out-

of-sample observations to assess changes in probabilities of unprecedented events'. *Science Advances*, vol. 6:12, e2368. https://doi.org/10.1126/sciadv.aay2368

[145] ReliefWeb, 2021. '2 years since Cyclone Idai and Mozambique has already faced an additional 3 cyclones'. https://reliefweb.int/report/mozambique/ 2- years- cyclone-idai- and- mozambique-has-already-faced-additional-3-cyclones

[146] Xiaogang He and Justin Sheffield, 13 May 2020. 'Lagged compound occurrence of droughts and pluvials globally over the past seven decades'. *Geophysical Research Letters*, vol. 47:14. https://doi.org/10.1029/2020GL087924

[147] Xu Yue and Nadine Unger, 2018. 'Fire air pollution reduces global terrestrial productivity'. *Nature Communications*, vol. 9, article 5413. https://doi.org/10.1038/s41467-018-07921-4

[148] Walton, Miller and Champagne, ibid.

[149] Laura Wellesley et al., 2017. 'Chokepoints in global food trade: Assessing the risk'. *Research in Transportation Business & Management*, vol. 25, pp. 15–28. https://doi.org/10.1016/j.rtbm.2017.07.007

[150] Jon Gambrell and Samy Magdy, 24 March 2021. 'Massive cargo ship becomes wedged, blocks Egypt's Suez Canal'. AP News. https://apnews. com/article/ cargo-ship- blocks- egypt- suez- canal- 5957543bb555ab31c14d56ad09f98810

[151] Wellesley et al., ibid.

[152] Walton, Miller and Champagne, ibid.

[153] Kyle Frankel Davis et al., 2017. 'Water limits to closing yield gaps'. *Advances in Water Resources*, vol. 99, pp. 67–75. https://doi.org/10.1016/j.advwatres.2016.11.015

[154] Y. Wada et al., 2016. 'Modeling global water use for the 21st century: The water futures and solutions (WFaS) initiative and its approaches'. *Geoscientific Model Development*, vol. 9:1, pp. 175–222. https://doi.org/10.5194/gmd-9-175-2016

[155] Zhongwei Huang et al., 2019. 'Global agricultural green and blue water consumption under future climate and land use changes'. *Journal of Hydrology*, vol. 574, pp. 242–56. https://doi.org/10.1016/j.jhydrol.2019.04.046

[156] D'Odorico et al., ibid.

[157] J. S. Famiglietti et al., 2011. 'Satellites measure recent rates of groundwater depletion in California's Central Valley'. *Geophysical Research Letters*, vol. 38:3. https://doi.org/10.1029/2010GL046442

[158] Justin Fox, 13 April 2015. 'Cows suck up more water than almonds'. Bloomberg. https://www.bloomberg.com/opinion/articles/2015-04-13/cows-suck-up-more-of-california-s-water-than-almonds

[159] Mesfin Mekonnen and Arjen Hoekstra, 2011. 'The green, blue and grey water footprint of crops and derived crop products'. *Hydrology and Earth System Sciences Discussions*, vol. 15, pp. 1577–1600. https://doi.org/10.5194/hess-15-1577-2011

［160］ World Resources Institute, Aqueduct. *Aqueduct Tools*. https://www.wri.org/aqueduct

［161］ Daniel Viviroli et al., 2020. 'Increasing dependence of lowland populations on mountain water resources'. *Nature Sustainability*, vol. 3, pp. 917–28. https://doi.org/10.1038/s41893-020-0559-9

［162］ W. W. Immerzeel et al., 2019. 'Importance and vulnerability of the world's water towers'. *Nature*, vol. 577, pp. 364–9. https://doi.org/10.1038/s41586-019-1822-y

［163］ Hamish D. Pritchard, 2019. 'Asia's shrinking glaciers protect large populations from drought stress'. *Nature*, vol. 569, pp. 649–54. https://doi.org/10.1038/s41586-019-1240-1

［164］ Ibid.

［165］ H. Biemans et al., 2019. 'Importance of snow and glacier meltwater for agriculture on the Indo-Gangetic plain'. *Nature Sustainability*, vol. 2, pp. 594–601. https://doi.org/10.1038/s41893-019-0305-3

［166］ Pritchard, ibid.

［167］ Immerzeel et al., ibid.

［168］ Pritchard, ibid.

［169］ Sadaf Taimur, 15 October 2020. 'India, Pakistan, and the coming climate-induced scramble for water'. Salzburg Global Seminar. https://www.salzburgglobal.org/news/opinions/article/ india-pakistan-and-the-coming-climate-induced-scramble-for-water

［170］ Yue Qin et al., 2020. 'Agricultural risks from changing snowmelt'. *Nature Climate Change*, vol. 10, pp. 459–65. https://doi.org/10.1038/s41558-020-0746-8

［171］ C. A. Scott et al., 2014. 'Irrigation efficiency and water-policy implications for river-basin resilience'. *Hydrology and Earth System Sciences*, vol. 18, pp. 1339–48. https://doi.org/10.5194/hess-18-1339-2014

［172］ Ibid.

［173］ Isaac M. Held and Brian J. Soden, 2006. 'Robust responses of the hydrological cycle to global warming'. *Journal of Climate*, vol. 19:21, pp. 5686–99. https://doi.org/10.1175/JCLI3990.1

［174］ Chang-Eui Park et al., 2018. 'Keeping global warming within 1.5°C constrains emergence of aridification'. *Nature Climate Change*, vol. 8, pp. 70–4. https://doi.org/10.1038/s41558-017-0034-4

［175］ Miroslav Trnka et al., 2019. 'Mitigation efforts will not fully alleviate the increase in water scarcity occurrence probability in wheat-producing areas'. *Science Advances*, vol. 5:9, e2406. https://doi.org/10.1126/sciadv.aau2406

［176］ Matti Kummu et al., 2021. 'Climate change risks pushing one-third of global food production outside the safe climatic space'. *One Earth*, vol. 4:5, pp. 720–9. https://doi.org/10.1016/j.oneear.2021.04.017

［177］ David B. Lobell, 2014. 'Climate change adaptation in crop production: Beware of illusions'. *Global Food Security*, vol. 3:2, pp. 72–6. https://doi.org/10.1016/j.gfs.2014.05.002

［178］Commission of the European Communities, 2006. 'Proposal for a directive of the European Parliament and of the Council establishing a framework for the protection of soil and amending Directive 2004/35/EC'. Access to European Union Law, Document 52006PC0232. https://eur-lex.europa.eu/legal-content/EN/TXT/?uri=CELEX:52006PC0232

［179］National Farmers' Union, 22 May 2014. *Withdrawal of Soil Framework Directive Welcomed*. https://www.nfuonline.com/withdrawal-of-soil-framework-directive-welcomed

［180］Defra Strategic Evidence and Partnership Project, 2011. https://issuu. com/westcountryriverstrust/docs/9850_theriverstrustdseppreport

［181］Ibid.

［182］*Soil Protection Review*, 2013. The Farming Forum. https://thefarmingforum.co.uk/index.php?threads/soil-protection-review.15170/page-3

［183］Department for Environment, Food and Rural Affairs, 2020. 'Farming Statistics – Land Use, Livestock Populations and Agricultural Workforce at 1 June 2020 – England'. https://assets.publishing.service.gov. uk/government/uploads/system/uploads/attachment_data/file/928397/structure-landuse-june20-eng-22oct20.pdf

［184］George Monbiot, 23 November 2004. 'Fuel for nought'. *The Guardian*. https://www.theguardian.com/politics/2004/nov/23/greenpolitics.uk

［185］The original online article has been deleted – https://www.fginsight. com/home/arable/taking- maize- for- energy- production- to- the- next- level/59704.article – but I cited it at the time, here: George Monbiot, 14 March 2014. 'How a false solution to climate change is damaging the natural world'. *The Guardian*. https://www.theguardian.com/environment/georgemonbiot/2014/mar/14/uk-ban-maize-biogas

［186］Richard Gaughan, 10 May 2018. 'How much land is needed for wind turbines?' *Sciencing*. https://sciencing.com/much-land-needed-wind-turbines-12304634.html

［187］R. C. Palmer and R. P. Smith, 2013. 'Soil structural degradation in SW England and its impact on surface-water runoff generation'. *Soil Use and Management*, vol. 29:4, pp. 567–75. https://doi.org/10.1111/sum.12068

［188］Nils Klawitter, 30 August 2012. *Corn-Mania: Biogas Boom in Germany Leads to Modern-Day Land Grab*. Spiegel International. https://www.spiegel.de/international/germany/ biogas- subsidies- in- germany- lead-to-modern-day-land-grab-a-852575. html

［189］Pasquale Borrelli et al., 2017. 'An assessment of the global impact of 21stcentury land use change on soil erosion'. *Nature Communications*, vol. 8, article 2013. https://doi. org/10.1038/s41467-017-02142-7

［190］ Martina Sartori et al., 2019. 'A linkage between the biophysical and the economic: Assessing the global market impacts of soil erosion'. *Land Use Policy*, vol. 86, pp. 299–312. https://doi.org/10.1016/j.landusepol.2019. 05.014

［191］ World Bank Group, 2017. *Republic of Malawi Poverty Assessment*. World Bank, Washington DC. https://openknowledge.worldbank.org/handle/10986/26488

［192］ Solomon Asfawa, Giacomo Pallanteb and Alessandro Palma, 2020. 'Distributional impacts of soil erosion on agricultural productivity and welfare in Malawi'. *Ecological Economics*, vol. 177. https://doi.org/10.1016/j.ecolecon.2020.106764

［193］ Luca Montanarella, Robert Scholes and Anastasia Brainich (eds.), 2018. *The IPBES Assessment Report on Land Degradation and Restoration*. Secretariat of the Intergovernmental Science-Policy Platform on Biodiversity and Ecosystem Services, Bonn, Germany. https://doi. org/10.5281/zenodo.3237392

［194］ Ibid.

［195］ Pasquale Borrelli et al., 2020. 'Land use and climate change impacts on global soil erosion by water'. *Proceedings of the National Academy of Sciences*, vol. 117:36, pp. 21994–22001. https://doi.org/10.1073/pnas.2001403117

［196］ Margaret R. Douglas, Jason R. Rohr and John F. Tooker, 2014. 'Neonicotinoid insecticide travels through a soil food chain, disrupting biological control of non-target pests and decreasing soya bean yield'. *Journal of Applied Ecology*, vol. 52, pp. 250–60. https://doi.org/10.1111/1365-2664.12372

［197］ Cláudia de Lima e Silva et al., 2017. 'Comparative toxicity of imidacloprid and thiacloprid to different species of soil invertebrates'. *Ecotoxicology*, vol. 26, pp. 555–64. https://doi.org/10.1007/s10646- 017-1790-7

［198］ Bo Yu et al., 'Effects on soil microbial community after exposure to neonicotinoid insecticides thiamethoxam and dinotefuran'. *Science of the Total Environment*, vol. 725. https://doi.org/10.1016/j.scitotenv. 2020.138328

［199］ Peng Zhang et al., 2018. 'Sorption, desorption and degradation of neonicotinoids in four agricultural soils and their effects on soil microorganisms'. *Science of the Total Environment*, vol. 615, pp. 59–69. https://doi.org/10.1016/j.scitotenv.2017.09.097

［200］ Montanarella, Scholes and Brainich (eds.), ibid.

第 3 章

［1］ Tim Maugham, 30 November 2021. 'The modern world has finally become too complex for any of us to understand. No one's driving.' https://onezero.medium.com/the- modern- world- has- finally- become- too-complex-for-any-of-us-to-understand-1a0b46fbc292

［2］ Wales Environment Link, 18 December 2020. *Statement in response to Natural*

Resources Wales' new advice on the River Wye Special Area of Conservation (SAC). https://www.waleslink.org/sites/default/files/wel_statement_on_nrw_phosphate_in_ river_wye_sac_final.pdf

[3] United Kingdom Government Legislation, 2016. *The Environmental Permitting (England and Wales) Regulations 2016, Intensive Farming.* UK Statutory Instruments, 2016, no. 1154, sch. 1, pt. 2, ch. 6, section 6.9. https://www.legislation.gov.uk/ uksi/2016/1154/schedule/1/part/2/chapter/6/crossheading/intensive-farming/made

[4] Emailed responses from the two county councils and the regulators to the Rivercide team, pers comm.

[5] Nicola Cutcher, 15 July 2021. 'Counting chickens'. https://cutcher. co.uk/ linklog/2021/07/15/counting-chickens

[6] Wil Crisp, 12 February 2021. 'Revealed: no penalties issued under "useless" English farm pollution laws'. *The Guardian.* https://www.theguardian.com/environment/2021/ feb/12/ revealed- no- penalties- issued-under-useless-uk-farm-pollution-laws

[7] Gordon Green, 2021. 'River phosphate aspects of poultry farming in Powys — A case study'. https://www.wyesalmon.com/wp-content/uploads/2021/04/ A- Study- of- Poultry- Farming- and- its- Impact- on- Water-Quality-in-the-Wye.pdf

[8] The Wye & Usk Foundation, 8 June 2020. *Nation's 'Favourite' River Facing Ecological Disaster.* https://www.wyeuskfoundation.org/news/nations-favourite-river- facing-ecological-disaster

[9] Brecon & Radnor Branch of Campaign for the Protection of Rural Wales and, Herefordshire and Shropshire Branches of Campaign for the Protection of Rural, 2019. *Intensive Chicken Production Units: Herefordshire, Shropshire & Powys.* http:// www.brecon-and-radnor-cprw.wales/ wp- content/uploads/2019/07/ IPU- ALLdataV4- Master- 20190707-3-Counties-FINAL-2.0-20190711.pdf

[10] The Wye & Usk Foundation, ibid.

[11] 'Rivercide: The world's first live investigative documentary'. https://www.youtube. com/watch?v=5ID0VAUNANA

[12] CPRW Brecon & Radnor Branch Press Release, 2 July 2020. *5 Years this July: Remember, Remember the Disappearing Wildlife and Clean Rivers of Powys.* https:// m.facebook.com/notes/river-wye-pollution-and- conservation/ cprw- brecon- radnor- branch- press- release- 2nd-july-2020/2633300743624910

[13] Kate Bull at Change.Org, 2020. 'Save the River Wye!' *Demand Moratorium on all New Poultry Units in Powys.* https://www.change.org/p/powys- county- council- save- the- river- wye- demand- moratorium- on- all- new- poultry- units- in- powys?recruiter=66808012&utm_source=share_petition&utm_ medium=facebook&utm_campaign=psf_combo_share_initial&utm_term=share_ petition&recruited_by_id= 4570935e-5370-4756- 9804-1bdb777cb9b4&utm_content=

fht- 23011731- en- gb%3Av12&fbclid= I WA R0WEW K R bef-EZ2Zzr0S9Yz_516G NEKYMG8nNylcr4z8mw7w46PJzg3Schc

［14］ Natural Resources Wales, 17 December 2020. 'NRW issues new advice to safeguard the River Wye special area of conservation'. https://natu- ralresources.wales/ about-us/ news- and- events/news/nrw- issues- new- advice- to- safeguard- the- river- wye-special- area- of- conservation/?lang=en

［15］ Salmon & Trout Conservation, 9 February 2021. 'NRW's planning advice on Wye pollution ineffective, say conservation organisations *Fish Legal* and *Salmon & Trout Conservation* '. https://salmon-trout.org/2021/02/09/ nrws- planning- advice- on- wye-pollution- ineffective-say-conservation-organisations

［16］ Elgan Hearn, 4 February 2021. 'Plans for 150,000-bird chicken farm near Welshpool rejected'. *Powys County Times*. https://www.countytimes.co.uk/news/19066507. plans-150- 000- bird- chicken- farm- near-welshpool-rejected

［17］ George Monbiot, 5 October 2015. 'Think dairy farming is benign? Our rivers tell a different story'. *The Guardian*. https://www.theguardian. com/environment/2015/ oct/05/ think- dairy- farming- is-benign-our-rivers-tell-a-different-story

［18］ Ibid.

［19］ Crisp, ibid.

［20］ Madeleine Cuff, 24 September 2020. 'Farmers on average receive a pollution inspection from the Environment Agency every 263 years'. *iNews*. https://inews.co.uk/ news/environment/farmers-pollution-inspection-environment-agency-chemicals-pollutants-659701

［21］ John Cossens, 2019. *River Axe N2K Catchment Regulatory Project Report*. Salmon & Trout Conservation. https://www.salmon-trout.org/wp-content/uploads/2020/03/Final-Axe-Regulatory-Report.pdf

［22］ Andrew Wasley et al., 2017. *Dirty Business: The Livestock Farms Polluting the UK*. The Bureau of Investigative Journalism, 21 August 2017. https://www. thebureauinvestigates.com/stories/2017-08-21/farming-pollution-fish-uk

［23］ *Red Tractor*. https://redtractor.org.uk

［24］ United Kingdom Parliamentary Business, 22 November 2018. *UK Progress on Reducing Nitrate Pollution*. Commons Select Committees, Environmental Audit. https://publications.parliament.uk/pa/cm201719/cmselect/cmenvaud/656/65605.htm

［25］ Cossens, ibid.

［26］ UK Environment Agency, 1 December 2017. *Corporate Report: Environment Agency Statistics on Serious Pollution Incidents, their Impacts on Air and Water and the Sectors Responsible*. https://www.gov.uk/government/publications/pollution-incidents-evidence-summaries

［27］ Natural Resources Wales, 29 April 2019. *Sea Trout Stock Performance in Wales 2018*.

https://cdn.cyfoethnaturiol.cymru/media/688881/seatrout- stock- performance- in-wales- 2018_1.pdf?mode=pad&rnd=132013665370000000

［28］ Meat Promotion Wales, 2018. *Little Book of Meat Facts: Compendium of Welsh Red Meat and Livestock Industry Statistics 2018*. https://meatpromotion.wales/images/resources/Little_Book_of_Meat_Facts_2018_web.pdf

［29］ Ella McSweeney, 28 September 2020. "'We've crossed a threshold': Has industrial farming contributed to Ireland's water crisis?" *The Guardian*, Animals farmed, Ireland. https://www.theguardian.com/ environment/2020/sep/28/ weve- crossed- a- threshold-has- industrial-farming-contributed-to-irelands-water-crisis

［30］ Ministry for the Environment & Stats NZ, 2019. *Embargoed until 10.45am 18 April 2019: New Zealand's Environmental Reporting Series: Environment Aotearoa 2019*. https://www.documentcloud.org/documents/5954379-Environment-Aotearoa-2019-Embargoed.html

［31］ Yaara Bou Melhem, 15 March 2021. 'New Zealand's troubled waters'. ABC. https://www.abc.net.au/news/2021-03-16/new-zealand-rivers-pollution-100-per-cent-pure/13236174

［32］ Fiona Proffitt, 22 July 2010. *How Clean Are Our Rivers?* National Institute of Water and Atmospheric Research (NIWA). https://niwa. co.nz/publications/wa/ water-atmosphere- 1- july- 2010/ how-clean-are-our-rivers

［33］ Franziska Schulz et al., 2013. *Unterschiede der Fütterung ökologischer und konventioneller Betriebe und deren Einfluss auf die MethanEmission aus der Verdauung von Milchkühen*. Braunschweig, Johann Heinrich von Thünen-Institut, pp. 189–205. http://www.pilotbe triebe.de/download/Abschlussbericht%202013/ 5- 8_ Schulz%20et%20al%202013.pdf

［34］ Rhian Price, 12 February 2018. 'How dairy farmers are making four cuts of 11.3ME silage'. *Farmers Weekly*. https://www.fwi.co.uk/livestock/how-dairy-farmers-are-making-four-cuts-of-11-3me-silage

［35］ Volac International Limited, 2021. *Grow More Milk With Ecosyl*. https://uk.ecosyl.com/grow-more-milk-with-ecosyl#

［36］ Paul Cawood, pers comm.

［37］ UK Department for Environment, Food & Rural Affairs and Environment Agency, 2 April 2018. *Rules for Farmers and Land Managers to Prevent Water Pollution*. https://www.gov.uk/guidance/rules- for- farmers- and-land-managers-to-prevent-water-pollution

［38］ Fly Fishing & Fly Tying. *Welsh Slurry Contractors Say Regulation is Required on Spreading*. https://flyfishing-and-flytying.co.uk/blog/view/welsh_slurry_contractors_say_regulation_is_required_on_spreading

［39］ Alexandra Leclerc and Alexis Laurent, 2017. 'Framework for estimating toxic releases from the application of manure on agricultural soil: National release inventories for heavy metals in 2000–2014'. *Science of The Total Environment*, vols 590–1, pp. 452–60. https://doi.org/10. 1016/j.scitotenv.2017.01.117

［40］ Organization for Economic Cooperation and Development (OECD), 10 November 2016. *Policy Insights – Antimicrobial Resistance.* https://www.oecd.org/health/ health-systems/ AMR- Policy- Insights- November2016.pdf

［41］ US Food and Drug Administration (FDA), 2013. *Guidance for Industry: New Animal Drugs and New Animal Drug Combination Products Administered in or on Medicated Feed or Drinking Water of Food-Producing Animals: Recommendations for Drug Sponsors for Voluntarily Aligning Product Use Conditions with GFI #209.* December, no. 213. https://www.fda.gov/media/83488/download

［42］ W.-Y. Xie, Q. Shen and F. J. Zhao, 2018. 'Antibiotics and antibiotic resistance from animal manures to soil: A review'. *European Journal of Soil Science*, vol. 69:1, pp. 181–95. https://doi.org/10.1111/ejss.12494

［43］ Evelyn Walters, Kristin McClellan and Rolf U. Halden, 2010. 'Occurrence and loss over three years of 72 pharmaceuticals and personal care products from biosolids-soil mixtures in outdoor mesocosms'. *Water Research*, vol. 44:20, pp. 6011–20. https://doi. org/10.1016/j.watres. 2010.07.051

［44］ Ya He et al., 2020. 'Antibiotic resistance genes from livestock waste: Occurrence, dissemination, and treatment'. *Nature Partner Journal (NPJ)*, Clean Water, 3, article 4. https://doi.org/10.1038/s41545-020- 0051-0

［45］ Yong-Guan Zhu et al., 2019. 'Soil biota, antimicrobial resistance and planetary health'. *Environment International*, vol. 131. https://doi.org/10.1016/j.envint.2019.105059

［46］ Paulo Durão, Roberto Balbontín and Isabel Gordo, 2018. 'Evolutionary mechanisms shaping the maintenance of antibiotic resistance'. *Trends in Microbiology*, vol. 26:8, pp. 677–91. https://doi.org/10.1016/j.tim.2018. 01.005

［47］ Wan-Ying Xie et al., 2018. 'Long-term effects of manure and chemical fertilizers on soil antibiotic resistome'. *Soil Biology and Biochemistry*, vol. 122, pp. 111–19. https:// doi.org/10.1016/j.soilbio.2018.04.009

［48］ Fenghua Wang et al., 2020. 'Fifteen-year application of manure and chemical fertilizers differently impacts soil ARGs and microbial community structure'. *Frontiers in Microbiology*, vol. 11. https://doi.org/10.3389/fmicb.2020.00062

［49］ Heather Storteboom et al., 2010. 'Tracking antibiotic resistance genes in the South Platte River Basin using molecular signatures of urban, agricultural, and pristine sources'. *Environmental Science & Technology*, vol. 44:19, pp. 7397–404. https://doi. org/10.1021/es101657s

［50］ S. Koike et al., 2007. 'Monitoring and source tracking of tetracycline resistance genes in lagoons and groundwater adjacent to swine production facilities over a 3-year period'. *Applied and Environmental Microbiology*, vol. 73:15, pp. 4813–23. https://doi. org/10.1128/AEM.00665-07

[51] Zhishu Liang et al., 2020. 'Pollution profiles of antibiotic resistance genes associated with airborne opportunistic pathogens from typical area, Pearl River estuary, and their exposure risk to humans'. *Environment International*, vol. 143. https://doi.org/10.1016/ j.envint.2020. 105934

[52] Fangkai Zhao et al., 2019. 'Bioaccumulation of antibiotics in crops under long-term manure application: Occurrence, biomass response and human exposure'. *Chemosphere*, vol. 219, pp. 882–95. https://doi. org/10.1016/j.chemosphere.2018.12.076

[53] Yu-Jing Zhang et al., 2019. 'Transfer of antibiotic resistance from manure-amended soils to vegetable microbiomes'. *Environment International*, vol. 130, article 104912. https://doi.org/10.1016/j.envint. 2019.104912

[54] Organization for Economic Cooperation and Development (OECD), 10 November 2016. *Policy Insights – Antimicrobial Resistance*. https://www.oecd.org/health/ health- systems/ AMR- Policy- Insights- November2016.pdf

[55] Holger Heuer, Heike Schmitt and Kornelia Smalla, 2011. 'Antibiotic resistance gene spread due to manure application on agricultural fields'. *Current Opinion in Microbiology*, vol. 14:3, pp. 236–43. https://doi.org/10.1016/j.mib.2011.04.009

[56] World Health Organization (WHO Europe), 2011. *Tackling Antibiotic Resistance from a Food Safety Perspective in Europe*. https://www. euro.who.int/__data/assets/pdf_ file/0005/136454/e94889.pdf

[57] Jim O'Neill, 2014. *Review on Antimicrobial Resistance – Antimicrobial Resistance: Tackling a Crisis for the Health and Wealth of Nations*. https://wellcomecollection.org/ works/rdpck35v

[58] Aude Teillant et al., 2015. 'Potential burden of antibiotic resistance on surgery and cancer chemotherapy antibiotic prophylaxis in the USA: A literature review and modelling study'. *The Lancet Infectious Diseases*, vol. 15:12, pp. 1429–37. https://doi. org/10.1016/S1473-3099(15)00270-4

[59] Thomas P. Van Boeckel et al., 2015. 'Global trends in antimicrobial use in food animals'. *Proceedings of the National Academy of Sciences*, vol. 112:18, pp. 5649–54. https://doi.org/10.1073/pnas.1503141112

[60] Biosolids Assurance Scheme (BAS). *About Biosolids*. https://assuredbiosolids.co.uk/ about-biosolids

[61] Crispin Dowler and Zach Boren, 2020. *Revealed: Salmonella, Toxic Chemicals and Plastic Found in Sewage Spread on Farmland*. Unearthed, Greenpeace UK. https:// unearthed.greenpeace.org/2020/02/04/sewage- sludge-landspreading-environment-agency-report

[62] Environment Agency, October 2019. *Perfluorooctane Sulfonate (PFOS) and Related*

Substances: Sources, Pathways and Environmental Data. Department for Environment, Food & Rural Affairs. https://consult. environment- agency.gov.uk/ environment- and-business/challenges- and- choices/user_uploads/ perfluorooctane- sulfonate- and-related-substances-pressure-rbmp-2021.pdf

[63] Gareth Simkins, 2020. 'EA "sat on sewage sludge risks research", report says'. ENDS Report. https://www.endsreport.com/article/1672915/ea-sat-sewage-sludge-risks-research-report-says

[64] Environment Agency, 1 December 2015. *News Story: Farm Suppliers Warned over Waste Materials Rules; New Enforcement Programme Targets Inappropriate Landspreading*. UK Government. https://www.gov.uk/government/news/ farm-suppliers- warned- over- waste- materials-rules

[65] Bo Yu et al., 2020. 'Effects on soil microbial community after exposure to neonicotinoid insecticides thiamethoxam and dinotefuran'. *Science of the Total Environment*, vol. 725. https://doi.org/10.1016/j.scitotenv. 2020.138328

[66] United States Environmental Protection Agency, 2018. *Report: EPA Unable to Assess the Impact of Hundreds of Unregulated Pollutants in Land-Applied Biosolids on Human Health and the Environment*. Office of Inspector General, Report #19-P-0002, 15 November. https://www.epa.gov/sites/production/files/ 2018- 11/documents/_ epaoig_20181115-19-p-0002.pdf

[67] Jennifer Lee, 2003. 'Sludge spread on fields is fodder for lawsuits'. *The New York Times*, 26 June. https://www.nytimes.com/2003/06/26/us/ sludge-spread-on-fields-is-fodder-for-lawsuits.html

[68] Seacoast Online, 2019. 'Maine dairy farmer's blood tests high for "forever chemicals" from toxic sludge'. *Bangor Daily News*, 16 August. https:// bangordailynews. com/2019/08/16/news/york/ maine- dairy- farmers-blood-tests-high-for-forever-chemicals-from-toxic-sludge

[69] Sharon Lerner, 2019. 'Toxic PFAS chemicals found in main farms fertilized with sewage sludge'. *The Intercept*, 7 June. https://theinter cept.com/2019/06/07/pfas-chemicals-maine-sludge

[70] Amy Lowman et al., 2013. 'Land application of treated sewage sludge: Community health and environmental justice'. *Environmental Health Perspectives*, vol. 121:5, pp. 537–42. https://doi.org/10.1289/ehp. 1205470

[71] Tom Perkins, 2019. 'Biosolids: Mix human waste with toxic chemicals, then spread on crops'. *The Guardian*, 5 October. https://www.theguardian.com/environment/2019/ oct/05/ biosolids- toxic- chemicals-pollution

[72] Esther A. Gies et al., 2018. 'Retention of microplastics in a major secondary wastewater treatment plant in Vancouver, Canada'. *Marine Pollution Bulletin*, vol. 133, pp. 553–61. https://doi.org/10.1016/j. marpolbul.2018.06.006

［73］ Jenna Gavigan et al., 2020. 'Synthetic microfiber emissions to land rival those to waterbodies and are growing'. *PLOS One*, vol. 15:9, e0237839. https://doi.org/10.1371/journal.pone.0237839

［74］ Alexandra Scudo et al., October 2017. *Intentionally Added Microplastics in Products: Final Report*. Amec Foster Wheeler Environment & Infrastructure UK Limited. https://ec.europa.eu/environment/chemicals/reach/pdf/39168%20Intentionally%20added%20microplastics% 20-%20Final%20report%2020171020.pdf

［75］ Jessica Stubenrauch and Felix Ekardt, 2020. 'Plastic pollution in soils: Governance approaches to foster soil health and closed nutrient cycles'. *Environments*, vol. 7: 5:38. https://doi.org/10.3390/environments7050038

［76］ Marcela Calabi-Floody et al., 2018. 'Smart Fertilizers as a Strategy for Sustainable Agriculture', in Donald L. Sparks (ed.), *Advances in Agronomy*, vol. 147 Academic Press, pp. 119–57. https://doi.org/10.1016/bs. agron.2017.10.003

［77］ Muhammad Yasin Naz and Shaharin Anwar Sulaiman, 2016. 'Slow release coating remedy for nitrogen loss from conventional urea: A review'. *Journal of Controlled Release*, vol. 225, pp. 109–20. https://doi.org/10.1016/j.jconrel.2016.01.037

［78］ Fabio Corradini et al., 2019. 'Evidence of microplastic accumulation in agricultural soils from sewage sludge disposal'. *Science of the Total Environment*, vol. 671, pp. 411–20. https://doi.org/10.1016/j.scitotenv. 2019.03.368

［79］ Jill Crossman et al., 2020. 'Transfer and transport of microplastics from biosolids to agricultural soils and the wider environment'. *Science of the Total Environment*, vol. 724. https://doi.org/10.1016/j.scitotenv. 2020.138334

［80］ Dunmei Lin et al., 2020. 'Microplastics negatively affect soil fauna but stimulate microbial activity: Insights from a field-based microplastic addition experiment'. *Proceedings of the Royal Society*, B Biological Sciences, vol. 287:1934. https://doi.org/10.1098/rspb.2020.1268

［81］ Yang Song et al., 2019. 'Uptake and adverse effects of polyethylene terephthalate microplastics fibers on terrestrial snails (Achatina fulica) after soil exposure'. *Environmental Pollution*, vol. 250, pp. 447–55. https://doi.org/10.1016/j.envpol.2019.04.066

［82］ Dong Zhu et al., 2018. 'Exposure of soil collembolans to microplastics perturbs their gut microbiota and alters their isotopic composition'. *Soil Biology and Biochemistry*, vol. 116, pp. 302–10. https://doi.org/10.1016/j. soilbio.2017.10.027

［83］ Dunmei Lin et al., ibid.

［84］ Esperanza Huerta Lwanga et al., 2016. 'Microplastics in the terrestrial ecosystem: Implications for *Lumbricus terrestris* (*Oligochaeta, Lumbricidae*)'. *Environmental Science & Technology*, vol. 50:5. https://doi. org/10.1021/acs.est.5b05478

［85］ Elma Lahive et al., 2019. 'Microplastic particles reduce reproduction in the terrestrial worm *Enchytraeus crypticus* in a soil exposure'. *Environmental Pollution*, vol. 255, pt. 2, pp. 113–74. https://doi.org/10.1016/j.envpol.2019.113174

[86]　Anderson Abel de Souza Machado et al., 2017. 'Microplastics as an emerging threat to terrestrial ecosystems'. *Global Change Biology*, vol. 24:4, pp. 1405–16. https://doi.org/10.1111/gcb.14020

[87]　Xiao-Dong Sun et al., 2020. 'Differentially charged nanoplastics demonstrate distinct accumulation in *Arabidopsis thaliana* '. *Nature Nanotechnology*, vol. 15, pp. 755–60. https://doi.org/10.1038/s41565- 020-0707-4

[88]　Simin Li et al., 2020. 'Influence of long-term biosolid applications on communities of soil fauna and their metal accumulation: A field study'. *Environmental Pollution*, vol. 260. https://doi.org/10.1016/j.envpol. 2020.114017

[89]　Global Witness, 2021. 'Last line of defence: The industries causing the climate crisis and attacks against land and environmental defenders', 13 September. https://www.globalwitness.org/en/campaigns/environmental-activists/last-line-defence

[90]　World Wildlife Fund, 2015. 'Average EU citizen consumes 61 kg of soy per year, most from soy embedded in meat, dairy, eggs and fish'. https://wwf.panda.org/wwf_offices/brazil/?247051/ WWF- Average- EU- citizen- consumes- 61- kg- of- soy- per- year--most- from- soy- embedded-in-meat-dairy-eggs-and-fish

[91]　Hannah Ritchie. *Soy*. Our World in Data. https://ourworldindata.org/soy

[92]　Ibid.

[93]　Walter Fraanje and Tara Garnett, 2020. *Soy: Food, Feed, and Land Use Change.* Food Climate Research Network, University of Oxford (TABLE debates). https://tabledebates.org/building-blocks/soy-food-feed-and-land-use-change

[94]　Jonny Hughes and Neil Burgess, 2019. 'Rare wildlife in Brazil's savannah is under threat – we are all responsible'. United Nations Environment Programme World Conservation Monitoring Centre (UNEP-WCMC), 29 October. https://medium.com/@unepwcmc/rare-wildlife-in-brazils-savannah-is-under-threat-we-are-all-responsible-c17b21e3c0fa

[95]　Raoni Rajão et al., 2020. 'The rotten apples of Brazil's agribusiness'. *Science*, vol. 369:6501, pp. 246–8. https://science.sciencemag.org/content/369/6501/246

[96]　Gabriel S. Hofmann et al., 2021. 'The Brazilian Cerrado is becoming hotter and drier'. *Global Change Biology*, vol. 27:17, pp. 4060–73. https://doi.org/10.1111/gcb.15712

[97]　André Vasconcelos et al., 2020. *Illegal Deforestation and Brazilian Soy Exports: The case of Mato Grosso.* Trase, Issue Brief 4, June 2020. http://resources.trase.earth/documents/issuebriefs/TraseIssueBrief4_EN.pdf

[98]　Nestor Ignacio Gasparri and Yann le Polain de Waroux, 2015. 'The coupling of South American soybean and cattle production frontiers: New challenges for conservation policy and land change science'. *Conservation Letters*, vol. 8:4, pp. 290–8. https://doi.

org/10.1111/conl. 12121

［99］ Michael DiBartolomeis, 2019. 'An assessment of acute insecticide toxicity loading (AITL) of chemical pesticides used on agricultural land in the United States'. *PLOS One*, vol. 14:8, e0220029. https://doi. org/10.1371/journal.pone.0220029

［100］ Thomas James Wood and Dave Goulson, 2017. 'The environmental risks of neonicotinoid pesticides: A review of the evidence post-2013'. *Environmental Science and Pollution Research International*, vol. 24:21, pp. 17285–325. https://doi. org/10.1007/s11356-017-9240-x

［101］ Margaret R. Douglas, Jason R. Rohr and John F. Tooker, 2015. 'Editor's Choice: Neonicotinoid insecticide travels through a soil food chain, disrupting biological control of non-target pests and decreasing soya bean yield'. *Journal of Applied Ecology*, vol. 52:1, pp. 250–60. https://doi. org/10.1111/1365-2664.12372

［102］ Cláudia de Lima e Silva et al., 2017. 'Comparative toxicity of imidacloprid and thiacloprid to different species of soil invertebrates'. *Ecotoxicology*, vol. 26, pp. 555–64. https://doi.org/10.1007/s10646-017-1790-7

［103］ Samuel J. Macaulay et al., 2021. 'Imidacloprid dominates the combined toxicities of neonicotinoid mixtures to stream mayfly nymphs'. *Science of the Total Environment*, vol. 761, article 143263. https://doi. org/10.1016/j.scitotenv.2020.143263

［104］ Verena C. Schreiner et al., 2021. 'Paradise lost? Pesticide pollution in a European region with considerable amount of traditional agriculture'. *Water Research*, vol. 188, article 116528. https://doi.org/10.1016/j. watres.2020.116528

［105］ Pedro Cardoso et al., 2020. 'Scientists' warning to humanity on insect extinctions'. *Biological Conservation*, vol. 242, article 108426. https://doi.org/10.1016/ j.biocon.2020.108426

［106］ Caspar A. Hallmann et al., 2017. 'More than 75 percent decline over 27 years in total flying insect biomass in protected areas'. *PLOS One*, vol. 12:10, e0185809. https://doi. org/10.1371/journal.pone.0185809

［107］ Anders Pape Møller, 2019. 'Parallel declines in abundance of insects and insectivorous birds in Denmark over 22 years'. *Ecology and Evolution*, vol. 9:11, pp. 6581–7. https:// doi.org/10.1002/ece3.5236

［108］ Caspar A. Hallmann et al., 2019. 'Declining abundance of beetles, moths and caddisflies in the Netherlands'. *Insect Conservation and Diversity*, vol. 13:2, pp. 127–39. https://doi.org/10.1111/icad.12377

［109］ UN General Assembly, 2017. *Report of the Special Rapporteur on the Right to Food*. United Nations General Assembly Human Rights Council, Thirty-fourth session, 27 February–24 March, Agenda item 3, A/HRC/34/48. https://www.pan-uk.org/site/wp-content/uploads/United-Nations-Report-of-the-Special-Rapporteur-on-the-right-to-food.pdf

［110］David L. Wagner, 2020. 'Insect declines in the Anthropocene'. *Annual Review of Entomology*, vol. 65, pp. 457–80. https://doi.org/10.1146/annurev-ento-011019-025151

［111］Yijia Li, Ruiqing Miao and Madhu Khanna, 2020. 'Neonicotinoids and decline in bird biodiversity in the United States'. *Nature Sustainability*, vol. 3, pp. 1027–35. https://doi.org/10.1038/s41893-020-0582-x

［112］Masumi Yamamuro et al., 2019. 'Neonicotinoids disrupt aquatic food webs and decrease fishery yields'. *Science*, vol. 366:6465, pp. 620–3. https://doi.org/10.1126/science.aax3442

［113］David Tilman et al., 2001. 'Forecasting agriculturally driven global environmental change'. *Science*, vol. 292:5515, pp. 281–4. https://doi. org/10.1126/science.1057544

［114］Mengqiu Wang et al., 2019. 'The great Atlantic *Sargassum* belt'. *Science*, vol. 365:6448, pp. 83–7. https://doi.org/10.1126/science.aaw7912

［115］Thais Sousa, 2020. 'Fertilizers keep up with agroindustry, see higher demand'. *Brazil-Arab News Agency (ANBA)*, 28 April. https://anba. com.br/en/fertilizers-keep-up-with-agroindustry-see-higher-demand

［116］Virginia Institute of Marine Science. 'Dead zones: Lack of oxygen a key stressor on marine ecosystems'. https://www.vims.edu/research/topics/dead_zones/index.php

［117］Max Roser and Hannah Ritchie. 'Phosphate fertilizer production, 1961 to 2014'. Our World in Data. https://ourworldindata.org/fertilizers# phosphate-fertilizer-production

［118］Max Roser and Hannah Ritchie. 'Nitrogen fertilizer production, 1961 to 2014'. Our World in Data. https://ourworldindata.org/fertilizers# nitrogen-fertilizer-production

［119］Kenneth G. Cassman, Achim Dobermann and Daniel T. Walters, 2002. 'Agroecosystems, Nitrogen-use efficiency, and nitrogen management'. *AMBIO: A Journal of the Human Environment*, vol. 31:2, pp. 132–40. https://doi. org/10.1579/0044-7447-31.2.132

［120］Peter Omara et al., 2019. 'World cereal nitrogen use efficiency trends: Review and current knowledge'. *Agrosystems, Geosciences and Environment*, vol. 2:1, pp. 1–8. https://doi.org/10.2134/age2018.10.0045

［121］Hannah Ritchie, 2021. 'Excess fertilizer use: Which countries cause environmental damage by overapplying fertilizers?'. Our World in Data, 7 September. https://ourworldindata.org/excess-fertilizer

［122］J. J. Schröder et al., 2011. 'Improved phosphorus use efficiency in agriculture: A key requirement for its sustainable use'. *Chemosphere*, vol. 84:6, pp. 822–31. https://doi.org/10.1016/j.chemosphere.2011.01.065

［123］Cassman, Dobermann and Walters, ibid.

［124］Gulshan Mahajan and Jagadish Timsina, 2011. 'Effect of nitrogen rates and weed control methods on weeds abundance and yield of direct-seeded rice'. *Archives of Agronomy and Soil Science*, vol. 57:3, pp. 239–50. https://doi.

org/10.1080/03650340903369384

［125］ Rui Catarino, Sabrina Gaba and Vincent Bretagnolle, 2019. 'Experimental and empirical evidence shows that reducing weed control in winter cereal fields is a viable strategy for farmers'. *Scientific Reports*, vol. 9, article 9004. https://doi.org/10.1038/ s41598-019-45315-8

［126］ David Kleijn et al., 2019. 'Ecological intensification: Bridging the gap between science and practice'. *Trends in Ecology & Evolution*, vol. 34:2, pp. 154–66. https://doi. org/10.1016/j.tree.2018.11.002

［127］ David Wuepper, Nikolaus Roleff and Robert Finger, 2021. 'Does it matter who advises farmers? Pest management choices with public and private extension'. *Food Policy*, vol. 99, article 101995. https://doi. org/10.1016/j.foodpol.2020.101995

［128］ Council of the European Union, 2018. *Directive (EU) 2018/2001 of the European Parliament and of the Council of 11 December 2018 on the Promotion of the Use of Energy from Renewable Sources (Text with EEA Relevance)*. Document 32018L2001. http://data.europa.eu/eli/dir/2018/2001/oj

［129］ Ecovision Commercial. *The Renewable Partner for Poultry Farmers, Renewable Heating for Poultry Farms*. Ecovision Systems Ltd. https://www.ecovisionsystems. co.uk/poultry

［130］ Chloe Ryan, 2018. 'How to make money from renewable energy on poultry farms'. *Poultry News*. http://www.poultrynews.co.uk/business- politics/business/ feature- how-to- make- money- from-renewable-energy-on-poultry-farms.html

［131］ Dogwood Alliance, 2017. 'Destroying southern forests for international export, EU demand is stripping our forests'. https://www.dogwoodalliance.org/ wp- content/ uploads/2017/08/ Acres- of- Pellets-Fact-Sheet.pdf

［132］ Hazel Sheffield, 2021. 'Carbon-neutrality is a fairy tale: How the race for renewables is burning Europe's forests'. *The Guardian,* 14 January. https://www.theguardian.com/ world/2021/jan/14/carbon-neutrality- is- a- fairy- tale- how- the- race- for- renewables-is- burning-europes-forests

［133］ Aljazeera, 2020. 'Romania: Rape of the forest', 26 November. https://www.aljazeera. com/program/ people- power/2020/11/26/ rape- of-the-forest

［134］ Emerging Europe, 2019. 'Environmental groups warn Poland not to restart logging in Białowieża Forest', 29 January. https://emerging-europe.com/news/ environmental-groups- sound- alarm- over- new-polish-plans-to-log-in-bialowieza-forest

［135］ Guido Ceccherini et al., 2020. 'Abrupt increase in harvested forest area over Europe after 2015'. *Nature*, vol. 583, pp. 72–7. https://doi.org/10. 1038/s41586-020-2438-y

［136］ Duncan Brack, 2017. 'Woody biomass for power and heat: Impacts on the global climate'. Chatham House, 23 February. https://www. chathamhouse.org/2017/02/ woody-biomass-power-and-heat

［137］Andrea Camia et al., 2020. *The Use of Woody Biomass for Energy Production in the EU*. European Commission's Joint Research Centre (JRC), EUR 30548 EN. https:// publications.jrc.ec.europa.eu/reposi tory/bitstream/JRC 122719/ jrc- forest- bioenergy- study- 2021-final_online.pdf

［138］Thierry Courvoisier, President EASAC, 2018. 'Letter to Jean-Claude Juncker, President of the European Commission', 8 January. European Academies Science Advisory Council (EASAC). https://easac.eu/fileadmin/user_upload/180108_Letter_ to_President_Juncker.pdf

［139］Tim Benton, Juliet Vickery and Jeremy Wilson, 2003. 'Farmland biodiversity: Is habitat heterogeneity the key?' *Trends in Ecology & Evolution*, vol. 18:4, pp. 182–8. https://doi.org/10.1016/S0169-5347(03)00011-9

［140］Doreen Gabriel et al., 2010. 'Scale matters: The impact of organic farming on biodiversity at different spatial scales'. *Ecology Letters*, vol. 13:7, pp. 858–69. https:// doi.org/10.1111/j.1461-0248.2010.01481.x

［141］Pesticide Action Network UK. *Is Organic Better?* http://www.pan-uk. org/organic

［142］Andrew L. Neal et al., 2020. 'Soil as an extended composite phenotype of the microbial metagenome'. *Scientific Reports*, vol. 10, article 10649. https://doi.org/10.1038/ s41598-020-67631-0

［143］Laurence G. Smith et al., 2019. 'The greenhouse gas impacts of converting food production in England and Wales to organic methods'. *Nature Communications*, vol. 10, article 4641. https://doi.org/10.1038/s41467- 019-12622-7

［144］Tomek de Ponti, Bert Rijk and Martin van Ittersum, 2012. 'The crop yield gap between organic and conventional agriculture'. *Agricultural Systems*, vol. 108, pp. 1–9. https:// doi.org/10.1016/j.agsy.2011. 12.004

［145］Verena Seufert, Navin Ramankutty and Jonathan A. Foley, 2012. 'Comparing the yields of organic and conventional agriculture'. *Nature*, vol. 485, pp. 229–32. https:// doi.org/10.1038/nature11069

［146］Pietro Barbieri et al., 2021. 'Global option space for organic agriculture is delimited by nitrogen availability'. *Nature Food*, vol. 2, pp. 363–72. https://doi.org/10.1038/s43016- 021-00276-y

［147］Michael Clark and David Tilman, 2017. 'Comparative analysis of environmental impacts of agricultural production systems, agricultural input efficiency, and food choice'. *Environmental Research Letters*, vol. 12:6. https://doi.org/10.1088/1748-9326/ aa6cd5

［148］Maximilian Pieper, Amelie Michalke and Tobias Gaugler, 2020. 'Calculation of external climate costs for food highlights inadequate pricing of animal products'. *Nature Communications*, vol. 11:6117. https://doi.org/10.1038/s41467-020-19474-6

［149］Hanna Tuomisto et al., 2012. 'Does organic farming reduce environmental impacts? A meta-analysis of European research'. *Journal of Environmental Management*, vol. 112, pp. 309–20. https://doi.org/10. 1016/j.jenvman.2012.08.018.

[150] Laura Cattell Noll et al., 2020. 'The nitrogen footprint of organic food in the United States'. *Environmental Research Letters*, vol. 15:4. https://doi.org/10.1088/1748-9326/ ab7029

[151] Annisa Chand, 2020. 'Organic beef lets the system down'. *Nature Food*, vol. 1:253. https://doi.org/10.1038/s43016-020-0086-x

[152] H. L. Tuomisto et al., 2012. 'Does organic farming reduce environmental impacts? – A meta-analysis of European research'. *Journal of Environmental Management*, vol. 112, pp. 309–20. https://doi.org/10. 1016/j.jenvman.2012.08.018

[153] Michael Clark and David Tilman, 2017. 'Comparative analysis of environmental impacts of agricultural production systems, agricultural input efficiency, and food choice'. *Environmental Research Letters*, vol. 12:6. https://doi.org/10.1088/1748-9326/ aa6cd5

[154] Jon Ungoed-Thomas, 2020. 'Free-range egg farms choking life out of the Wye'. *The Sunday Times*, 21 June. https://www.thetimes.co.uk/article/free-range-egg-farms-choking-life-out-of-the-wye-rt3c763qc

[155] Statistics for Wales, 18 December 2019. *Farm Incomes in Wales, April 2018 to March 2019*. Welsh Government, SFR 123/2019. https://gov. wales/sites/default/files/ statistics- and- research/ 2019- 12/ farm- incomes-april-2018-march-2019-209.pdf

[156] Wikimedia Commons, 29 March 2009. *The Desert of Wales as Seen from the Summit of Drygarn Fawr*. https://commons.wikimedia.org/wiki/File:Desert_of_wales_from_ Drygarn_Fawr.JPG

[157] F. M. Chambers et al., 2007. 'Recent vegetation history of Drygarn Fawr (Elenydd SSSI), Cambrian Mountains, Wales: Implications for conservation management of degraded blanket mires'. *Biodiversity and Conservation*, vol. 16, pp. 2821–46. https:// doi.org/10.1007/s10531- 007-9169-3

[158] Christopher J. Ellis, 2016. 'Oceanic and temperate rainforest climates and their epiphyte indicators in Britain'. *Ecological Indicators*, vol. 70, pp. 125–33. https://doi. org/10.1016/j.ecolind.2016.06.002

[159] Philip Shaw and D. B. A. Thompson, 2006. *The Nature of the Cairngorms: Diversity in a Changing Environment*. Stationery Office Books (TSO), Edinburgh. https://www. tsoshop.co.uk/bookstore.asp?FO=11 60013&ProductID=9780114973261&Action=Bo ok

[160] Wesley Stephenson, 2020. 'Gardens help towns and cities beat countryside for tree cover'. *BBC News, Science & Environment*, 18 October. https://www.bbc.co.uk/news/ science-environment-54311593

[161] George Monbiot, 2017. 'Explanation of the figures in grim reaping', 11 January. https://

www.monbiot.com/2017/01/11/explanation- of- the- figuresin-grim-reaping

［162］ Savills, 17 January 2019. 'Current agricultural land use in the UK'. https://www. savills.co.uk/research_articles/229130/274017-0

［163］ UK Department for Environment, Food and Rural Affairs (DEFRA), 8 October 2020. *Farming Statistics – Provisional Arable Crop Areas, Yields and Livestock Populations at 1 June 2020 United Kingdom.* https://assets.publishing.service.gov.uk/government/ uploads/system/uploads/attachment_data/file/931104/ structure- jun2020prov- UK-08oct20i.pdf

［164］ Hannah Postles, 2017. 'New land cover atlas reveals just six per cent of UK is built on', 8 November. The University of Sheffield. https://www.sheffield.ac.uk/news/nr/ land-cover-atlas-uk-1.744440

［165］ UK Department for Environment, Food and Rural Affairs (DEFRA), 8 October 2020., ibid.

［166］ Monbiot, 'Explanation of the figures', ibid.

［167］ Mark Easton, 2012. 'The great myth of urban Britain', *BBC News*, 28 June. https:// www.bbc.co.uk/news/uk-18623096

［168］ UK Department for Environment, Food and Rural Affairs (DEFRA), 11 October 2018. *Farming Statistics – Provisional Crop Areas, Yields and Livestock Populations at June 2018 – United Kingdom.* https://assets.publishing.service.gov.uk/government/uploads/ system/uploads/attachment_data/file/747210/structure-jun2018prov-UK-11oct18.pdf

［169］ Hannah Ritchie and Max Roser, 2019. 'Land use'. Our World in Data, September. https://ourworldindata.org/land-use

［170］ Navin Ramankutty et al., 2008. 'Farming the planet: 1. geographic distribution of global agricultural lands in the year 2000'. *Global Biogeochemical Cycles*, vol. 22:1. https://doi.org/10.1029/2007GB 002952

［171］ UN Environment Programme World Conservation Monitoring Centre (UNEP-WCMC), 2014. *Mapping the World's Special Places.* https://www. unep- wcmc.org/ featured-projects/ mapping- the- worlds-special-places

［172］ Tara Garnett et al., 2017. 'Grazed and confused? Ruminating on cattle, grazing systems, methane, nitrous oxide, the soil carbon sequestration question – and what it all means for greenhouse gas emissions'. Food Climate Research Network (FCRN). https://www.oxfordmartin.ox. uk/downloads/reports/fcrn_gnc_report.pdf

［173］ Our World in Data, 2018. 'Land use per 100 grams of protein'. https://ourworldindata. org/grapher/land-use-protein-poore

［174］ Marian Swain et al., 2018. 'Reducing the environmental impact of global diets'. *Science of the Total Environment*, vols. 610–11, pp. 1207–9. https://doi.org/10.1016/ j.scitotenv.2017.08.125

［175］ Michael Clark and David Tilman, 2017. 'Comparative analysis of environmental impacts of agricultural production systems, agricultural input efficiency, and food choice'. *Environmental Research Letters*, vol. 12:6. https://doi.org/10.1088/1748-9326/aa6cd5

[176] Durk Nijdam, Trudy Rood and Henk Westhoek, 2012. 'The price of protein: Review of land use and carbon footprints from life cycle assessments of animal food products and their substitutes'. *Food Policy*, vol. 37:6, pp. 760–70. https://doi.org/10.1016/j.foodpol.2012. 08.002

[177] Hannah Ritchie, 2017. 'How much of the world's land would we need in order to feed the global population with the average diet of a given country?' Our World in Data, 3 October. https://ourworldin data.org/agricultural-land-by-global-diets

[178] J. Poore and T. Nemecek, 2018. 'Reducing food's environmental impacts through producers and consumers'. *Science*, vol. 360:6392, pp. 987–92. https://doi.org/10.1126/science.aaq0216

[179] Hannah Ritchie, 2021. 'If the world adopted a plant-based diet we would reduce global agricultural land use from 4 to 1 billion hectares'. Our World in Data, 4 March. https://ourworldindata.org/land-use-diets

[180] R. Conant (compiled by), 2010. *Challenges and Opportunities for Carbon Sequestration in Grassland System – A Technical Report on Grassland Management and Climate Change Mitigation.* Food and Agriculture Organization of the United Nations (FAO). http://www.fao.org/3/a-i1399e.pdf

[181] United Nations. 'Chapters of the thematic assessment of land degradation and restoration'. Plenary of the Intergovernmental Science-Policy Platform on Biodiversity and Ecosystem Services (IPBES), Sixth session, Medellin, Colombia, 18–24 March 2018, Agenda item 7. IPBES/6/INF/1/Rev.1. https://ipbes.net/sites/default/files/ipbes_6_inf_1_rev.1_2.pdf

[182] Kris Zouhar, 2003. '*Species*: Bromus tectorum'. US Department of Agriculture, Forest Service, Fire Effects Information System (FEIS). https://www.fs.fed.us/database/feis/plants/graminoid/brotec/all.html

[183] Alessandro Filazzola et al., 2020. 'The effects of livestock grazing on biodiversity are multi-trophic: a meta-analysis'. *Ecology Letters*, vol. 23:8, pp. 1298–1309. https://doi.org/10.1111/ele.13527

[184] Thomas L. Fleischner, 1994. 'Ecological costs of livestock grazing in western North America'. *Conservation Biology,* vol. 8:3, pp. 629–44. https://doi.org/10.1046/j.1523-1739.1994.08030629.x

[185] Knepp Wildland: Rewilding in West Sussex. https://knepp.co.uk/home

[186] George Monbiot, 2019. 'The Knepp Estate's beef production statistics', 27 November. https://twitter.com/GeorgeMonbiot/status/1199973821144543233

[187] George Monbiot, 2018. 'Comment on Isabella Tree's article, "If you want to save

the world, veganism isn't the answer"'. *The Guardian*, 25 August. https://www.theguardian.com/commentisfree/2018/aug/25/veganism-intensively-farmed-meat-dairy-soya-maize#comment-119748600

[188] Brian Machovina et al., 2015. 'Biodiversity conservation: The key is reducing meat consumption'. *Science of the Total Environment*, vol. 536, pp. 419–31. https://doi.org/10.1016/j.scitotenv.2015.07.022

[189] Christopher Ketcham, 2016. 'The Rogue Agency, a USDA program that tortures dogs and kills endangered species'. *Harper's Magazine*, March. https://harpers.org/archive/2016/03/the-rogue-agency

[190] Kristin Ruether, 2018. *Wildlife Services Kills Wolves in Sawtooth National Recreation Area to Prop Up Harmful Sheep Grazing*. Western Watersheds Project, 17 July. https://www.westernwatersheds.org/wildlifeservices- kills- wolves- in- sawtooth- national-recreation- area- to- prop- up-harmful-sheep-grazing

[191] Ketcham, ibid.

[192] Mariel Padilla, 2019. 'Trump administration reauthorizes use of "cyanide bombs" to kill wild animals'. *The New York Times*, 10 August. https://www.nytimes.com/2019/08/10/us/ cyanide- bombs- animals-trump-administration.html

[193] Jimmy Tobias 2020. 'The secretive government agency planting "cyanide bombs" across the US'. *The Guardian*, 26 June. https://www.theguardian.com/environment/2020/jun/26/ cyanide- bombs- wildfire-services-idaho

[194] George Monbiot, 2003. *No Man's Land: An Investigative Journey through Kenya and Tanzania*. Green Books, Dartington Hall. http://www.greenbooks.co.uk/no-mans-land

[195] United Nations. 'Chapters of the thematic assessment', ibid.

[196] Florence Pendrill et al., 2019. 'Deforestation displaced: Trade in forestrisk commodities and the prospects for a global forest transition'. *Environmental Research Letters*, vol. 14:5. https://doi.org/10.1088/1748-9326/ab0d41

[197] Shannon Sterling and Agnès Ducharne, 2008. 'Comprehensive data set of global land cover change for land surface model applications'. *Global Biogeochemical Cycles*, vol. 22:3. https://doi.org/10.1029/2007GB002959

[198] Pendrill et al., ibid.

[199] Machovina et al., ibid.

[200] William F. Laurance, Jeffrey Sayer and Kenneth G. Cassman, 2014. 'Agricultural expansion and its impacts on tropical nature'. *Trends in Ecology & Evolution*, vol. 29:2, pp. 107–16. https://doi.org/10.1016/j. tree.2013.12.001

[201] Mustafa Zia et al., 2019. 'Brazil once again becomes the world's largest beef exporter'. US Department of Agriculture, Economic Research Service, 1 July. https://www.ers.usda.gov/amber- waves/2019/july/ brazil-once-again-becomes-the-world-s-largest-beef-exporter

[202] David Pitt, 2020. 'US lifts Brazilian beef import ban amid quality concerns'. *AP News*, 21 February. https://apnews.com/article/us-news-united- states- iowa- global- trade-food- safety- 56c199093 f898a69dc 5aef2392906002

[203] Earthsight, 2021. 'Amazon slaughterhouses eye greater share of American pie as Brazil beef sales surge', 23 September. https://www.earthsight. org.uk/news/ analysis-amazon- slaughterhouses- eye-greater-share-of-american-pie-as-brazil-beef-sales-surge?s=09

[204] André Campos et al., 2020. 'Revealed: New evidence links Brazil meat giant JBS to Amazon deforestation'. *The Guardian*, 27 July. https://www.theguardian.com/environment/2020/jul/27/ revealed-new-evidence-links-brazil-meat-giant-jbs-to-amazon-deforestation

[205] Matthew N. Hayek and Rachael D. Garrett, 2018. 'Nationwide shift to grass-fed beef requires larger cattle population'. *Environmental Research Letters*, vol. 13:8. https://doi.org/10.1088/1748-9326/aad401

[206] Our World in Data, 2018. 'Greenhouse gas emissions per 100 grams of protein'. https://ourworldindata.org/grapher/ghg-per-protein-poore

[207] J. Poore and T. Nemecek, 2018. 'Reducing food's environmental impacts through producers and consumers'. *Science*, vol. 360:6392, pp. 987–92. https://doi.org/10.1126/science.aaq0216

[208] William J. Ripple et al., 2013. 'Ruminants, climate change and climate policy'. *Nature Climate Change*, vol. 4, pp. 2–5. https://doi.org/10.1038/nclimate2081

[209] Nijdam, Rood and Westhoek, ibid.

[210] Michael Clark and David Tilman, 2017. 'Comparative analysis of environmental impacts of agricultural production systems, agricultural input efficiency, and food choice'. *Environmental Research Letters*, vol. 12:6. https://doi.org/10.1088/1748-9326/aa6cd5

[211] Hannah Ritchie, 2020. 'Less meat is nearly always better than sustainable meat, to reduce your carbon footprint'. Our World in Data, 4 February. https://ourworldindata.org/less-meat-or-sustainable-meat

[212] Peter Scarborough et al., 2014. 'Dietary greenhouse gas emissions of meateaters, fish-eaters, vegetarians and vegans in the UK'. *Climatic Change*, vol. 125, pp. 179–92. https://doi.org/10.1007/s10584-014-1169-1

[213] M. Crippa et al., 2021. 'Food systems are responsible for a third of global anthropogenic GHG emissions'. *Nature Food*, vol. 2, pp. 198–209. https://doi.org/10.1038/s43016-021-00225-9

[214] Hannah Ritchie, 2021. 'Emissions from food alone could use up all of our budget for 1.5°C or 2°C – but we have a range of opportunities to avoid this'. Our World in Data, 10 June. https://ourworldindata.org/food-emissions-carbon-budget

［215］Timothy D. Searchinger et al., 2018. 'Assessing the efficiency of changes in land use for mitigating climate change'. *Nature*, vol. 564, pp. 249–53. https://doi.org/10.1038/s41586-018-0757-z

［216］Matthew N. Hayek et al., 2021. 'The carbon opportunity cost of animal-sourced food production on land'. *Nature Sustainability*, vol. 4, pp. 21–4. https://doi.org/10.1038/s41893-020-00603-4

［217］P. J. Gerber et al., 2013. *Tackling Climate Change through Livestock: A Global Assessment of Emissions and Mitigation Opportunities*. Food and Agriculture Organization of the United Nations, Rome. http://www.fao.org/3/i3437e/i3437e.pdf

［218］Florence Pendrill et al., 2019. 'Deforestation displaced: Trade in forestrisk commodities and the prospects for a global forest transition'. *Environmental Research Letters*, vol. 14:5. https://doi.org/10.1088/1748-9326/ab0d41

［219］Donald Broom, 2021. 'A method for assessing sustainability, with beef production as an example'. *Biological Reviews*, vol. 96:5, pp. 836–1853. https://doi.org/10.1111/brv.12726

［220］Ilissa Ocko et al., 2021. 'Acting rapidly to deploy readily available methane mitigation measures by sector can immediately slow globalwarming'. *Environmental Research Letters*, vol. 16:5, article 054042. https://doi.org/10.1088/1748-9326/abf9c8

［221］Myles R. Allen et al., 2018. 'A solution to the misrepresentations of CO_2-equivalent emissions of short-lived climate pollutants under ambitious mitigation'. *Nature Partner Journal (NPJ) Climate and Atmospheric Science*, vol. 1, article 16. https://doi.org/10.1038/s41612- 018-0026-8

［222］Farmwel. *Ruminant Methane & GWP**. https://www.farmwel.org.uk/ ruminant-methane

［223］Myles Allen et al., July 2018. *Climate Metrics for Ruminant Livestock*. Oxford Martin Programme on Climate Pollutants. https://www.oxfordmartin.ox.ac.uk/downloads/reports/ Climate- metrics- for-ruminant-livestock.pdf

［224］*Nature* Editorial, 2021. 'Control methane to slow global warmingfast'. *Nature*, vol. 596, 25 August, p. 461. doi: https://doi.org/10.1038/d41586-021-02287-y

［225］Pete Smith and Andrew Balmford, 2020. 'Climate change: 'No get out of jail free card''. *Veterinary Record*, vol. 186:2, p. 71. https://doi. org/10.1136/vr.m190

［226］Hannah Ritchie, 2020. 'You want to reduce the carbon footprint of your food? Focus on what you eat, not whether your food is local'. Our World in Data, 24 January. https://ourworldindata.org/food-choice-vs-eating-local

［227］Hannah Ritchie, ibid.

［228］Christopher L. Weber and H. Scott Matthews, 2008. 'Food-miles and the relative climate impacts of food choices in the United States'. *Environmental Science and Technology*, vol. 42:10, pp. 3508–13. https://doi.org/10.1021/es702969f

［229］ Our World in Data, 2018. 'Share of global food miles by transport method'. https://ourworldindata.org/grapher/share-food-miles-by-method

［230］ Llorenç Milà i Canals et al., 2007. 'Comparing domestic versus imported apples: A focus on energy use'. *Environmental Science and Pollution Research – International*, vol. 14, pp. 338–44. https://doi.org/10.1065/espr2007.04.412

［231］ Almudena Hospido et al., 2009. 'The role of seasonality in lettuce consumption: A case study of environmental and social aspects'. *The International Journal of Life Cycle Assessment*, vol. 14, pp. 38–391. https://doi.org/10.1007/s11367-009-0091-7

［232］ David Coley, Mark Howard and Michael Winter, 2009. 'Local food, food miles and carbon emissions: A comparison of farm shop and mass distribution approaches'. *Food Policy*, vol. 34:2, pp. 150–5. https://doi. org/10.1016/j.foodpol.2008.11.001.

［233］ Allan Savory, Joseph Geni (trans.), 2013. 'How to fight desertification and reverse climate change'. TED: Ideas Worth Spreading. https://www.ted.com/talks/allan_savory_how_to_fight_desertification_and_reverse_climate_change/transcript?language=en#t-1119536

［234］ Allan Savory, 2013. 'How to green the world's deserts and reverse climate change'. YouTube (TED), 4 March. https://www.youtube.com/watch?v=vpTHi7O66pI

［235］ Kiss the Ground. 'Awakening people to the possibilities of regeneration'. https://kisstheground.com

［236］ Rattan Lal, 2018. 'Digging deeper: A holistic perspective of factors affecting soil organic carbon sequestration in agroecosystems'. *Global Change Biology*, vol. 24:8, pp. 3285–3301. https://doi.org/10.1111/gcb.14054

［237］ Jonathan Sanderman, Tomislav Hengl and Gregory J. Fiske, 2017. 'Soil carbon debt of 12,000 years of human land use'. *Proceedings of the National Academy of Sciences*, vol. 114:36, pp. 9575–80. https://doi. org/10.1073/pnas.1706103114

［238］ Rattan Lal, 2018. 'Digging deeper: A holistic perspective of factors affecting soil organic carbon sequestration in agroecosystems'. *Global Change Biology*, vol. 24:8, pp. 3285–301. https://doi.org/10.1111/gcb.14054

［239］ Rattan Lal, 2010. 'Managing soils and ecosystems for mitigating anthropogenic carbon emissions and advancing global food security'. *BioScience*, vol. 60:9, pp. 708–21. https://doi.org/10.1525/bio.2010.60.9.8

［240］ Rolf Sommer and Deborah Bossio, 2014. 'Dynamics and climate change mitigation potential of soil organic carbon sequestration'. *Journal of Environmental Management*, vol. 144, pp. 83–7. https://doi. org/10.1016/j.jenvman.2014.05.017

［241］ Tara Garnett et al., 2017. 'Grazed and confused? Ruminating on cattle, grazing systems, methane, nitrous oxide, the soil carbon sequestration question – and what it all means for greenhouse gas emissions'. Food Climate Research Network, University of Oxford. https://edepot.wur.nl/427016

［242］ Gabriel Popkin, 2021. 'A soil-science revolution upends plans to fight climate change'. Quanta. https://www.quantamagazine.org/a-soil-science-revolution-upends-plans-to-fight-climate-change-20210727

［243］ Johannes Lehmann and Markus Kleber, 2015. 'The contentious nature of soil organic matter'. *Nature*, vol. 528: 60–8. https://doi.org/10.1038/nature16069

［244］ Jennifer Soong et al., 2021. 'Five years of whole-soil warming led to loss of subsoil carbon stocks and increased CO_2 efflux'. *Science Advances*, vol. 7:21. https://doi/10.1126/sciadv.abd1343

［245］ Andrew Nottingham et al., 2020. 'Soil carbon loss by experimental warming in a tropical forest'. *Nature*, vol. 584, 234–7. https://doi. org/10.1038/s41586-020-2566-4

［246］ George Monbiot, 2014. *Eat Meat and Save the World?*, 4 August. https://www.monbiot.com/2014/08/04/eat-meat-and-save-the-world

［247］ W. R.Teague et al., 2011. 'Grazing management impacts on vegetation, soil biota and soil chemical, physical and hydrological properties in tall grass prairie'. *Agriculture, Ecosystems & Environment*, vol. 141:3–4, pp. 310–22. https://doi.org/10.1016/j.agee.2011.03.009

［248］ Oliver Jakoby et al., 2014. 'How do individual farmers' objectives influence the evaluation of rangeland management strategies under a variable climate?' *Journal of Applied Ecology*, vol. 51:2, pp. 483–93. https://doi.org/10.1111/1365-2664.12216

［249］ Christopher L. Crawford et al., 2019. 'Behavioral and ecological implications of bunched, rotational cattle grazing in East African savanna ecosystem'. *Rangeland Ecology & Management*, vol. 72:1, pp. 204–9. https://doi.org/10.1016/j.rama.2018.07.016

［250］ Matt Barnes and Jim Howell, 2013. 'Multiple-paddock grazing distributes utilization across heterogeneous mountain landscapes: A case study of strategic grazing management'. *Rangelands*, vol. 35:5, pp. 52–61. https://doi.org/10.2111/RANGELANDS-D-13-00019.1

［251］ David D. Briske et al., 2014. 'Commentary: A critical assessment of the policy endorsement for holistic management'. *Agricultural Systems*, vol. 125, pp. 50–3. https://doi.org/10.1016/j.agsy.2013.12.001

［252］ Maria Nordborg and Elin Röös, 2016. *Holistic Management – A critical Review of Allan Savory's Grazing Method*. Swedish University of Agricultural Sciences (SLU), Centre for Organic Food & Farming (EPOK) & Chalmers.https://publications.lib.chalmers.se/records/fulltext/244566/local_244566.pdf

［253］ Heidi-Jayne Hawkins, 2017. 'A global assessment of Holistic Planned Grazing™ compared with season-long, continuous grazing: Metaanalysis findings'. *African Journal of Range & Forage Science*, vol. 34:2, pp. 65–75. https://doi.org/10.2989/10220119.2017.1358213

［254］ Jayne Belnap et al., 2001. *Biological Soil Crusts: Ecology and Management*. US Department of the Interior, Technical Reference 1730–2, BLM/ID/ST-01/001+1730. https://www.ntc.blm.gov/krc/uploads/231/Crust Manual.pdf

［255］ Merlin Sheldrake, 2020. *Entangled Life: How Fungi Make Our Worlds, Change Our Minds and Shape Our Futures*. Bodley Head, London, p. 95.

［256］ John Carter et al., 2014. 'Holistic management: Misinformation on the science of grazed ecosystems'. *International Journal of Biodiversity*, vol. 2014, article 163431. https://doi.org/10.1155/2014/163431

［257］ Liming Lai and Sandeep Kumar, 2020. 'A global meta-analysis of livestock grazing impacts on soil properties'. *PLOS One*, vol. 15:8, e0236638. https://doi.org/10.1371/journal.pone.0236638

［258］ D. Cluzeau et al., 1992. 'Effects of intensive cattle trampling on soil-plant-earthworms system in two grassland types'. *Soil Biology and Biochemistry*, vol. 24:12, pp. 1661–5. https://doi.org/10.1016/0038-0717(92)90166-U

［259］ S. D. Warren et al., 1986. 'Soil response to trampling under intensive rotation grazing'. *Soil Science Society of America Journal*, vol. 50, pp. 1336–41. https://doi.org/10.2136/sssaj1986.03615995005000050050x

［260］ Carter et al., ibid.

［261］ Norman Ambos, George Robertson and Jason Douglas, 2000. 'Dutchwoman Butte: A relict grassland in central Arizona'. *Rangelands*, vol. 22:2, pp. 3–8. http://dx.doi.org/10.2458/azu_rangelands_v22i2_ambos

［262］ D. P. Fernandez, J. C. Neff and R. L. Reynolds, 2008. 'Biogeochemical and ecological impacts of livestock grazing in semi-arid southeastern Utah, USA'. *Journal of Arid Environments*, vol. 72:5, pp. 777–91. https://doi.org/10.1016/j.jaridenv.2007.10.009

［263］ Liping Qiu et al., 2013. 'Ecosystem carbon and nitrogen accumulation after grazing exclusion in semiarid grassland'. *PLOS One*, vol. 8:1, e55433. https://doi.org/10.1371/journal.pone.0055433

［264］ W. W. Brady et al., 1989. 'Response of a semidesert grassland to 16 years of rest from grazing'. *Journal of Range Management*, vol. 42:4, pp. 284–8. https://journals.uair.arizona.edu/index.php/jrm/article/view File/8383/7995

［265］ aspidoscelis, 15 March 2013 at 7:32 pm. *Comment on thread – TED Talk: Spreading bullshit about the desert*. Free ThoughtBlogs.com. Comment 25 on thread. https://freethoughtblogs.com/pharyngula/2013 /03/15/ted-talk-spreading-bullshit-about-the-desert/#comment-580202

［266］ David D. Briske et al., 2013. 'The savory method can not green deserts or reverse climate change'. *Rangelands*, vol. 35. pp. 72–4. https://doi.org/10.2111/rangelands-d-13-00044.1

［267］ Nicholas Carter and Dr Tushar Mehta, 2021. *Another Industry Attempt to Greenwash*

Beef. Plant Based Data, January. https://plantbaseddata.medium.com/ the- failed- attempt- to- greenwash- beef- 7dfca9d74333

[268] Jessica Scott-Reid, 2020. *How Grass-Fed Beef is Duping Consumers, Again.* Sentient Media, 27 October. https://sentientmedia.org/how-grass-fed-beef-is-duping-consumers-again

[269] James Temple, 2020. 'Why we can't count on carbon-sucking farms to slow climate change'. *MIT Technology Review*, 3 June. https://www.technologyreview. com/2020/06/03/1002484/ why- we- cant-count-on-carbon-sucking-farms-to-slow-climate-change

[270] Shan Goodwin, 2021. 'Microsoft buys carbon credits from NSW cattle operation'. *Farm Weekly*, 29 January. https://www.farmweekly.com.au/story/7105542/ microsoft-buys- carbon- credits- from-nsw-cattle-operation/?cs=5151

[271] Robert Paarlberg, 2021. 'President Biden, please don't get into carbon farming'. *Wired*, 22 January. https://www.wired.com/story/president-biden-please-dont-get-into-carbon-farming

[272] Gustaf Hugelius et al., 2020. 'Large stocks of peatland carbon and nitrogen are vulnerable to permafrost thaw'. *Proceedings of the National Academy of Sciences*, vol. 117:34, pp. 20438–46. https://doi. org/10.1073/pnas.1916387117

[273] Myron King et al., 2018. 'Northward shift of the agricultural climate zone under 21st-century global climate change'. *Scientific Reports*, vol. 8, article 7904. https://doi. org/10.1038/s41598-018-26321-8

[274] Lee Hannah et al., 2020. 'The environmental consequences of climatedriven agricultural frontiers'. *PLOS One*, vol. 15:7, e0236028. https://doi.org/10.1371/journal. pone.0236028

[275] Emily Chung, 12 February 2020. 'Canada could be a huge climate change winner when it comes to farmland'. Canadian Broadcasting Corporation (CBC), 12 February. https:// www.cbc.ca/news/technol-ogy/climate-change-farming-1.5461275

[276] 'Land grant: Govt drafts bill for "1-hectare per Russian" in Far East'. *RT (Rossiya Segodnya – Russia Today)*, 17 November 2015. https://www.rt.com/russia/322404-government-drafts-bill-on-free

[277] Government of Northwest Territories Department of Industry, Tourism and Investment, 2017. *The Business of Food: A Food Production Plan, 2017–2022.* Northwest Territories Agriculture Strategy Tabled document 314–18(2). https://www.ntassembly. ca/sites/assembly/files/td_314–18_282_29.pdf

[278] White Rock Consulting & Communications, 2017. *Agriculture Industry Supported by Increased Access to Crown Land*, 17 February. http://www.whiterocknl.com/ agriculture- industry- supported- by-increased-access-to-crown-land/

[279] Tim G. Benton et al., 2021. 'Food system impacts on biodiversity loss: Three levers

for food system transformation in support of nature'. Chatham House, the Royal Institute of International Affairs, Research Paper, Energy, Environment and Resources Programme. https://www.chathamhouse.org/sites/default/files/ 2021- 02/ 2021- 02- 03- food-system-biodiversity-loss-benton-et-al_0.pdf

[280] Tim Newbold et al., 2015. 'Global effects of land use on local terrestrial biodiversity'. *Nature*, vol. 520, pp. 45–50. https://doi.org/10.1038/nature14324

[281] Florian Zabel et al., 2019. 'Global impacts of future cropland expansion and intensification on agricultural markets and biodiversity'. *Nature Communications*, vol. 10:1. https://doi.org/10.1038/s41467- 019-10775-z

[282] Laura Kehoe et al., 2017. 'Biodiversity at risk under future cropland expansion and intensification'. *Nature Ecology & Evolution*, vol. 1, pp. 1129–35. https://doi.org/10.1038/s41559-017-0234-3

[283] Florian et al., ibid.

[284] Walter Willett et al., 2019. 'Food in the Anthropocene: The EAT – Lancet Commission on healthy diets from sustainable food systems'. *The Lancet Commissions*, vol. 393:10170, pp. 447–92. https://doi.org/10.1016/S0140-6736(18)31788-4

[285] Machovina et al., ibid.

[286] Bruce M. Campbell et al., 2017. 'Agriculture production as a major driver of the Earth system exceeding planetary boundaries'. *Ecology and Society* vol. 22:4. https://doi.org/10.2307/26798991

[287] Rosamunde Almond, Monique Grooten and Tanya Petersen, 2020. *Living Planet Report 2020 – Bending the Curve of Biodiversity Loss*. World Wildlife Fund. https://www.wwf.org.uk/sites/default/files/2020-09/LPR20_Full_report.pdf

[288] Hannah Ritchie and Max Roser, 2020. 'Environmental impacts of food and agriculture'. Our World in Data. https://ourworldindata.org/environmental- impacts- of- food# environmental- impacts- of- food-and-agriculture

[289] Yinon M. Bar-On, Rob Phillips and Ron Milo, 2018. 'The biomass distribution on Earth'. *Proceedings of the National Academy of Sciences*, vol. 115:25, pp. 6506–11. https://doi.org/10.1073/pnas.1711842115

[290] Bar-On, Phillips and Milo, ibid.

[291] Andrew Balmford et al., 2018. 'The environmental costs and benefits of high-yield farming'. *Nature Sustainability*, vol. 1, pp. 477–85. https://doi.org/10.1038/s41893-018-0138-5

[292] David P. Edwards et al., 2015. 'Land-sparing agriculture best protects avian phylogenetic diversity'. *Current Biology*, vol. 25:18, pp. 2384– 91. https://doi.org/10.1016/j.cub.2015.07.063

[293] Ben Phalan et al., 2011. 'Reconciling food production and biodiversity conservation: Land sharing and land sparing compared'. *Science*, vol. 333:6047, pp. 1289–91. https://

doi.org/10.1126/science.1208742

［294］ M. Pfeifer et al., 2017. 'Creation of forest edges has a global impact on forest vertebrates'. *Nature*, vol. 551, pp. 187–91. https://doi.org/10. 1038/nature24457

［295］ Zabel et al., ibid.

［296］ Laura Kehoe et al., 2017. 'Biodiversity at risk under future cropland expansion and intensification'. *Nature Ecology & Evolution*, vol. 1, pp. 1129–35. https://doi. org/10.1038/s41559-017-0234-3

［297］ John M. Halley et al., 2016. 'Dynamics of extinction debt across five taxonomic groups'. *Nature Communications*, vol. 7, article 12283. https://doi.org/10.1038/ ncomms12283

［298］ Ingo Grass et al., 2019. 'Land-sharing/-sparing connectivity landscapes for ecosystem services and biodiversity conservation'. *People and Nature*, vol. 1:2, pp. 262–72. https://doi.org/10.1002/pan3.21

［299］ Laurance, Sayer and Cassman, ibid.

［300］ Ivette Perfecto and John Vandermeer, 2010. 'The agroecological matrix as alternative to the land-sparing/agriculture intensification model'. *Proceedings of the National Academy of Sciences*, vol. 107:13, pp. 5786–91. https://doi.org/10.1073/ pnas.0905455107

［301］ Grass et al., ibid.

［302］ Lucas A. Garibaldi et al., 2013. 'Wild pollinators enhance fruit set of crops regardless of honey bee abundance'. *Science*, vol. 339:6127, pp. 1608–11. https://doi.org/10.1126/ science.1230200

［303］ Gail MacInnis and Jessica R. K. Forrest, 2019. 'Pollination by wild bees yields larger strawberries than pollination by honey bees'. *Journal of Applied Ecology*, vol. 56:4, pp. 824–32. https://doi.org/10.1111/1365-2664.13344

［304］ Denis Vasiliev and Sarah Greenwood, 2020. 'Pollinator biodiversity and crop pollination in temperate ecosystems, implications for national pollinator conservation strategies: Mini review'. *Science of the Total Environment*, vol. 744. https://doi. org/10.1016/j.scitotenv. 2020.140880

［305］ Maxime Eeraerts et al., 2019. 'Pollination efficiency and foraging behaviour of honey bees and non-*Apis* bees to sweet cherry'. *Agricultural and Forest Entomology*, vol. 22:1, pp. 75–82. https://doi.org/10.1111/afe.12363

［306］ Cedric Alaux, Yves Le Conte and Axel Decourtye, 2019. 'Pitting wild bees against managed honey bees in their native range, a losing strategy for the conservation of honey bee biodiversity'. *Frontiers in Ecology and Evolution*, vol. 7. https://doi. org/10.3389/fevo.2019.00060

［307］ Alfredo Valido, María C. Rodríguez-Rodríguez and Pedro Jordano, 2019. 'Honeybees disrupt the structure and functionality of plantpollinator networks'. *Scientific Reports*, vol. 9, article 4711. https://doi. org/10.1038/s41598-019-41271-5

［308］ Océane Bartholomée et al., 2020. 'Pollinator presence in orchards depends on landscape-scale habitats more than in-field flower resources'. *Agriculture, Ecosystems & Environment*, vol. 293. https://doi.org/10. 1016/j.agee.2019.106806

［309］ Adara Pardo and Paulo A. V. Borges, 2020. 'Worldwide importance of insect pollination in apple orchards: A review'. *Agriculture, Ecosystems & Environment*, vol. 93. https://doi.org/10.1016/j.agee.2020. 106839

［310］ M. G. Ceddia et al., 2013. 'Sustainable agricultural intensification or Jevons paradox? The role of public governance in tropical South America'. *Global Environmental Change*, vol. 23:5, pp. 1052–63. https://doi.org/10.1016/j.gloenvcha.2013.07.005

［311］ Laura Vang Rasmussen et al., 2018. 'Social-ecological outcomes of agricultural intensification'. *Nature Sustainability*, vol. 1, pp. 275–82. https://doi.org/10.1038/ s41893-018-0070-8

［312］ Benton et al., ibid.

［313］ Nigel Dudley and Sasha Alexander, 2017. 'Agriculture and biodiversity: A review'. *Biodiversity*, vol. 18:2–3, pp. 45–9. https://doi.org/10.1080/14888386.2017.1351892

［314］ Laurance, Sayer and Cassman, ibid.

［315］ Bruce M. Campbell et al., 2017. 'Agriculture production as a major driver of the Earth system exceeding planetary boundaries'. *Ecology and Society*, vol. 22:4, article 8. https://doi.org/10.5751/ES-09595-220408

第 4 章

［1］ Victoria County History, June 2019. *VCH Oxfordshire Texts in Progress, Whitchurch.* Introduction: Landscape, Settlement, and Buildings. https://www.history.ac.uk/sites/ default/files/ file- uploads/ 2019- 06/whitchurch_intro_web_june_2019.pdf

［2］ Michael Redley, 2016. *The Real Mr Toad: Merchant Venturer and Radical in the Age of Gold.* Self-published, available from the Bell Bookshop in Henley, Garlands in Pangbourne, and the Hardwick Estate Office. https://hardwickestate.wordpress.com/ history

［3］ Hardwick Estate. *About Sir Julian.* https://hardwickestate.wordpress. com/sir-julian

［4］ Agforward (Organic Research Centre). *Silvoarable Agroforestry in the UK.* https:// www.agforward.eu/index.php/en/silvoarable-agroforestry-in-the-uk.html

［5］ Louis Sutter et al., 2017. 'Enhancing plant diversity in agricultural landscapes promotes both rare bees and dominant crop-pollinating bees through complementary increase in key floral resources'. *Journal of Applied Ecology*, vol. 54:6, pp. 1856–64. https://doi.org/10.1111/1365-2664.12907

［6］ Matthias Albrecht et al., 2020. 'The effectiveness of flower strips and hedgerows on pest control, pollination services and crop yield: A quantitative synthesis'. *Ecology Letters*, vol. 23:10, pp. 1488–98. https://doi.org/10.1111/ele.13576

［7］ Jeroen Scheper et al., 2013. 'Environmental factors driving the effectiveness of European agri-environmental measures in mitigating pollinator loss – a meta-analysis'. *Ecology Letters*, vol. 16:7, pp. 912–20. https://doi.org/10.1111/ele.12128

［8］ Ingo Grass et al., 2019. 'Land-sharing/-sparing connectivity landscapes for ecosystem services and biodiversity conservation'. *People and Nature*, vol. 1:2, pp. 262–72. https://doi.org/10.1002/pan3.21

［9］ Eusun Han et al., 2021., Can precrops uplift subsoil nutrients to topsoil?'. *Plant and Soil*, vol. 463, pp. 329–45. https://doi.org/10.1007/s11104-021-04910-3

［10］ David Weisberger, Virginia Nichols and Matt Liebman, 2019. 'Does diversifying crop rotations suppress weeds? A meta-analysis'. *PLOS One*, vol. 14:7, e0219847. https://doi.org/10.1371/journal.pone.0219847

［11］ Chloe MacLaren et al., 2020. 'An ecological future for weed science to sustain crop production and the environment: A review'. *Agronomy for Sustainable Development*, issue 40, article 24. https://doi.org/10.1007/s13593-020-00631-6

［12］ Sally Westaway, 2020. 'Ramial woodchip in agricultural production', WOOFS Technical Guide 2. Organic Research Centre, November 2020. https://www.organicresearchcentre.com/wp-content/uploads/2020/12/WOOFS_TG2_Final.pdf

［13］ S. Jeffery and F. G. A. Verheijen, 2020. 'A new soil health policy paradigm: Pay for practice not performance!' *Environmental Science & Policy*, vol. 112, pp. 371–3. https://doi.org/10.1016/j.envsci.2020.07.006

［14］ Y. Kuzyakov, J. K. Friedel and K. Stahr, 2000. 'Review of mechanisms and quantification of priming effects'. *Soil Biology and Biochemistry*, vol. 32:11–12, pp. 1485–98. https://doi.org/10.1016/S0038-0717(00) 00084-5

［15］ Céline Caron, Gilles Lemieux and Lionel Lachance. *Regenerating Soils with Ramial Chipped Wood*. The Dirt Doctor, Howard Garrett. https://www.dirtdoctor.com/ organic-research- page/ Regenerating- Soils- with-Ramial-Chipped-Wood_vq4462.htm

［16］ Westaway, ibid.

［17］ Michael Clark and David Tilman, 2017. 'Comparative analysis of environmental impacts of agricultural production systems, agricultural input efficiency, and food choice'. *Environmental Research Letters*, vol. 12:6. https://doi.org/10.1088/1748-9326/aa6cd5

［18］ Soil Association, 2021. *Soil Association Standards Farming and Growing – Version 18.6: Updated on 12th February 2021*. https://www.soilassociation.org/media/15931/farming-and-growing-standards.pdf

［19］ Department for Environment, Food & Rural Affairs, 2019. *Guidance – Broiler (meat) Chickens: Welfare Recommendations*. https://www.gov. uk/government/publications/

poultry- on- farm- welfare/broiler-meat-chickens-welfare-recommendations

[20]　Soil Association, ibid.

[21]　Kenneth G. Cassman, Achim Dobermann and Daniel T. Walters, 2002. 'Agroecosystems, nitrogen-use efficiency, and nitrogen management'. *AMBIO: A Journal of the Human Environment*, vol. 31:2, pp. 132–40. https://doi.org/10.1579/0044-7447-31.2.132

[22]　X. P. Pang and J. Letey, 2000. 'Organic farming challenge of timing nitrogen availability to crop nitrogen requirements'. *Soil Science Society of America Journal*, vol. 64:1, pp. 247–53. https://doi.org/10.2136/sssaj2000.641247x

[23]　Wendy J. Binder and Blaire Van Valkenburgh, 2010. 'A comparison of tooth wear and breakage in Rancho La Brea sabertooth cats and dire wolves across time'. *Journal of Vertebrate Paleontology*, vol. 30:1, pp. 255–61. https://doi.org/10.1080/02724630903413016

[24]　George Monbiot, 2014. 'Is this all humans are? Diminutive monsters of death and destruction?' *The Guardian*, 24 March. https://www.theguardian.com/commentisfree/2014/mar/24/ humans- diminutive-monster-destruction

[25]　Gareth Grundy 2011. 'Building a boat in the back yard – in pictures'. *The Guardian*, 17 July. https://www.theguardian.com/lifeandstyle/gallery/2011/jul/17/homemade-boat-in-pictures

[26]　Cornelia Rumpel et al., 2020. 'The 4p1000 initiative: Opportunities, limitations and challenges for implementing soil organic carbon sequestration as a sustainable development strategy'. *Ambio*, vol. 49, pp. 350–60. https://doi.org/10.1007/s13280-019-01165-2

[27]　Pete Smith et al., 2019. 'How to measure, report and verify soil carbon change to realize the potential of soil carbon sequestration for atmospheric greenhouse gas removal'. *Global Change Biology*, vol. 26:1, pp. 219–41. https://doi.org/10.1111/g

[28]　Sigbert Huber et al., 2008. *Environmental Assessment of Soil for Monitoring Volume I: Indicators & Criteria*. JRC Institute for Environment and Sustainability. EUR 23490 EN/1, Luxembourg, OPOCE, JRC47184. https://doi.org/10.2788/93515

[29]　Nicolas P. A. Saby et al., 2008. 'Will European soil-monitoring networks be able to detect changes in topsoil organic carbon content?' *Global Change Biology*, vol. 14:10, pp. 2432–42. https://doi.org/10.1111/j.1365-2486.2008.01658.x

[30]　Pete Smith, 2004. 'How long before a change in soil organic carbon can be detected?' *Global Change Biology*, vol. 10:11, pp. 1878–83. https://doi.org/10.1111/j.1365-2486.2004.00854.x

[31]　W. Amelung et al., 2020. 'Towards a global-scale soil climate mitigation strategy'. *Nature Communications*, vol. 11, article 5427. https://doi.org/10.1038/s41467-020-18887-7

[32]　Ibid.

[33]　Jens Leifeld et al., 2013. 'Organic farming gives no climate change benefit through soil carbon sequestration'. *Proceedings of the National Academy of Sciences*, vol. 110:11, article E984. https://doi.org/10.1073/pnas.1220724110

[34]　Jan Willem van Groenigen et al., 2017. 'Sequestering soil organic carbon: A nitrogen dilemma'. *Environmental Science & Technology*, vol. 51:9, pp. 4738–9. https://doi.org/10.1021/acs.est.7b01427

[35]　Cassman, Dobermann and Walters, ibid.

[36]　Emanuele Lugato, Adrian Leip and Arwyn Jones, 2018. 'Mitigation potential of soil carbon management overestimated by neglecting N2O emissions'. *Nature Climate Change*, vol. 8, pp. 219–23. https://doi. org/10.1038/s41558-018-0087-z

[37]　Elvir Tenic, Rishikesh Ghogare and Amit Dhingra, 2020. 'Biochar – A panacea for agriculture or just carbon?' *Horticulturae*, vol. 6:3, p. 37. https://doi.org/10.3390/horticulturae6030037

[38]　SoilFixer Products. *Biochar Fine Granules (0-2-mm)*. SoilFixer. https://www.soilfixer.co.uk/Biochar%20Granules%20(0- 2mm,%20pallets%20load)

[39]　Forage. *Learn to Make Charcoal*. Forage Open-Source Charcoal. http://foragejournalism.org/make-charcoal/#production-1

[40]　Dominic Woolf, 2010. 'Sustainable biochar to mitigate global climate change'. *Nature Communications*, vol. 1, article 56. https://doi.org/10.1038/ncomms1053

[41]　Kyle S. Hemes et al., 2019. 'Assessing the carbon and climate benefit of restoring degraded agricultural peat soils to managed wetlands'. *Agricultural and Forest Meteorology*, vol. 268, pp. 202–14. https://doi.org/10.1016/j.agrformet.2019.01.017

[42]　Lucas E. Nave et al., 2018. 'Reforestation can sequester two petagrams of carbon in US topsoils in a century'. *Proceedings of the National Academy of Sciences*, vol. 115:11, pp. 2776–81. https://doi.org/10.1073/pnas.1719685115

[43]　La Via Campesina, International Peasants' Movement. https://viacampesina.org/en

[44]　Les Levidow et al., 2019. *Transitions towards a European Bioeconomy: Life Sciences versus Agroecology Trajectories. Ecology, Capitalism and the New Agricultural Economy: The Second Great Transformation*. London: Routledge, pp. 181–203. http://oro.open.ac.uk/58109/20/LL_Transitions%20towards%20a%20European%20bioeconomy_2019.pdf

[45]　Michel P. Pimbert and Nina Isabella Moeller, 2018. 'Absent agroecology aid: On UK agricultural development assistance since 2010'. *Sustainability*, 10:2, p. 505. https://doi.org/10.3390/su10020505

[46]　H.K. Gibb and J.M. Salmon, 2015. 'Mapping the world's degraded lands'. *Applied Geography*, vol. 57, pp. 12–21. https://doi.org/10.1016/j.apgeog. 2014.11.024

[47]　Carlos Guerra et al., 2020. 'Blind spots in global soil biodiversity and ecosystem

function research'. *Nature Communications*, vol. 11, p. 3870. https://doi.org/10.1038/s41467-020-17688-2

［48］ Carlos Guerra et al., 2021. 'Tracking, targeting, and conserving soil biodiversity'. *Science*, vol. 371:6526, pp. 239–41. https://doi:10.1126/science.abd7926

［49］ Marcia DeLonge, Albie Miles and Liz Carlisle, 2016. 'Investing in the transition to sustainable agriculture'. *Environmental Science and Policy*, vol. 55, pt. 1, pp. 266–73. https://doi.org/10.1016/j.envsci.2015. 09.013.

［50］ Jennifer Clapp, 2021. 'The problem with growing corporate concentration and power in the global food system'. *Nature Food*, vol. 2, pp. 404–8. https://doi.org/10.1038/s43016-021-00297-7

［51］ The Vegan-Organic Network, 2007. *The Stockfree-Organic Standards*. https://veganorganic.net/wp-content/uploads/2016/08/von-standards.pdf

［52］ Ruth Kelly et al., 2012. *The Hunger Grains*. Oxfam Briefing Paper 161. https://oxfamilibrary.openrepository.com/bitstream/handle/10546/242997/ bp161- the- hunger- grains- 170912- en.pdf;jsessionid=59A 3BFB0B7A7B7E0A65838095E08972C?sequence=1

［53］ Chris Malins, 2020. 'Biofuel to the fire – The impact of continued expansion of palm and soy oil demand through biofuel policy'. *Rainforest Foundation Norway*. https://d5i6is0eze552.cloudfront.net/documents/RF_report_biofuel_0320_eng_SP.pdf?mtime=20200310101137

［54］ Krystof Obidzinski et al., 2012. 'Environmental and social impacts of oil palm plantations and their implications for biofuel production in Indonesia'. *Ecology and Society*, vol. 17:1. https://www.jstor.org/stable/26269006

［55］ Janis Brizga, Klaus Hubacek and Kuishuang Feng, 2020. 'The unintended side effects of bioplastics: Carbon, land, and water footprints'. *One Earth*, vol. 3:4, pp. 515–16. https://doi.org/10.1016/j.oneear. 2020.06.016

［56］ Tolhurst Organic, 2018. *Tolly's Rambles: Plastic Confessional*. Tolhurst Organic Partnership, 3 May. https://www.tolhurstorganic. co.uk/2018/05/tollys-rambles-plastic-confessional

第 5 章

［1］ 'Rivercide: The world's first live investigative documentary'. https://www.youtube.com/watch?v=5ID0VAUNANA

［2］ Hannah Ritchie, 12 July 2021. 'Three billion people cannot afford a healthy diet'. https://ourworldindata.org/diet-affordability#a-healthydiet-three-billion-people-cannot-afford-one

［3］ South Oxfordshire Food & Education Academy. SOFEA. https://www. sofea.uk.com

［ 4 ］   FareShare. https://fareshare.org.uk

［ 5 ］   FareShare, pers comm.

［ 6 ］   Jo Dyson, head of food at FareShare, pers comm.

［ 7 ］   Feedback Global, 2018. *Farmers Talk Food Waste. Supermarkets' Role in Crop Waste on UK Farms.* https://feedbackglobal.org/wp-content/uploads/2018/08/Farm_waste_ report_.pdf

［ 8 ］   Charlie Spring, 2020. 'How foodbanks went global'. *New Internationalist*, 10 November. https://newint.org/immersive/2020/11/10/howfoodbanks-went-global

［ 9 ］   Jenny Gustavsson et al., 2011. *Global Food Losses and Food Waste: Extent, Causes and Prevention.* Food and Agriculture Organization of the United Nations (FAO). http://www.fao.org/3/i2697e/i2697e.pdf

［ 10 ］   Brian Lipinski et al., 2017. *SDG Target 12.3 on Food Loss and Waste: 2017 Progress Report.* World Resources Institute – Champions 12.3. https://champions123.org/sites/ default/files/ 2020- 09/ champions- 12- 3- 2017-progress-report.pdf

［ 11 ］   Waste & Resources Action Programme, 2008. *The Food We Waste.* https://wrap. s3.amazonaws.com/ the- food- we- waste- executive-summary.pdf

［ 12 ］   Food and Agriculture Organization of the United Nations (FAO). *Technical Platform on the Measurement and Reduction of Food Loss and Waste.* http://www.fao.org/ platform-food-loss-waste/en

［ 13 ］   Melanie Saltzman, Christopher Livesay and Mark Bittman, 2019. 'Is France's groundbreaking food-waste law working?' *PBS Newshour*, Pulitzer Center, 1 September. https://pulitzercenter.org/stories/frances-groundbreaking-food-waste-law-working

［ 14 ］   Yanne Goossens, Alina Wegner and Thomas Schmidt, 2019. *Sustainability Assessment of Food Waste Prevention Measures: Review of Existing Evaluation Practices.* Frontiers in Sustainable Food Systems, vol. 3. https://doi.org/10.3389/fsufs.2019.00090

［ 15 ］   UN Food and Agriculture Organization, 2015. *Food Wastage Footprint & Climate Change.* https://www.fao.org/3/bb144e/bb144e.pdf

［ 16 ］   Purabi R. Ghosh et al., 2015. 'An Overview of Food Loss and Waste: Why Does It Matter?' *COSMOS*, vol. 11:1, pp. 89–103. https://doi. org/10.1142/ S0219607715500068

［ 17 ］   William F. Laurance, Miriam Goosem and Susan G. W. Laurance, 2009. 'Impacts of roads and linear clearings on tropical forests'. *Trends in Ecology & Evolution*, vol. 24:12, pp. 659–69. https://doi.org/10.1016/j. tree.2009.06.009

［ 18 ］   William F. Laurance, Jeffrey Sayer and Kenneth G. Cassman, 2014. 'Agricultural expansion and its impacts on tropical nature'. *Trends in Ecology & Evolution*, vol. 29:2, pp. 107–16. https://doi.org/10.1016/j. tree.2013.12.001

［ 19 ］   Ibid.

［20］ William F. Laurance et al., 2006. 'Impacts of roads and hunting on Central African rainforest mammals'. *Conservation Biology*, vol. 20:4, pp. 1251–61. https://doi. org/10.1111/j.1523–1739.2006.00420.x

［21］ Walter Willett et al., 2019. 'Food in the Anthropocene: the EAT–Lancet Commission on healthy diets from sustainable food systems'. *The Lancet*, vol. 393:10170, pp. 447– 92. https://doi.org/10.1016/S0140-6736 (18)31788-4

［22］ Anjum Klair, 2020. 'The five-week wait for first payment of universal credit is unnecessary and unacceptable'. Trades Union Congress (TUC), 10 November. https:// www.tuc.org.uk/blogs/five-week-wait-first-payment-universal-credit-unnecessary-and-unacceptable

［23］ Rachel Loopstra and Doireann Lalor, 2017. 'Financial insecurity, food insecurity, and disability: The profile of people receiving emergency food assistance from The Trussell Trust Foodbank Network in Britain'. The Trussell Trust. https://www.trusselltrust.org/ wp-content/uploads/sites/2/2017/07/OU_Report_final_01_08_online2.pdf

［24］ Alice Goisis, Amanda Sacker and Yvonne Kelly, 2015. 'Why are poorer children at higher risk of obesity and overweight? A UK cohort study'. *European Journal of Public Health*, vol. 26:1, pp. 7–13. https://doi. org/10.1093/eurpub/ckv219

［25］ Helen P. Booth, Judith Charlton and Martin C. Gulliford, 2017. 'Socioeconomic inequality in morbid obesity with body mass index more than 40kg/m2 in the United States and England'. *SSM – Population Health*, vol. 3, pp. 172–8. https://doi. org/10.1016/j.ssmph.2016.12.012

［26］ Felicity Lawrence, 2013. *Not on the Label – What Really Goes into the Food on Your Plate*. Penguin Books, London. https://www.penguin. co.uk/books/54815/not-on-the-label/9780241967829.html

［27］ Food and Agriculture Organization of the United Nations (FAO), the International Fund for Agricultural Development (IFAD), the United Nations Children's Fund (UNICEF), the World Food Programme (WFP) and the World Health Organization (WHO), 2020. *The State of Food Security and Nutrition in the World 2020: Transforming Food Systems for Affordable Healthy Diets*. Rome, FAO. https://doi.org/10. 4060/ca9692en

［28］ Rocco Barazzoni and Gianluca Gortan Cappellari, 2020. 'Double burden of malnutrition in persons with obesity'. *Reviews in Endocrine and Metabolic Disorders*, vol. 21, pp. 307–13. https://doi.org/10.1007/s11154-020-09578-1

［29］ Pilyoung Kim et al., 2017. 'How socioeconomic disadvantages get under the skin and into the brain to influence health development across the lifespan', in N. Halfon, C. Forrest, R. Lerner and E. Faustman (eds.), *Handbook of Life Course Health Development*. Springer, Cham. https://doi.org/10.1007/978-3-319-47143-3_19

［30］ The Equality Trust. 'Obesity – Obesity is less common in more equal societies'. https:// www.equalitytrust.org.uk/obesity

［31］ Anthony Rodgers et al., 2018. 'Prevalence trends tell us what did not precipitate the US obesity epidemic'. *The Lancet Public Health*, vol. 3:4, E162–3. https://doi.org/10.1016/ S2468-2667(18)30021–5

［32］ Carl Baker, 2021. *Research Briefing – Obesity Statistics*. House of Commons Library, 11 January. https://commonslibrary.parliament.uk/research-briefings/ sn03336/#fullreport

［33］ Ferris Jabr, 2016. 'How sugar and fat trick the brain into wanting more food'. *Scientific American*, 1 January. https://www.scientifi camerican.com/article/ how-sugar- and- fat- trick- the- brain- into-wanting-more-food

［34］ Kevin Hall et al., 2019. 'Ultra-processed diets cause excess calorie intake and weight gain: An inpatient randomized controlled trial of ad libitum food intake'. *Cell Metabolism*, vol. 30, pp. 67–77. https://doi. org/10.1016/j.cmet.2019.05.008

［35］ Sarah Boseley, 2018. 'Food firms could face litigation over neuromarketing to hijack brains'. *The Guardian*, 25 May. https://www.theguardian.com/society/2018/may/25/ food- firms- may- face-litigation-over-neuromarketing-to-hijack-brains

［36］ Anahad O'Connor, 2015. 'Coca Cola funds scientists who shift blame for obesity away from bad diets'. *The New York Times*, 9 August. https://well.blogs.nytimes. com/2015/08/09/ coca- cola- funds-scientists-who-shift-blame-for-obesity-away-from-bad-diets

［37］ Cristin E. Kearns, Laura A. Schmidt and Stanton A. Glantz, 2016. 'Sugar industry and coronary heart disease research – A historical analysis of internal industry documents'. *JAMA Internal Medicine*, vol. 176:11, pp. 1680–5. https://doi.org/10.1001/ jamainternmed.2016.5394

［38］ WhyHunger, 2020. *We Can't 'Foodbank' Our Way Out of Hunger: From Charity to a Social Justice Funding Model*. Sustainable Agriculture and Food Systems Funders (SAFSF), 22 October. https://www.agandfoodfunders.org/event/we-cant-foodbank-our-way-out-of-hunger

［39］ The Trussell Trust, 2021. 'Trussell Trust data briefing on end-of-year statistics relating to use of food banks: April 2020 – March 2021', 22 April. https://www.trusselltrust. org/ wp- content/uploads/sites/2/2021/04/ Trusell-Trust-End-of-Year-stats-data-briefing_2020_21.pdf

［40］ Spring, ibid.

［41］ UK Food Standards Agency, 2020. *Covid19 Research Tracker – Wave Four*, 12 August. https://data.food.gov.uk/catalog/datasets/da60fd93- be85-4a6b-8fb6-63eddf32eeab

［42］ Oxford Real Farming Conference, 2020. *#ORFC20 A Food Strategy for the UK: Local Food Systems and Access to Healthy, Affordable Food*, 18 January. https://www. youtube.com/watch?v=jA8kGRLAWu0

［43］ Alastair Smith, 2021. 'Why global food prices are higher today than for most of modern history', 27 September. https://theconversation.com/why- global- food- prices-are- higher- today- than- for- most- of- modern-history-168210

[44] Willett et al., ibid.

[45] George Monbiot, 2018. 'The UK government wants to put a price on nature – but that will destroy it'. *The Guardian*, 15 May. https://www.theguardian.com/commentisfree/2018/may/15/ price- natural-world-destruction-natural-capital

[46] Nyéléni Forum 2007. *Declaration of the Forum for Food Sovereignty, Nyéléni, Sélingué, Mali*, 27 February. https://nyeleni.org/spip.php? article290

[47] Ibid.

[48] Oxford Real Farming Conference, 2020. 'ORFC 2020 Patrick Holden in conversation with George Monbiot', 16 January. https://www.you-tube.com/watch?v=fB2F5GsOUCU

[49] David P. Edwards et al., 2015. 'Land-sparing agriculture best protects avian phylogenetic diversity'. *Current Biology*, vol. 25:18, pp. 2384–91. https://doi.org/10.1016/j.cub.2015.07.063

[50] Andrew Balmford et al., 2018. 'The environmental costs and benefits of high-yield farming'. *Nature Sustainability*, vol. 1, pp. 477–85. https://doi.org/10.1038/s41893-018-0138-5

[51] Pat Mooney et al., 2021. *A Long Food Movement: Transforming Food Systems by 2045*. The International Panel of Experts on Sustainable Food Systems (IPES-Food) and ETC Group. http://www.ipes-food. org/_img/upload/files/LongFoodMovementEN.pdf

[52] La Via Campesina, 2021. 'Global Solidarity Actions demand equal ownership of land, recognition of women's work and a world free of violence', 25 March. https://viacampesina.org/en/08-march-global-solidarity- actions- demand- equal- ownership-of- land- recognition- of-womens-work-and-a-world-free-of-violence

[53] La Via Campesina, 2021. 'The path of peasant and popular feminism in La Via Campesina'. https://viacampesina.org/en/wp-content/uploads/sites/2/2021/06/ Peasant-and- Popular- Feminism- Publication- LVC- 2021-EN.pdf

[54] La Via Campesina, 2021. 'Food sovereignty, a manifesto for the future of our planet', 13 October. https://viacampesina.org/en/food-sovereignty-a-manifesto-for-the-future-of-our-planet-la-via-campesina

[55] Pekka Kinnunen et al., 2020. 'Local food crop production can fulfil demand for less than one-third of the population'. *Nature Food*, vol. 1, pp. 229–37. https://doi.org/10.1038/s43016-020-0060-7

[56] Richard Reynolds. *Guerrilla Gardening blog*. http://www.guerrillagardening.org

[57] Mooney et al., ibid.

[58] George Monbiot, 2010. 'Towering lunacy', 16 August. https://www. monbiot.

com/2010/08/16/towering-lunacy

[59] Chris Beytes, 2017. *FarmedHere Shuts Down*. Grower Talks, 29 March. https://www.growertalks.com/Article/?articleid=22890

[60] Urvaksh Karkaria, 2016. 'Bloom to bust: The birth and death of Atlanta startup PodPonics'. *Atlanta Business Chronicle*, 20 June. https://www.bizjournals.com/atlanta/print- edition/2016/06/17/ bloom-to-bust-the-birth-and-death-of-an-atlanta.html

[61] Jennifer Marston, 2019. 'What Plantagon's bankruptcy could tell us about the future of large-scale vertical farming'. *The Spoon*, 1 March. https://thespoon.tech/ what-plantagons- bankruptcy- could- tell-us-about-the-future-of-large-scale-vertical-farming

[62] Edward Game et al., 2014. 'Conservation in a wicked complex world: Challenges and solutions'. *Conservation Letters*, vol. 7, pp. 271–7. https://doi.org/10.1111/conl.12050

第 6 章

[1] Joseph M. Awika, 2011. *Major Cereal Grains Production and Use around the World*. Advances in Cereal Science: Implications to Food Processing and Health Promotion, ACS Symposium Series, vol. 1089, pp. 1–13. https://doi.org/10.1021/bk-2011-1089.ch001

[2] Green Alliance, 2021. *Net Zero Policy Tracker, April 2021 Update*. https:// green-alliance.org.uk/resources/Net_zero_policy_tracker_April_2021.pdf

[3] Niels Corfield, 2020. *Wet on Top Dry Underneath*. https://nielscor field.com/soil-health/wet-on-top-dry-underneath

[4] David C. Coleman, 2017. *Fundamentals of Soil Ecology*. Academic Press, Cambridge, MA. https://www.elsevier.com/search-results?query=9780128052518

[5] Jan Willem van Groenigen et al., 2014. 'Earthworms increase plant production: A meta-analysis'. *Scientific Reports*, vol. 4, article 6365. https://doi.org/10.1038/srep06365

[6] Lorna J. Cole, Jenni Stockan and Rachel Helliwell, 2020. 'Managing riparian buffer strips to optimise ecosystem services: A review'. *Agriculture, Ecosystems & Environment*, vol. 296. https://doi.org/10.1016/j.agee.2020.106891

[7] Humberto Blanco-Canqui and Rattan Lal, 2010. 'Buffer strips', in *Principles of Soil Conservation and Management*, Springer, Dordrecht, pp. 223–57. https://doi.org/10.1007/978-1-4020-8709-7_9

[8] Eduardo González et al., 2017. 'Integrative conservation of riparian zones'. *Biological Conservation*, vol. 211, part B, pp. 20–9. https://doi. org/10.1016/j.biocon.2016.10.035

[9] María Sol Balbuena et al., 2015. 'Effects of sublethal doses of glyphosate on honeybee navigation'. *Journal of Experimental Biology*, vol. 218:17, pp. 2799–805. https://doi.org/10.1242/jeb.117291

[10] Pingli Dai et al., 2018. 'The herbicide glyphosate negatively affects midgut bacterial

communities and survival of honeybee during larvae reared in vitro'. *Journal of Agricultural and Food Chemistry*, vol. 66:29, pp. 7786–93. https://doi.org/10.1021/acs. jafc.8b02212

[11] Abbas Güngördü, Miraç Uçkun and Ertan Yoloğlu, 2016. 'Integrated assessment of biochemical markers in premetamorphic tadpoles of three amphibian species exposed to glyphosate- and methidathionbased pesticides in single and combination forms'. *Chemosphere*, vol. 144, pp. 2024–35. https://doi.org/10.1016/j.chemosphere.2015.10.125

[12] Sonia Soloneski, Celeste Ruiz de Arcaute and Marcelo L. Larramendy, 2016. 'Genotoxic effect of a binary mixture of dicamba- and glyphosatebased commercial herbicide formulations on *Rhinella arenarum* (Hensel, 1867) (*Anura, Bufonidae*) late-stage larvae'. *Environmental Science and Pollution Research*, vol. 23, pp. 17811–21. https://doi.org/10.1007/s11356-016-6992-7

[13] Rafael Zanelli Rissoli et al., 2016. 'Effects of glyphosate and the glyphosate-based herbicides Roundup Original® and Roundup Transorb® on respiratory morphophysiology of bullfrog tadpoles'. *Chemosphere*, vol. 156, pp. 37–44. https://doi.org/10.1016/j. chemosphere.2016.04.083

[14] Ming-Hui Li et al., 2017. 'Metabolic profiling of goldfish (*Carassius auratis*) after long-term glyphosate-based herbicide exposure'. *Aquatic Toxicology*, vol. 188, pp. 159–69. https://doi.org/10.1016/j.aquatox. 2017.05.004

[15] Sofia Guilherme et al., 2009. 'Tissue specific DNA damage in the European eel (*Anguilla anguilla*) following a short-term exposure to a glyphosate-based herbicide'. *Toxicology Letters*, vol. 189, supplement, p. S212. https://doi.org/10.1016/j.toxlet.2009.06.550

[16] Jimena L. Frontera et al., 2011. 'Effects of glyphosate and polyoxyethylenamine on growth and energetic reserves in the freshwater crayfish *Cherax quadricarinatus* (*Decapoda, Parastacidae*)'. *Archives of Environmental Contamination and Toxicology*, vol. 61, pp. 590–8. https://doi.org/10.1007/s00244-011-9661-3

[17] Valerio Matozzo et al., 2018. 'Ecotoxicological risk assessment for the herbicide glyphosate to non-target aquatic species: A case study with the mussel *Mytilus galloprovincialis* '. *Environmental Pollution*, vol. 233, pp. 623–32. https://doi. org/10.1016/j.envpol.2017.10.100

[18] Cong Wang et al., 2016. 'Differential growth responses of marine phytoplankton to herbicide glyphosate'. *PLOS One*, vol. 11:3. https://doi. org/10.1371/journal. pone.0151633

[19] Louis Carles et al., 2019. 'Meta-analysis of glyphosate contamination in surface waters and dissipation by biofilms'. *Environment International*, vol. 124, pp. 284–93. https://doi.org/10.1016/j.envint.2018.12.064

[20] Philip Mercurio et al., 2014. 'Glyphosate persistence in seawater'. *Marine Pollution Bulletin*, vol. 85:2, pp. 385–90. https://doi.org/10. 1016/j.marpolbul.2014.01.021

[21] Valerio Matozzo, Jacopo Fabrello and Maria Gabriella Marin, 2020. 'The effects of glyphosate and its commercial formulations to marine invertebrates: A review'. *Journal of Marine Science and Engineering*, vol. 8:6, p. 399. https://doi.org/10.3390/jmse8060399

[22] Todd Funke et al., 2006. 'Molecular basis for the herbicide resistance of Roundup Ready crops'. *Proceedings of the National Academy of Sciences*, vol. 103:35, pp. 13010–15. https://doi.org/10.1073/pnas. 0603638103

[23] A. H. C. Van Bruggen et al., 2018. 'Environmental and health effects of the herbicide glyphosate'. *Science of the Total Environment*, vols. 616–17, pp. 255–68. https://doi. org/10.1016/j.scitotenv.2017.10.309

[24] Laura Arango et al., 2014. 'Effects of glyphosate on the bacterial community associated with roots of transgenic Roundup Ready® soybean'. *European Journal of Soil Biology*, vol. 63, pp. 41–8. https://doi. org/10.1016/j.ejsobi.2014.05.005

[25] M. Druille et al., 2015. 'Glyphosate vulnerability explains changes in root-symbionts propagules viability in pampean grasslands'. *Agriculture, Ecosystems & Environment*, vol. 202, pp. 48–55. https://doi. org/10.1016/j.agee.2014.12.017

[26] María C. Zabaloy et al., 2015. 'Soil ecotoxicity assessment of glyphosate use under field conditions: Microbial activity and community structure of Eubacteria and ammonia-oxidising bacteria'. *Pest Management Science*, vol. 72:4, pp. 684–91. https:// doi.org/10.1002/ps.4037

[27] Tsuioshi Yamada et al., 2009. 'Glyphosate interactions with physiology, nutrition, and diseases of plants: Threat to agricultural sustainability?', *European Journal of Agronomy*, vol. 31:3, pp. 111–13. http://www.lcb.esalq.usp.br/publications/articles/2009/2009ejav31n3p111-113.pdf

[28] Elena Okada, José Luis Costa and Francisco Bedmar, 2019. 'Glyphosate dissipation in different soils under no-till and conventional tillage'. *Pedosphere*, vol. 29:6, pp. 773–83. https://doi.org/10.1016/S1002-0160(17)60430-2

[29] Yong-Guan Zhu et al., 2019. 'Soil biota, antimicrobial resistance and planetary health'. *Environment International*, vol. 131. https://doi. org/10.1016/j.envint.2019.105059

[30] Paulo Durão, Roberto Balbontín and Isabel Gordo, 2018. 'Evolutionary mechanisms shaping the maintenance of antibiotic resistance'. *Trends in Microbiology*, vol. 26:8, pp. 677–91. https://doi.org/10.1016/j.tim.2018. 01.005

[31] Hanpeng Liao et al., 2021. 'Herbicide selection promotes antibiotic resistance in soil microbiomes'. *Molecular Biology and Evolution*, vol. 38:6, pp. 2337–50. https://doi. org/10.1093/molbev/msab029

[32] Anne Mendler et al., 2020. 'Mucosal-associated invariant T-Cell (MAIT) activation

is altered by chlorpyrifos- and glyphosate-treated commensal gut bacteria'. *Journal of Immunotoxicology*, vol. 17:1, pp. 10–20. https://doi.org/10.1080/154769 1X.2019.1706672

[33] Sebastian T. Soukup et al., 2020. 'Glyphosate and AMPA levels in human urine samples and their correlation with food consumption: Results of the cross-sectional KarMeN study in Germany'. *Archives of Toxicology*, vol. 94, pp. 1575–84. https://doi. org/10.1007/s00204-020- 02704-7

[34] Braeden Van Deynze, Scott Swinton and David Hennessy, 2018. 'Are glyphosate-resistant weeds a threat to conservation agriculture? Evidence from tillage practices in soybean'. Conference Paper/Presentation, Agricultural and Applied Economics Association, no. 274360. https://doi. org/10.22004/ag.econ.274360

[35] Mailin Gaupp-Berghausen et al., 2015. 'Glyphosate-based herbicides reduce the activity and reproduction of earthworms and lead to increased soil nutrient concentrations'. *Nature Scientific Reports*, vol. 5, article 12886. https://doi.org/10.1038/ srep12886

[36] María Jesús I. Briones and Olaf Schmidt, 2017. 'Conventional tillage decreases the abundance and biomass of earthworms and alters their community structure in a global meta-analysis'. *Global Change Biology*, vol. 23:10, pp. 4396–419. https://doi. org/10.1111/gcb.13744

[37] Niki Grigoropoulou, Kevin R. Butt and Christopher N. Lowe, 2008. 'Effects of adult *Lumbricus terrestris* on cocoons and hatchlings in Evans' boxes'. *Pedobiologia*, vol. 51:5–6, pp. 343–9. https://doi.org/10.1016/j.pedobi.2007.07.001

[38] Maria A. Tsiafouli et al., 2015. 'Intensive agriculture reduces soil biodiversity across Europe'. *Global Change Biology*, vol. 21:2, pp. 973–985. https://doi.org/10.1111/ gcb.12752

[39] Stacy M. Zuber and María B. Villamil, 2016. 'Meta-analysis approach to assess effect of tillage on microbial biomass and enzyme activities'. *Soil Biology and Biochemistry*, vol. 97, pp. 176–87. https://doi.org/10.1016/j.soilbio.2016.03.011

[40] UK Government Natural Capital Committee, April 2017. *How to Do It: A Natural Capital Workbook, Version 1*. Department for Environment, Food & Rural Affairs. https://assets.publishing.service.gov.uk/government/uploads/system/uploads/ attachment_data/file/957503/ncc-natural-capital-workbook.pdf

[41] Lucinda Dann, 2018. 'Video: Crimper roller trial aims to kill cover crops without herbicides'. *Farmers Weekly*, 28 June. https://www.fwi. co.uk/arable/ land- preparation/ cover- crops/ video- crimper- roller-trial-aims-to-kill-cover-crops-without-herbicides

[42] Damian Carrington, 2021. 'Killer farm robot dispatches weeds with electric bolts'. *The Guardian*, 29 April. https://www.theguardian.com/environment/2021/apr/29/ killer-farm- robot- dispatches-weeds-with-electric-bolts

［43］ FarmWise, 2021. 'Titan FT35 pay-per-acre model'. https://farmwise.io/services

［44］ Cameron M. Pittelkow et al., 2015. 'When does no-till yield more? A global meta-analysis'. *Field Crops Research*, vol. 183, pp. 156–68. https://doi.org/10.1016/j.fcr.2015.07.020

［45］ Ademir Calegari et al., 2014. 'Conservation agriculture in Brazil', in *Conservation Agriculture: Global Prospects and Challenges*, ch. 3, pp. 54–87. https://doi.org/10.1079/9781780642598.0054

［46］ Peter R. Hobbs, Ken Sayre and Raj Gupta, 2007. 'The role of conservation agriculture in sustainable agriculture'. *Philosophical Transactions of the Royal Society B: Biological Sciences*, vol. 363:1491. https://doi.org/10.1098/rstb.2007.2169

［47］ Peter R. Hobbs and Raj K. Gupta, 2003. 'Resource-conserving technologies for wheat in the rice-wheat system', in *Improving the Productivity and Sustainability of Rice-Wheat Systems: Issues and Impacts*. https://doi.org/10.2134/asaspecpub65.c7

［48］ Krutika Pathi and Arvind Chhabra, 2020. 'Stubble burning: Why it continues to smother north India'. *BBC News*, 30 November. https://www.bbc.co.uk/news/world-asia-india-54930380

［49］ Cameron M. Pittelkow et al., 2015. 'Productivity limits and potentials of the principles of conservation agriculture'. *Nature*, vol. 517, pp. 365–8. https://doi.org/10.1038/nature13809

［50］ N. Verhulst et al., 2010. 'Conservation agriculture, improving soil quality for sustainable production systems?', in *Food Security and Soil Quality*. https://www.taylorfrancis.com/chapters/edit/10.1201/EBK1439800577- 7/ conservation-agriculture- improving- soil- quality-sustainable- production- systems- verhulst-govaerts- verachtert-castellanos-navarrete-mezzalama-wall-chocobar-deckers-sayre

［51］ Humberto Blanco-Canqui and Sabrina J. Ruis, 2018. 'No-tillage and soil physical environment'. *Geoderma*, vol. 326, pp. 164–200. https://doi.org/10.1016/j.geoderma.2018.03.011

［52］ Zhongkui Luo, Enli Wang and Osbert J. Sun, 2010. 'Can no-tillage stimulate carbon sequestration in agricultural soils? A meta-analysis of paired experiments'. *Agriculture, Ecosystems & Environment*, vol. 139:1–2, pp. 224–31. https://doi.org/10.1016/j.agee.2010.08.006

［53］ Stefani Daryanto, Lixin Wang and Pierre-André Jacinthe, 2017. 'Impacts of no-tillage management on nitrate loss from corn, soybean and wheat cultivation: A meta-analysis'. *Scientific Reports*, vol. 7, article 12117. https://doi.org/10.1038/s41598-017-12383-7

［54］ Kenneth G. Cassman, Achim Dobermann and Daniel T. Walters, 2002. 'Agroecosystems, nitrogen-use efficiency, and nitrogen management'. *Ambio – A Journal of Environment and Society*, vol. 31:2, pp. 132–40. https://doi.

org/10.1579/0044-7447-31.2.132

[55] Daniel Elias, Lixin Wang and Pierre-Andre Jacinthe, 2018. 'A metaanalysis of pesticide loss in runoff under conventional tillage and no-till management'. *Environmental Monitoring and Assessment*, vol. 190, article 79. https://doi.org/10.1007/s10661-017-6441-1

[56] Rolf Derpsch et al., 2010. 'Current status of Adoption of no-till farming in the world and some of its main benefits'. *International Journal of Agricultural and Biological Engineering*, vol. 3:1. https://ijabe.org/index.php/ijabe/article/viewFile/223/113

[57] Hobbs, Sayre and Gupta, ibid.

[58] Olaf Erenstein et al., 2012. 'Conservation agriculture in maize- and wheat-based systems in the (sub)tropics: Lessons from adaptation initiatives in South Asia, Mexico, and Southern Africa'. *Journal of Sustainable Agriculture*, vol. 36:2, pp. 180–206. https://doi.org/10.1080/1 0440046.2011.620230

[59] Hobbs, Sayre and Gupta, ibid.

[60] George Rapsomanikis, 2015. 'The economic lives of smallholder farmers: An analysis based on household data from nine countries'. Food and Agriculture Organization of the United Nations, Rome. http://www.fao.org/3/i5251e/i5251e.pdf

[61] Emma Hamer, 2016. 'Can we continue to grow oilseed rape in the UK?' National Farmers Union. https://www.nfuonline.com/sectors/crops/crops-news/blog-can-we-continue-to-grow-oilseed-rape-in-the

[62] Timothy M. Bowles, 2020. 'Long-term evidence shows that croprotation diversification increases agricultural resilience to adverse growing conditions in North America'. *One Earth*, vol. 2:3, pp. 284–93. https://doi.org/10.1016/j.oneear.2020.02.007

[63] Paula Sanginés de Cárcer et al., 2019. 'Long-term effects of crop succession, soil tillage and climate on wheat yield and soil properties'. *Soil and Tillage Research*, vol. 190, pp. 209–19. https://doi.org/10.1016/j.still. 2019.01.012

[64] Jeremy Cherfas, 2020. 'The worst thing since sliced bread: The Chorleywood bread process'. Dublin Gastronomy Symposium, Disruptive Technology, Food and Disruption. https://doi.org/10.21427/99cm-eb95

[65] Felicity Lawrence, 2013. *Not on the Label: What Really Goes into the Food on Your Plate*. Penguin, London. https://www.penguin.co.uk/books/548/54815/not-on-the-label/9780241967829.html

[66] Cherfas, ibid.

[67] Pat M. Burton et al., 2011. 'Glycemic impact and health: New horizons in white bread formulations'. *Critical Reviews in Food Science and Nutrition*, vol. 51:10, pp. 965–82. https://doi.org/10.1080/10408398.2 010.491584

[68] Andrew S. Ross, 2019. *A Shifting Climate for Grains and Flour*. Cereals & Grains Association. https://www.cerealsgrains.org/publications/cfw/2019/September–October/

Pages/CFW-64-5-0050.aspx

[69]　Steve Gliessman, 2011. 'Transforming food systems to sustainability with agroecology'. *Journal of Sustainable Agriculture*, vol. 35:8, pp. 823–5. https://doi.org/10.1080/10440046.2011.611585

[70]　Colin Ray Anderson, 2019. 'From transition to domains of transformation: Getting to sustainable and just food systems through agroecology'. *Sustainability*, vol. 11:19, pp. 5272. https://doi.org/10.3390/su111 95272

[71]　Mateo Mier y Terán Giménez Cacho et al., 2018. 'Bringing agroecology to scale: Key drivers and emblematic cases'. *Agroecology and Sustainable Food Systems*, vol. 42:6, pp. 637–65. https://doi.org/10.1080/216 83565.2018.1443313

[72]　Laura Pereira, Rachel Wynberg and Yuna Reis, 2018. 'Agroecology: The future of sustainable farming?' *Environment: Science and Policy for Sustainable Development*, vol. 60:4, pp. 4–17. https://doi.org/10.10 80/00139157.2018.1472507

[73]　Oliver Rackham, 2020. *The History of the Countryside*. Weidenfeld & Nicolson, London. https://www.weidenfeldandnicolson.co.uk/titles/oliver-rackham/the-history-of-the-countryside/9781474614023

[74]　FarmED. *Farm & Food Education*. https://www.farm-ed.co.uk

[75]　Li Guo Qiang et al., 2009. 'Dynamic analysis on response of dry matter accumulation and partitioning to nitrogen fertilizer in wheat cultivars with different plant types'. *Acta Agronomica Sinica*, vol. 35:12, pp. 2258–65. https://doi.org/10.3724/SP.J.1006.2009.02258

[76]　Tejendra Chapagain, Laura Super and Andrew Riseman, 2014. 'Root architecture variation in wheat and barley cultivars'. *Journal of Experimental Agriculture International*, vol. 4:7, pp. 849–56. https://doi. org/10.9734/AJEA/2014/9462

[77]　S. Jeffery and F. G. A. Verheijen, 2020. 'A new soil health policy paradigm: Pay for practice not performance!', *Environmental Science & Policy*, vol. 112, pp. 371–3. https://doi.org/10.1016/j.envsci.2020.07.006

[78]　I. K. S. Andrew, J. Storkey and D. L Sparkes, 2015. 'A review of the potential for competitive cereal cultivars as a tool in integrated weed management'. *Weed Research*, vol. 55:3, pp. 239–48. https://doi.org/10.1111/wre.12137

[79]　Jo Smith et al., 2017. *Lessons Learnt: Silvoarable Agroforestry in the UK (Part 1)*. AgForward, Agroforestry for Europe. https://www.agforward.eu/index.php/en/ silvoarable- agroforestry- in- the- uk. html?file=files/agforward/documents/LessonsLearnt/WP4_UK_Silvoarable_1_lessons_learnt.pdf

[80]　Peter R. Shewry, Till K. Pellny and Alison Lovegrove, 2016. 'Is modern wheat bad for health?' *Nature Plants*, vol. 2, article 16097. https://doi.org/10.1038/nplants.2016.97

[81]　Peter Shewry et al., 2020. 'Do modern types of wheat have lower quality for human health?' *Nutrition Bulletin*, vol. 45:4, pp. 362–73. https://doi.org/10.1111/nbu.12461

［82］ Peter Shewry et al., 2017. 'Defining genetic and chemical diversity in wheat grain by 1H-NMR spectroscopy of polar metabolites'. *Molecular Nutrition & Food Research*, vol. 61, article 1600807. https://doi. org/10.1002/mnfr.201600807

［83］ J. I. Macdiarmid and S. Whybrow, 2019. 'Nutrition from a climate change perspective. Conference on "Getting energy balance right",Symposium 5: Sustainability of food production and dietary recommendations'. *Proceedings of the Nutrition Society*, vol. 78:3, pp. 380–7. https://doi.org/10.1017/S0029665118002896

［84］ Andrew S. Ross, 2019. *A Shifting Climate for Grains and Flour*. Cereals & Grains Association. https://www.cerealsgrains.org/publications/cfw/2019/September–October/Pages/CFW-64-5-0050.aspx

［85］ Burton et al., ibid.

［86］ Hannah Ritchie, 2021. 'If the world adopted a plant-based diet we would reduce global agricultural land use from 4 to 1 billion hectares'. Our World in Data, viewed 2022. Land use per kilogram of food product. https://ourworldindata.org/grapher/land-use-per-kg-poore

［87］ Mier y Terán Giménez Cacho et al., ibid.

［88］ Meagan E. Schipanski et al., 2016. 'Realizing resilient food systems'. *BioScience*, vol. 66:7, pp. 600–10. https://doi.org/10.1093/biosci/biw052

［89］ Steven Lawry et al., 2017. 'The impact of land property rights interventions on investment and agricultural productivity in developing countries: A systematic review'. *Journal of Development Effectiveness*, vol. 9:1, pp. 61–81. https://doi.org/10.1080/194 39342.2016.1160947

［90］ Ward Anseeuw and Giulia Maria Baldinelli, 2020. *Uneven Ground: Land Inequality at the Heart of Unequal Societies*. International Land Coalition and Oxfam. https://oi-files-d8-prod.s3.eu-west-2. amazonaws.com/ s3fs- public/ 2020- 11/ uneven- ground-land- inequality-unequal-societies.pdf

［91］ Mauricio Betancourt, 2020. 'The effect of Cuban agroecology in mitigating the metabolic rift: A quantitative approach to Latin American food production'. *Global Environmental Change*, vol. 63, article 102075. https://doi.org/10.1016/j.gloenvcha.2020.102075

［92］ Miguel A. Altieri, Fernando R. Funes-Monzote and Paulo Petersen, 2012. 'Agroecologically efficient agricultural systems for smallholder farmers: Contributions to food sovereignty'. *Agronomy for Sustainable Development*, vol. 32, pp. 1–13. https://doi.org/10.1007/s13593- 011-0065-6

［93］ Marc-Olivier Martin-Guay et al., 2018. 'The new Green Revolution: Sustainable intensification of agriculture by intercropping'. *Science of the Total Environment*, vol. 615, pp. 767–72. https://doi.org/10.1016/j.scitotenv.2017.10.024

［94］ Brian Machovina, Kenneth J. Feeley and William J. Ripple, 2015. 'Biodiversity conservation: The key is reducing meat consumption'. *Science of the Total Environment*, vol. 536, pp. 419–31. https://doi.org/10.1016/j.scitotenv.2015.07.022

[95] Christian Dupraz et al., 2011. 'To mix or not to mix: Evidences for the unexpected high productivity of new complex agrivoltaic and agroforestry systems'. 5th World Congress of Conservation Agriculture incorporating 3rd Farming Systems Design Conference. https://vtechworks.lib.vt.edu/bitstream/handle/10919/70121/5015_WCCA_FSD_2011. pdf?sequence=1&is#page=219

[96] Matthew Heron Wilson and Sarah Taylor Lovell, 2016. 'Agroforestry – The next step in sustainable and resilient agriculture'. *Sustainability*, vol. 8:6, p. 574. https://doi. org/10.3390/su8060574

[97] Nicholas Carter. *The Secret to Farming for the Climate*. A Well-Fed World. https:// awellfedworld.org/issues/climate-issues/farming-forclimate

[98] Michael Langemeier and Elizabeth Yeager, 2016. *International Benchmarks for Wheat Production*. Purdue University Center for Commercial Agriculture. https://ag.purdue. edu/commercialag/Docu ments/Resources/ Mangagement- Strategy/ International- Benchmarks/2016_9_Langemeier_International_Benchmarks_for_Wheat_Production. pdf

[99] Monique Kleinhuizen, 2017. 'Kernz-huh? Could the perennial promise of Kernza benefit food, beer, and the world?', *The Growler*, 27 February. https://images.app.goo. gl/T9kjbo8v4NdGFSXy5

[100] The Land Institute. https://landinstitute.org

[101] Yanming Zhang et al., 2011. 'Potential of perennial crop on environmental sustainability of agriculture'. *Procedia Environmental Sciences*, vol. 10, pt. B, pp. 1141–7. https://doi.org/10.1016/j.proenv. 2011.09.182

[102] Frank Rasche et al., 2017. 'A preview of perennial grain agriculture: Knowledge gain from biotic interactions in natural and agricultural ecosystems'. *Ecosphere*, vol. 8:12. https://doi.org/10.1002/ecs2.2048

[103] Brandon Schlautman, 2018. 'Perennial grain legume domestication phase I: Criteria for candidate species selection'. *Sustainability*, vol. 10:3, p. 730. https://doi.org/10.3390/ su10030730

[104] Timothy E. Crews and Douglas J. Cattani, 2018. 'Strategies, advances, and challenges in breeding perennial grain crops'. *Sustainability*, vol. 10:7, article 2192. https://doi. org/10.3390/su10072192

[105] The Land Institute. *Perennial Crops: New Hardware for Agriculture*. https:// landinstitute.org/our-work/perennial-crops

[106] Schlautman, ibid.

[107] David L. Van Tassel et al., 2017. 'Accelerating *Silphium* domestication: An opportunity to develop new crop ideotypes and breeding strategies informed by

multiple disciplines'. *Crop Science*, vol. 57:3, pp. 1274–84. https://doi.org/10.2135/cropsci2016.10.0834

[108] David Van Tassel and Lee DeHaan, 2013. 'Wild plants to the rescue'. *American Scientist*, vol. 101:3, p. 218. https://www.americanscientist. org/article/wild-plants-to-the-rescue

[109] The Land Institute. *Kernza® Grain.* https://landinstitute.org/our-work/perennial-crops/kernza

[110] Frank Rasche et al., 2017. 'A preview of perennial grain agriculture: knowledge gain from biotic interactions in natural and agricultural ecosystems'. *Ecosphere*, vol. 8:12. https://doi.org/10.1002/ecs2.2048

[111] Alicia Ledo et al., 2020. 'Changes in soil organic carbon under perennial crops'. *Global Change Biology*, vol. 26:7, pp. 4158–68. https://doi. org/10.1111/gcb.15120

[112] Timothy E. Crews and Brian E. Rumsey, 2017. 'What agriculture can learn from native ecosystems in building soil organic matter: A review'. *Sustainability*, vol. 9:4, p. 578. https://doi.org/10.3390/su9040578

[113] S. W. Culman et al., 2010. 'Long-term impacts of high-input annual cropping and unfertilized perennial grass production on soil properties and belowground food webs in Kansas, USA, agriculture'. *Ecosystems & Environment*, vol. 137:1–2, pp. 13–24. https://doi.org/10. 1016/j.agee.2009.11.008

[114] Jerry D. Glover et al., 2010. 'Harvested perennial grasslands provide ecological benchmarks for agricultural sustainability'. *Agriculture, Ecosystems & Environment*, vol. 137:1–2, pp. 3–12. https://doi. org/10.1016/j.agee.2009.11.001

[115] C. Emmerling, 2014. 'Impact of land-use change towards perennial energy crops on earthworm population'. *Applied Soil Ecology*, vol. 84, pp. 12–15. https://doi. org/10.1016/j.apsoil.2014.06.006

[116] Frank Rasche et al., 2017. 'A preview of perennial grain agriculture: Knowledge gain from biotic interactions in natural and agricultural ecosystems'. *Ecosphere*, vol. 8:12. https://doi.org/10.1002/ecs2.2048117. Ibid.

[117] Virginia Nichols et al., 2015. 'Weed dynamics and conservation agriculture principles: A review'. *Field Crops Research*, vol. 183, pp. 56–68. https://doi.org/10.1016/j.fcr.2015.07.012

[118] Iris Lewandowski et al., 2003. 'The development and current status of perennial rhizomatous grasses as energy crops in the US and Europe'. *Biomass and Bioenergy*, vol. 25:4, pp. 335–61. https://doi.org/10.1016/S0961-9534(03)00030-8

[119] Marisa Lanker, Michael Bell and Valentin D. Picasso, 2019. 'Farmer perspectives and experiences introducing the novel perennial grain Kernza intermediate wheatgrass in the US Midwest'. *Renewable Agriculture and Food Systems*, vol. 35:6, pp. 653–62. https://doi. org/10. 1017/S1742170519000310

［120］ Richard G. Smith, 2015. 'A succession-energy framework for reducing non-target impacts of annual crop production'. *Agricultural Systems*, vol. 133, pp. 14–21. https://doi.org/10.1016/j.agsy.2014.10.006

［121］ Caterina Batello et al., 2014. *Perennial Crops for Food Security. Proceedings of the FAO Expert Workshop*. Food and Agriculture Organization of the United Nations (FAO). http://www.fao.org/3/i3495e/i3495e.pdf

［122］ C. M. Cox, K. A. Garrett and W. W. Bockus, 2005. 'Meeting the challenge of disease management in perennial grain cropping systems'. *Renewable Agriculture and Food Systems*, vol. 20:1, *Special Issue: Perennial Grain Crops: An Agricultural Revolution*, pp. 15–24. https://doi. org/10.1079/RAF200495

［123］ Rasche et al., ibid.

［124］ Batello et al., ibid.

［125］ Van Tassel and DeHaan, ibid.

［126］ J. D. Glover et al., 2010. 'Increased food and ecosystem security via perennial grains'. *Science*, vol. 328:5986, pp. 1638–9. https://doi. org/10.1126/science.1188761

［127］ Huang Guangfu et al., 2018. 'Performance, economics and potential impact of perennial rice PR23 relative to annual rice cultivars at multiple locations in Yunnan Province of China'. *Sustainability* (Switzerland), vol. 10:4. https://doi.org/10.3390/su10041086

［128］ The Land Institute. *Perennial Rice*. https://landinstitute.org/our-work/perennial-crops/perennial-rice

［129］ Ibid.

［130］ Claudia Ciotir et al., 2019. 'Building a botanical foundation for perennial agriculture: Global inventory of wild, perennial herbaceous *Fabaceae* species'. *Plants, People, Planet*, vol. 1:4, pp. 375–86. https://doi.org/10.1002/ppp3.37

［131］ The Land Institute. *Perennial Wheat*. https://landinstitute.org/ourwork/perennial-crops/perennial-wheat

［132］ Schlautman, ibid.

［133］ Matthias Albrecht, 2020. 'The effectiveness of flower strips and hedgerows on pest control, pollination services and crop yield: A quantitative synthesis'. *Ecology Letters*, vol. 23:10, pp. 1488–98. https://doi. org/10.1111/ele.13576

［134］ Dominik Ganser, Eva Knop and Matthias Albrecht, 2019. 'Sown wildflower strips as overwintering habitat for arthropods: Effective measure or ecological trap?', *Agriculture, Ecosystems & Environment*, vol. 275, pp. 123–31. https://doi.org/10.1016/j.agee.2019.02.010

［135］ David Kleijn et al., 2019. 'Ecological intensification: Bridging the gap between science and practice'. *Trends in Ecology & Evolution*, vol. 34:2, pp. 154–66. https://doi.org/10.1016/j.tree.2018.11.002

［136］ Richard F. Pywell et al., 2015. 'Wildlife-friendly farming increases crop yield: Evidence for ecological intensification'. *Proceedings of the Royal Society B: Biological Sciences*, vol. 282:1816. https://doi.org/10.1098/rspb.2015.1740

［137］ K. L. Collins et al., 2002. 'Influence of beetle banks on cereal aphid predation in winter wheat'. *Agriculture, Ecosystems & Environment*, vol. 93:1–3, pp. 337–50. https://doi.org/10.1016/S0167-8809(01) 00340-1

［138］ Albrecht, ibid.

［139］ B. A. Woodcock et al., 2010. 'Impact of habitat type and landscape structure on biomass, species richness and functional diversity of ground beetles'. *Agriculture, Ecosystems & Environment*, vol. 139:1– 2, pp. 181–6. https://doi.org/10.1016/j.agee.2010.07.018

［140］ Martin H. Schmidt et al., 2007. 'Contrasting responses of arable spiders to the landscape matrix at different spatial scales'. *Journal of Biogeography*, vol. 35:1, pp. 157–66. https://doi.org/10.1111/j.1365-2699. 2007.01774.x

［141］ Rui Catarino et al., 2019. 'Bee pollination outperforms pesticides for oilseed crop production and profitability'. *Proceedings of the Royal Society B: Biological Sciences*, vol. 286:1912. https://doi.org/10.1098/rspb.2019.1550

［142］ Chunlong Shi et al., 2011. 'Prospect of perennial wheat in agroecological system'. *Procedia Environmental Sciences*, vol. 11, pt. C, pp. 1574–9. https://doi.org/10.1016/j.proenv.2011.12.237

［143］ Crews and Rumsey, ibid.

第 7 章

［1］ Channel 4, 2020. *Apocalypse Cow: How Meat Killed the Planet*, 8 January. https://www.channel4.com/programmes/apocalypse-cow-how-meat-killed-the-planet

［2］ John Litchfield, 1967. 'Nutrition in life support systems for space exploration,' in International Congress of Nutrition, *Problems of World Nutrition*, vol. 4, pp. 1068–74.

［3］ John Foster and John Litchfield, 1967. 'Engineering requirements for culturing of *Hydrogenomonas* bacteria'. SAE Technical Paper 70854. https://doi.org/10.4271/670854

［4］ Jani Sillman et al., 2019. 'Bacterial protein for food and feed generated via renewable energy and direct air capture of CO_2: Can it reduce land and water use?', *Global Food Security*, vol. 22, pp. 25–32. https://doi.org/10.1016/j.gfs.2019.09.007

［5］ Tomas Linder, 2019. 'Making the case for edible microorganisms as an integral part of a more sustainable and resilient food production system'. *Food Security*, vol. 11, pp. 265–78. https://doi.org/10.1007/s12571-019-00912-3

［6］ Tomas Linder, 2019. 'Edible Microorganisms – An Overlooked Technology Option to

Counteract Agricultural Expansion'. *Frontiers in Sustainable Food Systems*, vol. 3, pp. 32. https://doi.org/10.3389/fsufs.2019.00032

[7]　Solar Foods, 2019. *Food Out of Thin Air*. https://solarfoods.fi

[8]　Bart Pander et al., 2020. 'Hydrogen oxidising bacteria for production of single-cell protein and other food and feed ingredients'. *Engineering Biology*, vol. 4:2, pp. 21–4. https://doi.org/10.1049/enb.2020.0005

[9]　Tom Linder, 2019. 'Making food without photosynthesis'. Biology Fortified Inc., 18 August. https://biofortified.org/2019/08/food-without-photosynthesis

[10]　Bernardo B. N. Strassburg, 2020. 'Global priority areas for ecosystem restoration'. *Nature*, vol. 586, pp. 724–9. https://doi.org/10.1038/s41586-020-2784-9

[11]　Akanksha Mishra et al., 2020. 'Power-to-protein: Carbon fixation with renewable electric power to feed the world'. *Joule*, vol. 4:6, pp. 1142–7. https://doi.org/10.1016/j.joule.2020.04.008

[12]　Xiaona Hu et al., 2020. 'Microbial protein out of thin air: Fixation of nitrogen gas by an autotrophic hydrogen-oxidizing bacterial enrich-ment'. *Environmental Science & Technology*, vol. 54:6, pp. 3609–17. https://doi.org/10.1021/acs.est.9b06755

[13]　Sillman et al., ibid.

[14]　Jacob Knutson, 2020. 'Global need for copper is pitting clean energy against the wilderness'. *Axios*, 5 September. https://www.axios.com/copper- renewable- energy- mining- environment- 8f2bf6b4- 8557- 4937- 8020-7b6f39dc3fc2.html

[15]　Laura Millan Lombrana, 2019. *Saving the Planet with Electric Cars Means Strangling this Desert*. Bloomberg Green, 11 June. https://www.bloomberg.com/news/features/2019- 06- 11/ saving- the- planet-with-electric-cars-means-strangling-this-desert

[16]　P. J. Gerber et al., 2013. 'Tackling climate change through livestock: A global assessment of emissions and mitigation opportunities'. Food and Agriculture Organization of the United Nations, Rome. http://www.fao.org/3/i3437e/i3437e.pdf

[17]　Antti Nyyssölä et al., 2021. 'Production of endotoxin-free microbial biomass for food applications by gas fermentation of gram-positive H2-oxidizing bacteria'. *American Chemical Society (ACS) Food Science & Technology*, vol. 1:3, pp. 470–9. https://doi.org/10.1021/acsfoodscitech.0c00129

[18]　Marja Nappa et al., 2020. 'Solar-powered carbon fixation for food and feed production using microorganisms – A comparative techno-economic analysis'. *American Chemical Society (ACS) Omega*, vol. 5:51, pp. 33242–52. https://doi.org/10.1021/acsomega.0c04926

[19]　Claudia Hitaj, 2017. *Energy Consumption and Production in Agriculture*. US Department of Agriculture (USDA), Economic Research Service, 6 February. https://www.ers.usda.gov/amber-waves/2017/janu-aryfebruary/energy-consumption-and-production-in-agriculture

[20]　Deepak Yadav and Rangan Banerjee, 2020. 'Net energy and carbon footprint analysis of solar hydrogen production from the high-temperature electrolysis process'. *Applied Energy*, vol. 262, article 114503. https://doi.org/10.1016/j.apenergy.2020.114503

[21]　Farid Safari and Ibrahim Dincer, 2020. 'A review and comparative evaluation of thermochemical water splitting cycles for hydrogen production'. *Energy Conversion and Management*, vol. 205, article 112182. https://doi.org/10.1016/j.enconman.2019.112182

[22]　Seyed Ehsan Hosseini and Mazlan Abdul Wahid, 2019. 'Hydrogen from solar energy, a clean energy carrier from a sustainable source of energy'. *International Journal of Energy Research*, vol. 44:6, pp. 4110–31.

[23]　S. Shahab Naghavi, Jiangang He and C. Wolverton, 2020. 'CeTi2O6 – A promising oxide for solar thermochemical hydrogen production'. *American Chemical Society (ACS) Applied Materials & Interfaces*, vol. 12:19, pp. 21521–7. https://doi.org/10.1021/acsami.0c01083

[24]　International Atomic Energy Agency (IAEA), 2013. *Hydrogen Production Using Nuclear Energy*. IAEA Nuclear Energy Series, no. NPT-4.2. IAEA Vienna. https://www-pub.iaea.org/MTCD/Publications/PDF/Pub1577_web.pdf

[25]　Sillman et al., ibid.

[26]　Tara Garnett et al., 2017. 'Grazed and Confused? Ruminating on cattle, grazing systems, methane, nitrous oxide, the soil carbon sequestration question – and what it all means for greenhouse gas emissions'. Food Climate Research Network (FCRN), University of Oxford. https://www.oxfordmartin.ox.ac.uk/downloads/reports/fcrn_gnc_report.pdf

[27]　UK Government, 2014. *Nutrient Intakes*. Office for National Statistics. https://assets.publishing.service.gov.uk/government/uploads/system/uploads/attachment_data/file/384775/ familyfood- method- rni-11dec14.pdf

[28]　FAOSTAT, 2021. *New Food Balances*. Food and Agriculture Organization of the United Nations (FAO), 14 April. http://www.fao.org/faostat/en/#data/FBS

[29]　Sumedha Minocha et al., 2019. 'Supply and demand of high-quality protein foods in India: Trends and opportunities'. *Global Food Security*, vol. 23, pp. 139–48. https://doi.org/10.1016/j.gfs.2019.05.004

[30]　Safiu Adewale Suberu et al., 2020. *Prevalence and Associated Factors for Protein Energy Malnutrition Among Children Below 5 Years Admitted at Jinja Regional Referral Hospital, Uganda*. Research Square, version 1. https://doi.org/10.21203/rs.3.rs-68882/v1

[31]　Sebastian Hermann, Asami Miketa and Nicolas Fichaux, 2014. 'Estimating the renewable energy potential in Africa: A GIS-based approach'. International Renewable Energy Agency (IRENA) Secretariat working paper, Abu Dhabi. https://www.irena.

org/-/media/Files/IRENA/Agency/Publication/2014/IRENA_Africa_Resource_Potential_Aug2014.pdf

［32］ Michael J. Puma et al., 2015. 'Assessing the evolving fragility of the global food system'. *Environmental Research Letters*, vol. 10:2. https://doi.org/10.1088/1748-9326/10/2/024007

［33］ Dirk Helbing, 2013. 'Globally networked risks and how to respond'. *Nature*, vol. 497, pp. 51–9. https://doi.org/10.1038/nature12047

［34］ David C. Denkenbergera and Joshua M. Pearce, 2015. 'Feeding everyone: Solving the food crisis in event of global catastrophes that kill crops or obscure the sun'. *Futures*, vol. 72, pp. 57–68. https://doi.org/10.1016/j.futures.2014.11.008

［35］ David C. Denkenberger and Joshua M. Pearce, 2016. 'Cost-effectiveness of interventions for alternate food to address agricultural catastrophes globally'. *International Journal of Disaster Risk Science*, vol. 7, pp. 205–15. https://doi.org/10.1007/s13753-016-0097-2

［36］ Pasi Vainikka, 2019. *Food Out of Thin Air*. Solar Foods Presentation. https://cdn2.hubspot.net/hubfs/4422035/ Solar- Foods- presentation- 03- 2019.pdf

［37］ Solar Foods. *Questions and Answers*. https://solarfoods.fi/pressroom/material-bank/qa

［38］ A. Parodi et al., 2018. 'The potential of future foods for sustainable and healthy diets'. *Nature Sustainability*, vol. 1, pp. 782–9. https://doi. org/10.1038/s41893-018-0189-7

［39］ T. G. Volova and V. A. Barashkov, 2010. 'Characteristics of proteins synthesized by hydrogen-oxidizing microorganisms'. *Applied Biochemistry and Microbiology*, vol. 46, pp. 574–9. https://doi.org/10.1134/S0003683810060037

［40］ Anneli Ritala et al., 2017. 'Single cell protein – State-of-the-art, industrial landscape and patents 2001–2016'. *Frontiers in Microbiology*, vol. 9, p. 2009. https://doi.org/10.3389/fmicb.2017.02009

［41］ A.T. Nasseri et al., 2011. 'Single cell protein: Production and process'. *American Journal of Food Technology*, vol. 6:2, pp. 103–16. https://doi.org/10.3923/ajft.2011.103.116

［42］ Isabella Pali-Schöll et al., 2019. 'Allergenic and novel food proteins: State of the art and challenges in the allergenicity assessment'. *Trends in Food Science & Technology*, vol. 84, pp. 45–8. https://doi.org/10.1016/j.tifs. 2018.03.007

［43］ Kasia J. Lipska, Joseph S. Ross and Holly K. Van Houten, 2014. 'Use and out-of-pocket costs of insulin for type 2 diabetes mellitus from 2000 through 2010'. *Journal of the American Medical Association (JAMA)*, vol. 311:22, pp. 2331–3. https://doi.org/10.1001/jama. 2014.6316

［44］ Jon Entine and XiaoZhi Lim, 2018. 'Cheese: The GMO food die-hard GMO opponents love, but don't want to label'. *Genetic Literacy Project*, 2 November. https://geneticliteracyproject.org/2018/11/02/cheese- gmo- food- die- hard- gmo- opponentslove- and- oppose- a-label-for

[45] *Soil Association Standards Food and Drink. Version 18.6: updated on 12th February 2021.* Soil Association. https://www.soilassocia tion.org/media/15883/food-and-drink-standards.pdf

[46] Jeanne Yacoubou, 2012. *Microbial Rennets and Fermentation Produced Chymosin (FPC): How Vegetarian Are They?* The Vegetarian Resource Group (VRG), 21 August. https://www.vrg.org/blog/2012/08/21/microbial- rennets- and- fermentation- produced-chymosin- fpc-how-vegetarian-are-they

[47] Roman Pawlak et al., 2013. 'How prevalent is vitamin B_{12} deficiency among vegetarians?' *Nutrition Reviews*, vol. 71:2, pp. 110–17. https://doi.org/10.1111/nure.12001

[48] Global Agriculture. *Health: Food or Cause of Illness?* https://www. globalagriculture. org/report-topics/health.html

[49] Raychel E. Santo et al., 2020. 'Considering plant-based meat substitutes and cell-based meats: A public health and food systems perspective'. *Frontiers in Sustainable Food Systems*, vol. 4, p. 134. https://doi.org/10.3389/fsufs.2020.00134

[50] Ujué Fresán et al., 2019. 'Water footprint of meat analogs: Selected indicators according to life cycle assessment'. *Water*, vol. 11:4, p. 728. https://doi.org/10.3390/w11040728

[51] Xueqin Zhu and Ekko C. van Ierland, 2004. 'Protein chains and environmental pressures: A comparison of pork and novel protein foods'. *Environmental Sciences*, vol. 1:3, pp. 254–76. https://doi.org/10.1080/15693430412331291652

[52] Benjamin M. Bohrer, 2019. 'An investigation of the formulation and nutritional composition of modern meat analogue products'. *Food Science and Human Wellness*, vol. 8:4, pp. 320–9. https://doi.org/10.1016/j.fshw.2019.11.006

[53] Felicity Curtain and Sara Grafenauer, 2019. 'Plant-based meat substitutes in the flexitarian age: An audit of products on supermarket shelves'. *Nutrients*, vol. 11:11, p. 2603. https://doi.org/10.3390/nu11112603

[54] Lieven Thorrez and Herman Vandenburgh, 2019. 'Challenges in the quest for "clean meat"'. *Nature Biotechnology*, vol. 37, pp. 215–16. https://doi.org/10.1038/s41587-019-0043-0

[55] Sghaier Chriki and Jean-François Hocquette, 2020. 'The myth of cultured meat: A review'. *Frontiers in Nutrition*, vol. 7, p. 7. https://doi. org/10.3389/fnut.2020.00007

[56] Neil Stephens, 2018. 'Bringing cultured meat to market: Technical, socio-political, and regulatory challenges in cellular agriculture'. *Trends in Food Science & Technology*, vol. 78, pp. 155–66. https://doi. org/10.1016/j.tifs.2018.04.010

[57] Ilse Fraeye et al., 2020. 'Sensorial and nutritional aspects of cultured meat in comparison to traditional meat: Much to be inferred'. *Frontiers in Nutrition*, vol. 7,

p. 35. https://doi.org/10.3389/fnut.2020.00035

［58］ Joe Fassler, 2021. 'Lab-grown meat is supposed to be inevitable: The science tells a different story'. *The Counter*, 22 September. https://the-counter.org/lab-grown-cultivated-meat-cost-at-scale

［59］ Liz Specht, 2020. 'An analysis of culture medium costs and production volumes for cultivated meat'. The Good Food Institute. https://gfi.org/wp- content/uploads/2021/01/ clean- meat- production- vol.- and-medium-cost.pdf

［60］ Carsten Gerhardt et al., 2019. *How Will Cultured Meat and Meat Alternatives Disrupt the Agricultural and Food Industry?* AT Kearney Business Consulting. https://www. kearney.com/documents/20152/2795757/How+Will+Cultured+Meat+and+Meat+Alte rnatives+Disrup t+the+Agricultural+and+Food+Industry.pdf/ 06ec385b- 63a1- 71d2- c081-51c07ab88ad1?t=1559860712714

［61］ Impossible Foods (IF™). *What is Soy Leghemoglobin, or Heme?* https://faq. impossiblefoods.com/hc/en- us/articles/ 360019100553- What-is-soy-leghemoglobin-or-heme-

［62］ Zoe Williams, 2021. '3D-printed steak, anyone? I taste test this "gamechanging" meat mimic'. *The Guardian*, 16 November. https://www.theguardian.com/food/2021/nov/16/ 3d- printed- steak- taste-test-meat-mimic

［63］ Hoxton Farms. https://hoxtonfarms.com

［64］ Bee Wilson, 2019. *The Way We Eat Now: Strategies for Eating in a World of Change.* 4th Estate, London.

［65］ Faunalytics, 2018. *Global Chicken Slaughter Statistics and Charts.* https://faunalytics. org/ global- chicken- slaughter- statistics- and-charts

［66］ Gerhardt et al., ibid.

［67］ Don Close, 2014. *Ground Beef Nation: The Effect of Changing Consumer Tastes and Preferences on the U.S. Cattle Industry.* Rabobank AgFocus. https://www.beefcentral. com/wp-content/uploads/2014/06/Ground-Beef-Nation.pdf

［68］ Catherine Tubb and Tony Seba, 2019. *Rethinking Food and Agriculture 2020– 2030: The Second Domestication of Plants and Animals, the Disruption of the Cow, and the Collapse of Industrial Livestock Farming.* Rethink Food & Agriculture, A RethinkX Sector Disruption Report. https://static1.squarespace.com/ static/585c3439be65942f022bbf9b/t/5d7fe0e83d119516bfc0017e/1568661791363/ RethinkX+Food+and +Agriculture+Report.pdf

［69］ Tubb and Seba, ibid.

［70］ Kat Smith. *Dairy-Identical Vegan Cheese Is Coming to Save the Cows.* Livekindly. https://www.livekindly.co/dairy-identical-vegan-cheese-is-coming-to-save-cows/

［71］ Elaine Watson, 2020. 'Perfect Day secures no objections letter from FDA for non-animal whey protein'. FoodNavigator-USA, 14 April. https://www. foodnavigator- usa.

com/Article/2020/04/14/Perfect- Day- secures- no- objections- letter- from- FDA- for- non- animal-whey-protein

[72] Simon Sharpe and Timothy Lenton, 2021. 'Upward-scaling tipping cascades to meet climate goals: Plausible grounds for hope'. *Climate Policy*, vol. 21:4, pp. 421–33. https://doi.org/10.1080/14693062.2020. 1870097

[73] Timothy Lenton et al., 2021. 'Operationalising positive tipping points towards global sustainability'. Working paper, in press. https://www. exeter.ac.uk/ media/universityofexeter/globalsystemsinstitute/doc uments/Lenton_et_al_-_ Operationalising_positive_tipping_points.pdf

[74] Akanksha Mishra et al., 2020. 'Power-to-protein: Carbon fixation with renewable electric power to feed the world'. *Joule*, vol. 4:6, pp. 1142–7. https://doi.org/10.1016/ j.joule.2020.04.008

[75] Vesa Ruuskanen et al., 2021. 'Neo-Carbon Food concept: A pilot-scale hybrid biological-inorganic system with direct air capture of carbon dioxide'. *Journal of Cleaner Production*, vol. 278, article 123423. https://doi.org/10.1016/ j.jclepro.2020.123423

[76] Tomas Linder, 2019. 'Making the case for edible microorganisms as an integral part of a more sustainable and resilient food production system'. *Food Security*, vol. 11, pp. 265–78. https://doi.org/10.1007/s12571-019-00912-3

[77] Luis P. da Silva and Vanessa A. Mata, 2019. 'Stop harvesting olives at night – it kills millions of songbirds'. *Nature* (Correspondence), vol. 569, 7 May, p. 192. https://doi. org/10.1038/d41586-019-01456-4

[78] Erik Meijaard et al., 2020. *Coconut Oil, Conservation and the Conscientious Consumer*. Social Science Research Network (SSRN) Current Biology. http://dx.doi. org/10.2139/ssrn.3575129

[79] Benjamin S. Halpern, 2021. 'The long and narrow path for novel cell-based seafood to reduce fishing pressure for marine ecosystem recovery'. *Fish and Fisheries*, vol. 22:3, pp. 652–64. https://doi.org/10.1111/faf.12541

[80] Inez Blackburn. *Speed to Market – Capitalizing on Demand*. U Connect 08. http:// www.markettechniques.com/assets/pdf/Speed2Market.pdf

[81] Sonia Oreffice, 2015. 'The contraceptive pill was a revolution for women and men'. *The Conversation*, 6 February. https://theconversa tion.com/ the- contraceptive- pill- was- a- revolution- for- women-and-men-37193

[82] Damon Centola et al., 2018. 'Experimental evidence for tipping points in social convention'. *Science*, vol. 360:6393, pp. 1116–19. https://www.science.org/doi/ abs/10.1126/science.aas8827

[83] Wei Lan and Chunlei Yang, 2019. 'Ruminal methane production: Associated microorganisms and the potential of applying hydrogen-utilizing bacteria for

mitigation'. *Science of the Total Environment*, vol. 654, pp. 1270–83. https://doi. org/10.1016/j.scitotenv.2018.11.180

[84] George Monbiot, 2021. 'Capitalism is killing the planet – it's time to stop buying into our own destruction'. *The Guardian*, 30 October. https://www.theguardian.com/ environment/2021/oct/30/capitalism- is- killing- the- planet- its- time- to- stop- buying- into- our- own-destruction

[85] Michael Pollan, 2006. 'Six rules for eating wisely'. *Time Magazine*, 4 June. https:// michaelpollan.com/articles-archive/six-rules-for-eating-wisely

[86] Anna Jones, Saturday Kitchen. 'Green peppercorn and lemongrass coconut broth'. *BBC Food*. https://www.bbc.co.uk/food/recipes/peppercorn_coconut_broth_84709

[87] Fumio Watanabe et al., 2014. 'Vitamin B$_{12}$-containing plant food sources for vegetarians'. *Nutrients*, vol. 6:5, pp. 1861–73. https://doi. org/10.3390/nu6051861

[88] Niccolò Machiavelli, 1532. *The Prince*. Early Modern Texts. https://www..com/assets/ pdfs/machiavelli1532.pdf

[89] State of Arkansas House Bill, 2019. 'An act to require truth in labeling of agricultural 10 products that are edible by humans; and for other purposes'. 92nd General Assembly, House Bill 1407. https://www.arkleg.state.ar.us/Acts/Document?type=pdf& act=501&ddBienniumSe ssion=2019%2F2019R

[90] Louisiana Senate Bill, 2019. 'Provides for truth in labeling requirements of agricultural products'. LA SB152. https://legiscan.com/LA/text/SB152/2019

[91] State of Montana House Bill, 2019. *Real Meat Act*. MT HB327. https://legiscan.com/ MT/text/HB327/2019

[92] European Parliament, 2018/19. *Regulation (EU) No 1308/2013.Annex VII – part I a (new)*. https://www.europarl.europa.eu/doceo/document/A-8-2019-0198_ EN.pdf#page=169

[93] Press Release No 63/17 – Court of Justice of the European Union, Luxembourg, 14 June 2017. 'Purely plant-based products cannot, in principle, be marketed with designations such as "milk", "cream", "butter", "cheese" or "yoghurt", which are reserved by EU law for animal products'. Judgment in Case C-422/16, Verband Sozialer Wettbewerb eV v TofuTown.com GmbH. https://curia.europa.eu/jcms/upload/ docs/application/pdf/2017-06/cp170063en.pdf

[94] Maria Chiorando, 2020. *EU Parliament Rejects 'Veggie Burger Ban' but Supports 'Dairy Ban' Against Vegan Producers*. Natural Products Global, 26 October. https:// www.naturalproductsglobal.com/food-and- drink/ eu- parliament- rejects- veggie- burger- ban- but-supports-dairy-ban-against-vegan-producers

[95] Nicolas Treich, 2021. 'Cultured meat: Promises and challenges'. *Environmental and Resource Economics*, vol. 79, pp. 33–61. https://doi. org/10.1007/s10640-021-00551-3

[96] George Lakoff, 2004. *Don't Think of an Elephant: Know Your Values and Frame the*

Debate. Chelsea Green Publishing, Vermont. https://georgelakoff.com/books/ dont_ think_of_an_elephant_know_your_values_and_frame_the_debatethe_essential_guide_ for_progres sives-119190455949080

[97] Joanna Blythman, 2020. 'They are expensive and tasteless, don't fall for the fake-meat veggie burger fad'. *The Herald*, 5 September. https://www.heraldscotland.com/ news/18687082. opinion-joanna- blythman- expensive- tasteless- dont- fall- fake-meat- veggie-burger-fad

[98] International Panel of Experts on Sustainable Food Systems. *A Long Food Movement: Transforming Food Systems by 2045*. http://www.ipes-food.org/pages/ LongFoodMovement

[99] Food and Agriculture Organization of the United Nations (FAO), the International Fund for Agricultural Development (IFAD), the United Nations Children's Fund (UNICEF), the World Food Programme (WFP) and the World Health Organization (WHO), 2020. *The State of Food Security and Nutrition in the World 2020. Transforming Food Systems for Affordable Healthy Diets*. FAO, Rome. https://doi. org/10.4060/ca9692en

[100] Euromonitor, Lifestyles Survey, 2020-2021. Proprietary data. https://www.euromonitor. com/ voice- of- the- consumer- lifestyles- survey- 2021- key-insights/report

[101] Alisa Jordan, 2018. 'Apartments don't come with kitchens in Germany'. Alisa Jordan Writes, 6 August. https://alisajordanwrites.com/2018/08/06/apartments-dont-come-with-kitchens-in-germany

[102] United States Census Bureau, 2018. *Selected Housing Characteristics*. American Community Survey, Table ID: DP04. https://data.census. gov/cedsci/ table?d=ACS% 205- Year%20Estimates%20Data%20 Profiles&tid=ACSDP5Y2018. DP04&vintage=2018

[103] Corey Mintz, 2019. 'Do homes without kitchens mark the end of human civilization?' *The Ontario Educational Communications Authority (TVO)*, 13 August. https://www. tvo.org/article/do-homes-without-kitchens-mark-the-end-of-human-civilization

[104] *In Our Time*, 21 September 2017. *Kant's Categorical Imperative*. BBC Radio 4. https:// www.bbc.co.uk/programmes/b0952zl3

[105] Jan Dutkiewicz and Gabriel N. Rosenberg, 2020. 'Burgers won't save the planet – but fast food might'. *Wired*, 8 July. https://www.wired.com/story/opinion-burgers-wont-save-the-planet-but-fast-food-might

[106] Treich, ibid.

[107] Philip Howard et al., 2021. '"Protein' industry convergence and its implications for resilient and equitable food systems". *Frontiers in Sustainable Food Systems*, vol. 5, article 684181. https://doi: 10.3389/fsufs.2021.684181

[108] Garrett M. Broad, 2019. 'Plant-based and cell-based animal product alternatives: An assessment and agenda for food tech justice'. *Geoforum*, vol. 107, pp. 223–6. https://

doi.org/10.1016/j.geoforum.2019.06.014

[109] Malte Rödl, 2019. 'Why the meat industry could win big from the switch to veggie lifestyles'. *The Conversation*, 5 March. https://theconversation.com/ why- the- meat- industry- could- win- big- from-the-switch-to-veggie-lifestyles-112714

[110] Audrey Enjoli, 2021. 'Meat giant Tyson Foods introduces its first plantbased burger'. *Live Kindly*, 5 May. https://www.livekindly.co/tyson-foods-first-plant-based-burger

[111] Petra Moser, 2016. 'Patents and innovation in economic history'. *Annual Review of Economics*, vol. 8:1, pp. 241–58. https://doi. org/10.1146/annurev- economics-080315-015136

[112] John H. Barton and Peter Berger, 2001. 'Patenting agriculture'. *Issues in Science and Technology* (Arizona State University), vol. XVII:4. https://issues.org/barton

[113] Science|Business Viewpoint Debate, Richard L. Hudson, 2016. 'The great IP debate: Do patents do more harm than good?' *Science|Business*, 28 July. https:// sciencebusiness.net/news/79887/The-Great-IP-Debate% 3A-Do-patents-do-more- harm-than-good%3F

[114] Fiona Mischel, 2021. 'Who owns CRISPR in 2021? It's even more complicated than you think'. *SynBioBeta*, 27 April. https://syn biobeta.com/ who- owns- crispr- in- 2021- its- even- more- complicated-than-you-think

[115] Broad, ibid.

[116] LUT University News. 'Food from air with a new process – power-to-x solution and pilot equipment by LUT and VTT'. LUT University, Finland and VTT Technical Research Centre of Finland. https://www.lut. fi/web/en/news/-/asset_publisher/ lGh4SAywhcPu/content/ food- from-air- with- a - new- process-%E2%80% 93- power- to- x - solution-and-pilot-equipment-by-lut-and-vtt

[117] Sally Ho, 2021. 'Solar Foods bags €10m from Finnish climate fund to commercialise air protein by 2023'. *Green Queen*, 13 April. https://www.greenqueen.com.hk/ solar- foods- bags- e10m- from- finnish-climate-fund-to-commercialise-air-protein-by-2023

[118] Jan Dutkiewicz, 2019. 'Socialize lab meat'. *Jacobin*, 11 August. https://jacobinmag. com/2019/08/lab-meat-socialism-green-new-deal

[119] Livia Gershon, 2020. 'Why does meatpacking have such bad working conditions?' *JSTOR Daily*, 8 May. https://daily.jstor.org/why-does-meatpacking-have-such-bad- working-conditions

[120] Business & Human Rights Resource Centre News, 2020. 'Europe: Poor working & housing conditions at meat packing plants responsi-ble for COVID-19 outbreak among workforce, report alleges'. Business & Human Rights Resource Centre, 8 July. https:// www.business-humanrights.org/en/ latest- news/ europe- poor- working- housing- conditions- at- meat- packing- plants- responsible- for- covid- 19- outbreak-among- workforce-report-alleges

[121] Tubb and Seba, ibid.

[122] George Monbiot, 2014. *Feral: Rewilding the Land, Sea and Human Life*. Penguin, London. https://www.penguin.co.uk/books/180586/feral/9780141975580.html

[123] Felisa Smith et al., 2016. 'Megafauna in the Earth system'. *Ecography*, vol. 39, pp. 99–108. https://doi: 10.1111/ecog.02156

[124] Jacquelyn Gill, 2014. 'Ecological impacts of the late Quaternary megaherbivore extinctions'. *New Phytologist*, vol. 201, pp. 1163–9. https://doi.org/10.1111/nph.12576

[125] Christopher Doughty et al., 2016. 'Global nutrient transport in a world of giants'. *Proceedings of the National Academy of Sciences*, vol. 113:4, pp. 868–73. https://doi.org/10.1073/pnas.1502549112

[126] Elisabeth Bakker and Jens-Christian Svenning, 2018. 'Trophic rewilding: Impact on ecosystems under global change'. *Philosophical Transactions of the Royal Society B: Biological Sciences*, vol. 373, p. 1761. https://doi.org/10.1098/rstb.2017.0432

[127] Rebecca Wrigley, 2021. *Rewilding and the Rural Economy: How Nature-Based Economies Can Help Boost and Sustain Local Communities*. Rewilding Britain. https://s3.eu-west-2.amazonaws.com/assets. rewildingbritain.org.uk/documents/ nature-based- economies-rewilding-britain.pdf

[128] Susan Cook-Patton et al., 2020. 'Mapping carbon accumulation potential from global natural forest regrowth'. *Nature*, vol. 585, pp. 545–50. https://doi.org/10.1038/s41586-020-2686-x

[129] Eric Dinerstein et al., 2020. 'A "global safety net" to reverse biodiversity loss and stabilize Earth's climate'. *Science Advances*, vol. 6, p. 36. https://doi.org/10.1126/sciadv.abb2824

[130] Simon Lewis et al., 2019. 'Restoring natural forests is the best way to remove atmospheric carbon'. *Nature*, vol. 568, pp. 25–8. doi: https://doi.org/10.1038/d41586-019-01026-8

[131] Lucas Nave et al., 2018. 'Reforestation can sequester two petagrams of carbon in US topsoils in a century'. *Proceedings of the National Academy of Sciences*, vol. 115:11, pp. 2776–81. https://doi.org/10.1073/pnas.1719685115

[132] *IPBES-IPCC co-sponsored Workshop on Biodiversity and Climate Change – Scientific Outcome*. https://www.ipbes.net/sites/default/files/2021-06/2021_IPCC-IPBES_scientific_outcome_20210612.pdf

第 8 章

[1] Amanda Mummert et al., 2011. 'Stature and robusticity during the agricultural transition: Evidence from the bioarchaeological record'. *Economics & Human Biology*, vol. 9:3, pp. 284–301. https://doi. org/10.1016/j.ehb.2011.03.004

［2］ Stephanie Marciniak et al., 2021. 'An integrative skeletal and paleogenomic analysis of prehistoric stature variation suggests relatively reduced health for early European farmers'. *bioRxiv* – the preprint server for *Biology*, 31 March. https://doi.org/10.1101/2021.03.31.437881

［3］ Iain Mathieson et al., 2015. 'Genome-wide patterns of selection in 230 ancient Eurasians'. *Nature*, vol. 528, pp. 499–503. https://doi.org/10. 1038/nature16152

［4］ Mark Dyble et al., 2019. 'Engagement in agricultural work is associated with reduced leisure time among Agta hunter-gatherers'. *Nature Human Behaviour*, vol. 3, pp. 792–6. https://doi.org/10.1038/s41562- 019-0614-6

［5］ Peter Gray, 2009. 'Play as a foundation for hunter-gatherer social existence'. *American Journal of Play*, vol. 1:4, pp. 476–522. https://www.journalofplay.org/sites/www.journalofplay.org/files/ pdf- articles/ 1- 4- article-hunter-gatherer-social-existence.pdf

［6］ James Suzman, 2019. *Affluence Without Abundance – What We Can Learn from the World's Most Successful Civilisation*. Bloomsbury Publishing, London. https://www.bloomsbury.com/uk/affluence- withoutabundance-9781526609311

［7］ Yadvinder Malhi, 2014. 'The metabolism of a human-dominated planet', in Ian Goldin (ed.), *Is the Planet Full?* Oxford University Press.

［8］ Ron Pinhasi, Vered Eshed and Noreen von Cramon-Taubadel, 2015. 'Incongruity between affinity patterns based on mandibular and lower dental dimensions following the transition to agriculture in the Near East, Anatolia and Europe'. *PLOS One*, vol. 10:2. https://doi.org/10. 1371/journal.pone.0117301

［9］ See e.g. Theocritus, 3rd century BC. *Idyll XXIX, The Aeolic Love Poems, The First Love Poem*. https://www.theoi.com/Text/Theocri tusIdylls5.html

［10］ Virgil, 37 BC. *The Eclogues, Eclogue IV, Pollio*. http://classics.mit.edu/Virgil/eclogue.4.iv.html

［11］ Edmund Spenser, 1579. *The Shepheardes Calender I: Januarye*. http://spenserians.cath.vt.edu/TextRecord.php?action=GET&textsid=15

［12］ Keith Thomas, 1983. *Man and the Natural World: Changing Attitudes in England 1500–1800*. Pantheon Books, New York, p. 46.

［13］ John Milton, 1637. *Lycidas*. https://www.poetryfoundation.org/poems/44733/lycidas

［14］ Percy Bysshe Shelley, 1821. *Adonais: An Elegy on the Death of John Keats*. https://www.poetryfoundation.org/poems/45112/adonais-an-elegy-on-the-death-of-john-keats

［15］ George Crabbe, 1783. *The Village: Book I*. https://www.poetryfoun dation.org/poems/44041/the-village-book-i

［16］ Jeremy Lent, 2017. *The Patterning Instinct: A Cultural History of Humanity's Search for Meaning*. Prometheus, New York. http://www.prometheusbooks.com/books/9781633882935

［17］ George Monbiot, 2015. 'It's time to wean ourselves off the fairytale version of farming'. *The Guardian*, 29 May. https://www.theguard ian.com/environment/ georgemonbiot/2015/may/29/ its- time- to-wean-ourselves-off-the-fairytale-version-of-farming

[18] Zach Hrynowski, 2019. 'What percentage of Americans are vegetarian?' Gallup, 27 September. https://news.gallup.com/poll/267074/percentage-americans-vegetarian.aspx

[19] Teresa Steckler, 2018. 'Survey: Nearly one-third of Americans support ban on slaughterhouses'. Illinois Extension, University of Illinois, 11 February. https:// extension.illinois.edu/blogs/cattle-blog/2018-02-11- survey-nearly-one-third-americans-support-ban-slaughterhouses

[20] W. H. Auden, 3 June 1965. *Et in Arcadia Ego*. https://www.nybooks. com/ articles/1965/06/03/et-in-arcadia-ego

[21] The Farm Business Survey in Wales, 2019. *Wales Farm Income Booklet 2018/19 Results*. Institute of Biological, Environmental and Rural Sciences, Aberystwyth University. https://www.aber.ac.uk/en/media/departmental/ibers/farmbusinesssurvey/ FBS_Booklet_2019_Web.pdf

[22] Charlie Reeve, 2021. 'Farm business incomes increasingly reliant on direct payments'. Agriculture and Horticulture Development Board (AHDB), 7 January. https://ahdb.org. uk/news/farm-business-incomes-increasingly-reliant-on-direct-payments

[23] Department for Environment, Food & Rural Affairs and Department (DEFRA), 2020. *Farm Business Income by type of farm, England, 2019/20*, 16 December. https://assets. publishing.service.gov.uk/gov ernment/uploads/system/uploads/attachment_data/ file/944352/ fbs-businessincome-statsnotice-16dec20.pdf

[24] Statistics for Wales & Welsh Government, 2019. 'Farm incomes in Wales, April 2018 to March 2019'. Statistical First Release, SFR 123/2019, 18 December. https://gov. wales/sites/default/files/statisticsand-research/2019-12/farm-incomes-april-2018-march-2019-209.pdf

[25] Eric Hobsbawm, 2014. *Fractured Times: Culture and Society in the Twentieth Century*. Little, Brown, London. https://www.littlebrown. co.uk/titles/eric-hobsbawm-2/ fractured-times/9780349139098

[26] Christopher Ketcham, 2021. 'Capitol attackers have long threatened violence in rural American west'. *The Guardian*, 9 January. https://www.theguardian.com/ environment/2021/jan/09/ us- capitol- attackers-violence-rural-west

[27] Aruna Viswanatha and Brett Wolf, 2012. 'HSBC to pay $1.9 billion U.S. fine in money-laundering case'. Reuters, 11 December. https://www.reuters.com/article/us-hsbc-probe-IDUSBRE8BA05M20121211

[28] Food and Agriculture Organization of the United Nations, United Nations Development Programme and United Nations Environment Programme, 2021. 'A multi-billion-dollar opportunity – Repurposing agricultural support to transform food systems'. http://

www.fao.org/3/cb6562en/cb6562en.pdf

［29］ Christophe Bellmann, 2019. *Subsidies and Sustainable Agriculture: Mapping the Policy Landscape*. Hoffmann Centre for Sustainable Resource Economy, Chatham House. https://www.chathamhouse.org/sites/default/files/Subsidies%20and%20 Sustainable%20Ag% 20-%20Mapping%20 the%20Policy%20Landscape%20FINAL-compressed.pdf

［30］ UN Climate Change News, 2021. 'UN climate chief urges countries to deliver on USD 100 billion pledge', 7 June. https://unfccc.int/news/un-climate-chief-urges-countries-to-deliver-on-usd-100-billion-pledge

［31］ Timothy D. Searchinger et al., 2020. *Revising Public Agricultural Support to Mitigate Climate Change*. World Bank, Development Knowledge and Learning, Washington DC. https://openknowledge.worldbank.org/bitstream/handle/10986/33677/K880502. pdf?sequence=4&isAllowed=y

［32］ Pavel Ciaian et al., 2021. 'The capitalization of agricultural subsidies into land prices'. *Annual Review of Resource Economics*, vol. 13. https://doi.org/10.1146/annurev-resource-102020-100625

［33］ Murray W. Scown, Mark V. Brady and Kimberly A. Nicholas, 2020. 'Billions in misspent EU agricultural subsidies could support the sustainable development goals'. *One Earth*, vol. 3:2, pp. 237–50. https://doi.org/10.1016/j.oneear.2020.07.011

［34］ Selam Gebrekidan, Matt Apuzzo and Benjamin Novak, 2019. 'The money farmers: How oligarchs and populists milk the E.U. for millions'. *The New York Times*, 3 November. https://www.nytimes.com/2019/11/03/world/europe/eu-farm-subsidy-hungary.html

［35］ European Court of Auditors, 2016. 'Is the Commission's system for performance measurement in relation to farmers' incomes well designed and based on sound data?' Publications Office of the European Union, Luxembourg. https://doi.org/10.2865/72393

［36］ Searchinger et al., ibid.

［37］ Congressional Research Service (CRS), 2013. *The Pigford Cases: USDA Settlement of Discrimination Suits by Black Farmers*. EveryCRSReport, 25 August 2005–29 May 2013, RS20430. https://www.everycrsreport.com/reports/RS20430.html

［38］ Raj Patel, 2019. 'A green new deal for agriculture', 9 April. https://rajpatel. org/2019/04/09/a-green-new-deal-for-agriculture

［39］ Food Empowerment Project, n.d. *Slavery in the U.S.* https://foodis power.org/human-labor-slavery/slavery-in-the-us/

［40］ Shruti Bhogal and Shreya Sinha, 2021. 'India protests: Farmers could switch to more climate-resilient crops – but they have been given no incentive'. *The Conversation*, 12 February. https://theconversation. com/ india- protests- farmers- could- switch- to-more- climate- resilient-crops-but-they-have-been-given-no-incentive-154700

［41］ Kaitlyn Spangler, Emily K. Burchfield and Britta Schumacher, 2020. 'Past and current dynamics of U.S. agricultural land use and policy'. *Frontiers in Sustainable Food Systems*, vol. 4, article 98. https://doi. org/10.3389/fsufs.2020.00098

［42］ Francis Annan and Wolfram Schlenker, 2015. 'Federal crop insurance and the disincentive to adapt to extreme heat'. *American Economic Review*, vol. 105:5, pp. 262–6. https://doi.org/10.1257/aer.p20151031

［43］ UK Rural Payments Agency, 2019. *Basic Payment Scheme: Rules for 2019*. https:// assets.publishing.service.gov.uk/government/uploads/system/uploads/attachment_data/ file/915511/BPS _2019_scheme_rules_v3.0.pdf

［44］ George Monbiot, 2017. 'The hills are dead', 4 January. monbiot. com/2017/01/04/the-hills-are-dead/#_ftnref8

［45］ George Monbiot, 2016. 'The shocking waste of cash even leavers won't condemn'. *The Guardian*, 21 June. https://www.theguardian.com/com-mentisfree/2016/jun/21/ waste-cash- leavers- in- out- land-subsidie

［46］ Greenpeace, 2019. *Feeding the Problem: The Dangerous Intensification of Animal Farming in Europe*. Greenpeace European Unit. https://www.greenpeace.org/static/ planet4- eu- unit- stateless/2019/02/ 83254ee1- 190212- feeding- the- problem-dangerous- intensification- of-animal-farming-in-europe.pdf

［47］ Searchinger et al., ibid.

［48］ European Court of Auditors, 2017. 'Special Report n°21/2017: Greening: A more complex income support scheme, not yet environ-mentally effective'. Publications Office of the European Union, Luxembourg, 12 December. https://www.eca.europa.eu/ en/Pages/DocItem.aspx?did=44179

［49］ Charlie Reeve, 2021. 'Farm business incomes increasingly reliant on direct payments'. Agriculture and Horticulture Development Board (AHDB), 7 January. https://ahdb.org. uk/news/farm-business-incomes-increasingly-reliant-on-direct-payments

［50］ Ibid.

［51］ BirdLife International, European Environmental Bureau and Greenpeace, 2021. 'Does the new CAP measure up? NGOs assessment against 10 tests for a Green Deal-compatible EU Farming Policy'. https://www.greenpeace.org/static/ planet4- eu- unit-stateless/2021/06/874e7b56- 2021- 06- 29- cap- 10- tests- green- deal- compatible-farm-policy.pdf

［52］ Jack Peat, 2018. 'The EU has archived all of the "Euromyths" printed in UK media – and it makes for some disturbing reading'. *The London Economic*, 14 November. https://www.thelondoneconomic.com/news/the- eu- have- archived- all- of- the-euromyths- printed- in- uk- media- and-it-makes-for-some-disturbing-reading-108942

［53］ The Newsroom, 2016. 'After Brexit, farm subsidies could be even bigger: Villiers'. *Belfast News Letter*, 5 March. https://www.newsletter. co.uk/news/ after- brexit- farmsubsidies- could- be- even- bigger- villiers- 1261493

［54］ John Mulgrew, 2016. "'No stability in voting to stay in EU', Owen Paterson warns farmers". *Belfast Telegraph*, 8 June. https://www.bel fasttelegraph.co.uk/business/ brexit/ no- stability- in- voting- to- stay-in-eu-owen-paterson-warns-farmers-34781544. html

［55］ Peter Teffer, 2019. 'EU promotes meat, despite climate goals'. European Data Journalism Network, 13 March. https://www.europeandata-journalism.eu/eng/News/ Data- news/ EU- promotes- meat- despite-climate-goals

［56］ Maeve Campbell, 2020. '"Become a beefatarian" says controversial EU-funded red meat campaign'. Euronews, 25 November. https://www.euronews.com/ green/2020/11/25/ become- a- beefatarian- says-controversial-eu-funded-red-meat- campaign

［57］ Research Executive Agency (REA), 2017. *EU Lamb Campaign*. European Commission. https://ec.europa.eu/chafea/agri/campaigns/eu-lamb-campaign

［58］ Lamb. Try it, love it, n.d. *Sheep Farming in Europe: A Positive Contribution to Biodiversity!* https://www.trylamb.co.uk/sustainability/sheep-farming-in-europe- biodiversity

［59］ Ibid.

［60］ Paul Kingsnorth, 2011. *The Quants & The Poets*. https://www.paulk ingsnorth.net/ quants

［61］ George Eliot, 1871. *Middlemarch*. Penguin, London, p. 272.

［62］ George Monbiot, 2019. 'The new political story that could change everything'. TEDSummit, July. https://www.ted.com/talks/george_monbiot_the_new_political_ story_that_could_change_everything?language=en#t-1591

［63］ Giuliana Viglione, 2021. 'Climate justice: The challenge of achieving a "just transition" in agriculture'. *CarbonBrief*, 6 October. https://www.carbonbrief.org/ climate- justice- the- challenge- of- achieving-a-just-transition-in-agriculture

［64］ P. Jepson, F. Schepers and W. Helmer, 2018. 'Governing with nature: A European perspective on putting rewilding principles into practice'. *Philosophical Transactions of the Royal Society B: Biological Sciences*, vol. 373:1761. http://doi.org/10.1098/ rstb.2017.0434

［65］ Alastair Driver. 'Rewilding boosts jobs and volunteering opportunities, study shows'. Rewilding Britain. https://www.rewildingbritain.org.uk/news- and- views/ press- releases- and- media- statements/rewilding-boosts-jobs-and-volunteering- opportunities-study-shows

［66］ Forest Isbell et al., 2019. 'Deficits of biodiversity and productivity linger a century after agricultural abandonment'. *Nature Ecology & Evolution*, vol. 3, pp. 1533–8. https://doi.org/10.1038/s41559-019-1012-1

[67] José M. Rey Benayas, 2009. 'Enhancement of biodiversity and ecosystem services by ecological restoration: A meta-analysis'. *Science*, vol. 325:5944, pp. 1121–4. https://doi.org/10.1126/science.1172460

第 9 章

[1]   David Bowker, 2014. 'Ice saints and the Spring Northerlies'. *Weather*, vol. 69:10, pp. 272–4. https://doi.org/10.1002/wea.2271